군함의 변천사와
한국 해군의
한반도 전쟁 억지력

The Evolution of Warships and ROK Navy's
Deterrence Capabilities on the Peninsula

군함의 변천사와 한국 해군의 한반도 전쟁 억지력

발행일 2025년 9월 16일

지은이 정성
펴낸이 손형국
펴낸곳 (주)북랩

출판등록 2004. 12. 1(제2012-000051호)
주소 서울특별시 금천구 가산디지털 1로 168, 우림라이온스밸리 B동 B111호, B113~115호
홈페이지 www.book.co.kr
전화번호 (02)2026-5777   팩스 (02)3159-9637
ISBN 979-11-7224-829-1 03340 (종이책)   979-11-7224-830-7 05340 (전자책)

잘못된 책은 구입한 곳에서 교환해드립니다.
이 책은 저작권법에 따라 보호받는 저작물이므로 무단 전재와 복제를 금합니다.
이 책은 (주)북랩이 보유한 리코 장비로 인쇄되었습니다.

작가 연락처 문의 ▶ ask.book.co.kr
작가 연락처는 개인정보이므로 북랩에서 알려드릴 수 없습니다.

(주)북랩 성공출판의 파트너
북랩 홈페이지와 SNS에서 다양한 출판 솔루션을 만나 보세요!
홈페이지 book.co.kr   •   블로그 blog.naver.com/essaybook   •   출판문의 text@book.co.kr
카톡채널 북랩

해전의 역사에서 배우는 국가 생존 전략

군함의 변천사와 한국 해군의 한반도 전쟁 억지력

The Evolution of Warships and ROK Navy's
Deterrence Capabilities on the Peninsula

정성 지음

해양을 지배하는 자가 전쟁의 주도권을 쥔다!

군함·무기·해전사의 변천사를 따라가며 통찰한
한반도 평화 수호의 청사진

 북랩

서문 序文

『한국 해군의 잠수함, 호위함, 초계함 탄생 비화』를 출간한 후, 세기가 지나도 변치 않을 해양과 해양력의 가치와 영국 여왕 엘리자베스 1세가 가졌던 해양과 해양력에 대한 통찰을 되새기며, 대한민국의 번영과 해군력 발전을 염원하는 마음으로 이 책을 집필하였다.

After publishing 『The Hidden Stories Behind the Birth of Korea Navy's Submarine, Frigate, and Corvette』, I have undertaken the writing of this book with a heartfelt wish for the prosperity of the Republic of Korea and the advancement of its naval power inspired by the insights of Queen Elizabeth I of England, who deeply understood the significance of sea and maritime power, reaffirming the timeless value of the sea and maritime power that remain unchanged even after centuries.

과거 해양은 인간에게 두려움의 대상이었다. 사람들은 수평선 너머

로는 거대한 폭포가 있어 떨어져 죽을 것이라 믿었기에, 멀리 항해할 엄두조차 내지 못했다. 이로 인해 세계의 대륙은 오랜 시간 해양에 의해 서로 분리되어 있었다.

In the past, the sea was a source of fear for humanity. People believed that a giant waterfall lay beyond the horizon where they would fall and die, which prevented them from attempting long-distance navigation. As a result, the continents of the world remained separated by the sea for a long time.

그러나 15세기, 개척자들이 범선에 돛을 달고 수평선을 향해 용감히 나아가자, 신대륙이 발견되고 대항해시대가 열렸다. 이로써 대륙은 해양으로 연결되었고, 문화와 지식이 전달되며 인류 문명은 비약적으로 발전했다.

However, in the 15th century, pioneers courageously set sail toward the horizon, discovering new continents and ushering in the Age of Exploration. The continents, once separated, became connected by the sea, and culture and knowledge were exchanged, human civilization advanced rapidly.

해군력은 해양 공간을 통제하여 국가이익을 실현하는 힘이며, 이를 수행하는 수단은 군함이다. 기록에 따르면 최초의 군함은 기원전 2,900년경 파라오 스네프루(Pharaoh Sneferu)가 삼나무를 수송하기 위해 무장 병력을 태운 배로부터 시작되었다.

Naval power is the force that enables a nation to secure its interests by controlling the maritime domain, and warships are the means to exercise this power. According to historical records, the first warship dates back to around 2900 BC, when Pharaoh Sneferu of Egypt used a vessel with armed troops onoard to transport cedar.

이후 날카로운 충각(Ram)을 장착한 바이레메(Bireme)가 등장했고, 이는 갤리(Galley), 갤리어스(Galleass), 갤리온(Galleon), 전열함(Ship of the Line)으로 변천했다. 증기기관과 작열탄의 등장은 증기 장갑함으로 변천을 이끌었고, 강력한 함포를 탑재한 전함(Battleship) 시대로 이어졌다. 특히 대구경 주포만을 장착해 '두려움(Dread)이 없다(Nought)'는 뜻의 드레드노트(Dreadnought)급 전함은 거함거포주의(巨艦巨砲主義)의 상징이 되었다.

Since then, warships evolved into biremes equipped with sharp rams, then into galleys, galleasses, galleons, and ships of the line, and with the development of steam engines and explosive shell, they evolved into steam-powered ironclads and dreadnought-class battleships. The dreadnought-class battleships, which symbolized "fear nothing," marked the beginning of the big-gun, big-ship era, emphasizing long-range engagements.

제1차 세계대전 전후로 잠수함, 항공모함 등 다양한 전투함이 개발되었고, 제2차 세계대전 이후 해군 함정 목록에는 잠수함, 항공모함, 전함, 순양함, 구축함, 호위함, 초계함 등이 포함되었으나 전함은 점차 역사 속으로 사라졌다.

By the before and after commencement of World War I, various combat ships, including submarines and aircraft carriers, had been developed, and after World War II, the naval combat order of battle ships included submarines, aircraft carriers, battleships, cruisers, destroyers, frigates, and corvettes, though battleships eventually disappeared.

함포와 포탄의 발전도 해군력 변천을 견인했다. 14세기 말 화약의 발명으로 군함에 화포(함포)가 탑재되기 시작했고, 초기에는 돌덩이를 쏘는 사석포(Bombard)로서 돌덩어리를 포탄으로 사용하였고, 쇠구슬과 철환으로 발전하였다.

The development of naval guns and shells drove the evolvement of naval power. The invention of gunpowder in the late 14th century led to the installation of cannons on ships, starting with bombards firing stone projectiles, later evolving into iron balls and spherical iron shot.

19세기 중반에는 탄의 회전을 유도해 비행 안정성과 명중률을 높이는 강선포인 암스트롱 포(Armstrong Gun)가 개발되었고, 둥근 철환은 원통형 장탄(long shell)으로 바뀌어 관통력이 크게 향상되었다. 이후 충격·시한 신관이 적용된 고폭탄, 근접 신관을 장착한 대공 고폭탄, 장갑을 뚫는 철갑탄 등이 개발되었다.

In the mid-19th century, rifled guns like the Armstrong gun significantly improved accuracy and flight stability. Shells evolved from spherical shot into elongated shells that concentrated energy on a smaller surface area, enhancing penetration. High-explosive shells with impact and time fuses were developed, as were armor-piercing shell and proximity-fused anti-aircraft shells.

전함의 시대에 가장 큰 함포는 구경 18.1인치(460㎜)로 최대 사거리는 42㎞에 달했다. 제2차 세계대전 이후에는 127㎜, 76㎜, 40㎜, 30㎜ 중·소구경 자동화 함포가 개발되었다. 사격 정확도는 크게 향상됐고, 분당 수백 발에서 수천 발까지 발사할 수 있는 고속 발사 기술과 원격 자동화 운용 체계로 진화했다.

The battleship era showed the development of large-caliber naval guns, with the largest being 18.1-inch (460mm) guns capable of ranges up to 42 kilometers. After World War II, medium and small caliber automatic naval guns (127㎜, 76㎜, 40㎜, and 30㎜) were developed, achieving high accuracy and firing rates of hundreds to thousands of rounds per minute, operated remotely without on-site personnel.

함포와 함께 유도탄 기술도 비약적으로 발전했다. 수십 미터 거리에서 탱크를 타격하는 대전차 유도탄부터, 핵탄두를 탑재해 1만 ㎞ 이상 비행하는 대륙간탄도유도탄(ICBM)까지 다양한 종류의 유도탄이 개발되었고, 발사 플랫폼도 지상 발사대뿐 아니라 함정, 항공기, 잠수함으로 확장되었다.

The advancement of shells brought the rapid development of guided missiles, ranging from anti-tank missiles capable of striking targets at close range of tens of meter to intercontinental ballistic missiles (ICBMs) with nuclear warheads capable of flying over 10,000 kilometers, launched from land, ship, aircraft, and submarine.

1930년대부터 영국, 미국, 독일, 소련, 일본 등은 군용 레이다를 개발했으며, 1940년대 고출력 마그네트론의 발명으로 마이크로파 대역 고출력 전송이 가능해졌다. 이로써 레이다 안테나는 소형화되고, 고해상도 탐지 및 야간·악천후 작전이 가능해졌다. 이후 수백~수천 개의 송수신 모듈(T/R Module)을 전자적으로 제어해 기계적 회전 없이 다중표적을 초고속 탐색·추적할 수 있는 능동 전자주사식 위상배열(AESA) 레이다로 발전했다.

From the 1930s, nations such as the UK, US, Germany, the Soviet Union, and Japan developed military radar. In the 1940s, high-power magnetron enabled microwave (3GHz band) transmission, allowing smaller antennas and high-resolution detection, enabling nighttime and adverse weather operations. This led to the development of active electronically scanned array (AESA) radars capable of electronically steering beams without mechanical rotation, allowing ultra-fast multi-target detection and tracking.

19세기 말부터 제1차 세계대전 종료 시까지 함포 사거리가 10㎞ 이상으로 연장되면서 기계식 사격통제체계(FCS: Fire Control System)가 등장했고, 제2차 세계대전 중에는 아날로그 컴퓨터를 활용한 MK 37 사격통제체계(GFCS: Gun Fire Control System)가 최초의 전투체계로 평가받았다.

With naval gun ranges exceeding 10 kilometers from the late 19th century to the end of World War I, mechanical fire control systems were developed, and during World War II, analog computers were utilized in the first recognized combat systems, such as the MK 37 Gun Fire Control System (GFCS).

이후 고성능 레이다와 컴퓨터를 연동해 공중·해상·수중 위협과 탄도탄까지 대응하는 이지스(Aegis) 전투체계가 개발되어 1983년 타이콘데로가급 순양함에 최초로 탑재되었으며, Flight I, II, IIA, III로 성능이 지속 개량되고 있다.

Subsequently the Aegis Combat System was developed, capable of responding to air, surface, and underwater threats and ballistic missile defense, first deployed on Ticonderoga-class cruisers in 1983 and continuously upgraded through Flights I, II, IIA, and III.

역사를 바꾼 해전들을 살펴보면, 살라미스 해전, 레판토 해전, 칼레 해전, 트라팔가르 해전, 리사 해전, 황해해전, 쓰시마 해전, 유틀란트 해전, 미드웨이 해전, 레이테만 해전, 포클랜드 해전, 그리고 임진왜란의 한산도·명량·노량 해전에서, 군함의 변천에 따른 전쟁의 양상과 전술 혁신을 주도한 측이 언제나 승리했다는 공통점을 확인할 수 있다.

According to naval warfares that had changed history such as the Battles of Salamis, Lepanto, Calais, Trafalgar, Lissa, the Yellow Sea, Tsushima, Jutland, Midway, Leyte Gulf, Post-WW II missile engagements, the Falklands War, and Korea's own naval victories at Hansando, Myeongnyang, and Noryang during the Imjin War reveals a common thread that the side leading innovation of the war paradigms and tactics following evolution of warships achieved victory.

해양전략의 고전으로 평가받는 마한의 『해양력이 역사에 미친 영향』, 콜벳의 『해양전략의 원칙』, 고르스코프의 『국가의 해양력』을 통해 해양전략 이론을 고찰하고, 이를 바탕으로 한국 해군이 수행해야 할 임무를 정리하였다.

This book explores the theories of maritime strategy found in the classics of maritime strategy such as Alfred Thayer Mahan's 『The Influence of Sea Power upon History』, Julian Corbett's 『Some Principles of Maritime Strategy』, and Sergey Gorshkov's 『The Sea Power of the State』 and derives the missions that the Republic of Korea Navy must undertake.

자유세계의 선진국 일원이 된 한국 해군이 국제사회에 기여해야 할 책임 있는 임무가 있다. 굳건한 동맹인 미국 해군과 함께 평화 시와 전쟁 시 모두 영해 밖 바다에서 항행의 절대적인 자유인 해양법의 원칙, mare liberum에 도전하려는 세력으로부터 아·태 지역의 해양의 자유를 지켜야 한다.

As a member of the advanced nations of the free world, the Republic of Korea Navy bears a solemn responsibility to contribute to the international community. Together with its steadfast ally, the United States Navy, it must safeguard the freedom of the seas in the Indo-Pacific region both in times of peace and conflict against forces that seek to challenge the principle of mare liberum, the inviolable right of navigation beyond territorial waters.

나아가 한국의 해양 안보 환경과 중국, 러시아, 북한, 일본, 미국의 해군력과 전략을 살펴보고, 궁극적으로 한국 해군의 한반도 전쟁 억지력을 분석하였다.

It further examines Korea's maritime security environment in the context of the naval powers of China, Russia, North Korea, Japan, and the United States, exploring each nation's naval power and maritime strategies while ultimately focusing on the Republic of Korea Navy's deterrence capabilities in preventing conflict on the Korean Peninsula.

마지막으로 이 책이 독자들에게 대한민국의 번영과 안보를 위한 해양과 해군력의 소중한 가치를 이해할 수 있는 교양서와 해군의 정책, 전략, 작전 수립을 위한 참고서가 되기를 희망한다.

Finally, May this book enlighten readers on the enduring value of the sea and naval power in safeguarding Korea's prosperity and security, while serving as a trusted guide for those who shape the Navy's policy, strategy, and operations.

차 례

서문   5

1장   군함의 변천사

1. 군함의 탄생에서 전열함까지의 변천사   20
   최초의 군함   20
   바이레메(Bireme)   22
   갤리(Galley)   23
   갤리어스(Galleass)   25
   갤리온(Galleon)   26
   전열함(Ship Of The Line)   28
   호위함(Frigate), 슬루프(Sloop), 순양함(Cruiser)   29

2. 전열함에서 전함까지의 변천사   31
   장갑함 및 드레드노트(Dreadnought)급 전함의 탄생   31
   드레드노트(Dreadnought)급 전함과 거함거포주의   32
   드레드노트급 전함의 변천   33
   제1·2차 세계대전과 전함   34

3. 제2차 세계대전 이후 현대의 군함   35
   전함(Battleship)   35
   순양함(Cruiser)   39

	구축함(Destroyer)	44
	호위함(Frigate)	48
	초계함(Corvette)	51
4.	잠수함의 탄생과 제1·2차 세계대전	55
	잠수함의 탄생	55
	제1차 세계대전의 잠수함	57
	제2차 세계대전의 잠수함	61
5.	항공모함의 탄생과 항공모함 시대 개막	66
	항공모함의 탄생	66
	항공모함의 시대 개막	69
6.	현대 디젤 잠수함과 원자력 잠수함	73
7.	미국 해군 전략 원자력 잠수함	81
8.	미국 해군 전략 원자력 잠수함의 핵전쟁 억지 역할	84
	에필로그	86

2장   함포와 포탄의 변천사

1.	함포와 포탄의 출현과 작열탄	90
2.	제2차 세계대전 시까지의 함포 및 포탄	93
3.	제2차 세계대전 이후의 함포 변천	96
4.	제2차 세계대전 이후의 포탄 변천	100
5.	어뢰의 탄생과 변천	103
6.	기뢰의 탄생과 변천	110
	에필로그	112

3장 유도탄의 탄생 및 변천

1. 유도탄의 탄생   116
2. 군함 탑재 대함유도탄(ASM: Anti-Ship Missile)   118
3. 군함 탑재 대공유도탄(SAM: Surface-to-Air Missile)   120
4. 군함 탑재 대지유도탄(LACM: Land Attack Cruise Missile)   121
5. 군함 탑재 대잠유도무기   122
6. 군함 탑재 탄도탄 요격유도탄(ABM: Anti-Ballistic Missile)   123
   에필로그   124

4장 레이다의 탄생 및 변천

1. 레이다의 탄생   128
2. 제2차 세계대전 시 레이다 발전   129
3. 레이다 고주파 발전 장치 개발   130
4. AESA 레이다 개발   131
   에필로그   134

5장 전투체계의 탄생과 변천

1. 기계식 사격통제체계 개발   139
2. 제2차 세계대전 시 MK 37 사격통제체계   140
3. 이지스 전투체계의 개발과 변천   142
   전투체계 실무 경험   142
   전두환 대통령 울산함 사격 시범 참관 경험   143
4. 이지스 전투체계 개량   146
5. 한국형 전투체계 개발   147

에필로그 ... 148

6장 역사를 바꾼 해전사와 승리 요인

1. 살라미스 해전(Battle of Salamis) ... 152
2. 레판토 해전(Battle of Lepanto) ... 156
3. 그라블린 해전(Battle of Gravelines) ... 161
4. 트라팔가르 해전(Battle of Trafalgar) ... 168
5. 리사(Lissa) 해전 ... 172
6. 황해해전(黃海海戰) ... 176
7. 쓰시마 해전(Battle of Tsushima) ... 180
8. 유틀란트 해전(Battle of Jütland) ... 185
9. 미드웨이 해전(Battle of Midway) ... 190
10. 레이테만 해전(Battle of Leyte Gulf) ... 195
11. 포클랜드 해전 ... 201
12. 임진왜란 해전 ... 209
13. 제2차 세계대전 이후 유도탄에 의한 해전 ... 214
    에필로그 ... 219

7장 해양전략

1. 마한의 해양전략 ... 225
2. 콜벳의 해양전략 ... 230
3. 고르스코프 해양전략 ... 236
4. 고르스코프 해양전략과 현대 중국 해군 전략의 연계 ... 242
5. 마한·콜벳·고르스코프 전략의 한국 해군 적용 로드맵 ... 244
6. 중국 해군 현대화 전략과 한국 해군 전략 비교 ... 245

에필로그 246

8장 주변국 해군력

1. 중국의 해군력 및 해군 전략 252
2. 러시아의 해군력 및 해군 전략 258
3. 일본의 해군력 및 해군 전략 263
4. 북한의 해군력 및 해군 전략 268
5. 미국의 해군력 및 해군 전략 275
6. 한국의 해군력 및 해군 전략 283
   에필로그 288

9장 한국 해군의 한반도 전쟁 억지력

1. 해양과 해양력 294
2. 해군력과 해전사 295
3. 해양전략과 해군의 역할 296
4. 주변국 해군력 297
5. 한국이 직면한 위협 299
6. 한반도 전쟁 억지를 위한 한국 해군의 과제 300
   재래식 전쟁 억지 300
   유도탄 해전 대비 302
   핵전쟁 억지 305
   에필로그 307

1장

군함의 변천사

1.
군함의 탄생에서 전열함까지의 변천사

최초의 군함

기록에 의하면 최초의 군함은 기원전 2,900년경 탄생하였다.[1] 이집트의 파라오 스네프루(Pharaoh Sneferu)가 삼나무(Cedar Wood)를 구입하기 위해 페니키아의 도시였던 비브로스(Byblos)에 군함(Armed Ship) 40척을 보냈다고 기록되었다. 파라오 스네프루(Pharaoh Sneferu)가 보냈던 군함(Armed Ship)은 무장 병력이 승함한 노선이었다.

최초의 군함, AI 생성 이미지

   고대 이집트에는 질 좋은 목재가 부족하였으며 삼나무는 크고 곧으며 내구성이 뛰어나 신전, 선박, 미라용 관 제작 등에 필수였으며, 오늘날의 레바논 산지에서만 구할 수 있었다. 비브로스(Byblos)는 오늘날 레바논 지역에 해당하며 당시 페니키아(Phoenicia)의 중요한 도시였다. 이집트의 파라오 스네프루(Pharaoh Sneferu)가 삼나무를 구입하기 위해 군함(Armed Ship)을 40척을 보낸 이유는 지중해 해적으로부터 보호와 비브로스(Byblos)에 대한 압력 수단으로 사용하기 위함이었다.

바이레메(Bireme)

바이레메(Bireme) AI 생성 이미지

　기원전 1,700년경에는 바이레메(Bireme)로 불렸던 공격용 군함이 나타났다.[2] 바이레메(Bireme)는 길이 약 25m이며 양쪽에 2단 노가 설치되어 노잡이 100명 정도가 승선한 노선이었으며 선수 부분에 청동으로 만든 날카로운 충각(Ram)을 설치하여 적 군함의 현측을 들이받아 파손 및 침몰시켰다. 갑판 위에 승함한 활을 쏘는 궁수와 작은 투석기와 던지는 무기(예: 작살, 창)를 지닌 전사들은 적 군함을 들이받은 후 적 군함으로 올라가 백병전을 벌였다.[3]

갤리(Galley)

갤리(Galley AI 생성 이미지)

바이레메(Bireme)는 길이가 40m이며 양쪽에 1단 노가 설치되고 노잡이가 150명 정도의 대형 노선인 갤리(Galley)로 변천하여 기원후 15세기까지 약 3,000년 동안 지중해에서 군함으로 군림하였다. 갤리(Galley)은 앞쪽에 단단한 구조물인 충각(Ram)을 설치하여 적 군함의 현측을 충돌하여 파손시켜 침몰시켰다.

충각은 군함에 설치된 최초의 무기였으며 갤리(Galley)의 충각은 견고한 청동이나 철로 삼지창(trident) 또는 V자형 등의 형태로 제작하여 군함 앞부분의 하부에 설치하였다. 충각 전술(Ramming)은 충각(Ram)으로 적 군함을 하부를 들이받아 피해를 주고 해수가 유입되도록 하여 침몰시키는 것이었다.

　이러한 충각 전술(Ramming)은 1976년 1월 영국과 아이슬란드 간에 발발한 제2차 대구(Cod) 전쟁에서 재현되었다. 아이슬란드 해군의 경비정이 영국 해군의 호위함을 들이받았고 호위함은 선체가 파손되었다.[4]

　기원전 480년 9월 발발한 살라미스 해전에서 페르시아 해군과 그리스 연합군은 3단 갤리(Galley)을 사용하였다. 3단 노선은 좌우 양현(兩舷)에 각각 3단으로 노를 설치(상·중·하열)하여 한쪽에 약 85명으로 총 약 170명의 노잡이가 있었다. 노 길이는 상단일수록 길고, 하단일수록 짧았다.

　노를 젓는 노잡이는 단순한 노잡이가 아니라 함선의 속도와 기동성을 위한 핵심 요원이었다.

　그리스의 노잡이는 평시에 훈련된 노잡이였으나, 페르시아의 노잡이는 정복지에서 차출된 이질적인 인원으로 구성되어 빠른 변침, 후진, 정지 등의 신속한 명령 전달과 협동 능력 측면에서 페르시아의 3단 갤리(Galley)는 아테네의 3단 갤리(Galley)의 기동성을 이기지 못하였고, 페르시아는 패배하였다.

갤리(Galley)와 갤리어스(Galleass)

갤리어스(Galleass)

15세기 베네치아는 노선인 갤리(Galley)와 돛을 설치한 범선을 합친 갤리어스(Galleass)를 건조하였다.

갤리어스는 전장 50m 전폭 8~10m의 대형 무장 범선으로 노와 돛을 병행 사용하여 기동이 가능한 무장 노선인 갤리(Galley)의 진화형이었다.

화약이 발명됨에 따라 갤리어스 갑판에 함포(측면, 선수, 선미포)를 설치하여 화력을 집중할 수 있었으며, 노잡이들이 선체 안으로 완전히 들어가면서 총이나 활의 위험에서 피할 수 있게 하였다.

1571년 10월 기독교 신성동맹 해군과 오스만제국 해군 간에 발발한 레판토 해전에서 갤리(Galley)에 비해 기동력이 우수한 갤리어스를 보유한 신성동맹의 해군이 승리하였다. 당시 갤리어스를 사용한 것은 기독교 신성동맹의 총사령관이었던 아우스트리아(Don John of Austria)의 혁신적인 전술이었다.[5]

이후 노와 돛을 사용하는 갤리어스(Galleass)는 스페인 무적함대의 주력 군함이 되었고 전쟁의 양상은 백병전과 함포전이 병행 수행되는 양상으로 변천하였다.

갤리온(Galleon)

갤리어스와 갤리온 AI 생성 이미지

갤리(Galley)에서 변천한 갤리어스(Galleass)는 곧바로 갤리온(Galleon)으로 변천하였다. 대항해시대가 개막되면서 대양 항해를 위해 돛으로만 항해하는 범선인 갤리온(Galleon)이 건조된 것이다. 갤리어스(Galleass)는 노와 돛을 사용하였으나 갤리온(Galleon)은 돛만 사용하는 범선 군함이었다. 노와 돛을 사용하는 갤리어스(Galleass)는 노를 젓는 인원에 대한 식량과 물이 대량으로 필요하였고, 노를 젓는 인원으로 장기간 대양 항해가 어려웠으며 노를 젓는 공간으로 인해 함포 설치에 제한이 있었다. 돛으로만 기동하는 갤리온(Galleon)은 많은 수의 대형 포를 설치할 수 있어 함포의 사거리 및 화력에 있어 갤리어스(Galleass)에 비해 훨씬 우세하였다.

16세기에 들어 화약 무기가 발달하면서 갤리온(Galleon)에 함포를 장착하여 함포가 해상 교전의 주력으로 발전하였으며, 해전의 중심이 함포 전투로 바뀌기 시작했다.[6]

1588년 영국 국왕으로 취임한 엘리자베스 1세가 스페인 국왕 필립 2세의 구혼 요청을 "나는 이미 국가와 결혼하였습니다."라는 정중한 표현으로 거절하였고 스페인과 영국 간에 해전이 발발하였다.[7]

당시 스페인은 레판토 해전에서 오스만제국의 해군을 격파하고 1582년과 1583년 두 차례에 걸쳐 프랑스 함대를 격파한 세계 최강의 무적함대를 보유하고 있었다. 스페인 국왕 필립 2세는 영국을 침공하기 위해 무적함대를 출동시켰으며, 무적함대는 영국 남단 리자드곶으로 진입하였다.

영국은 헨리 8세가 해군력을 강화하기 위해 건조한 갤리온(Galleon)을 보유하고 있었다. 스페인 무적함대는 130척으로 침공하였고, 영국 함대는 197척을 보유하였다. 영국 함대의 갤리온(Galleon)은 무적함대의 갤리온(Galleon)보다 소형이었지만, 유선형 선체였으며 장거리 함포와 많은 숫자의 함포를 탑재하여 무적함대의 갤리온(Galleon)보다 기동력이 우수하고 강력한 공격력을 보유하였다. 영국 함대는 197척에 총 1,972개의 함포를 탑재하였으며 그중 장거리 함포는 1,874개였으며, 무적함대는 130척에 총 1,124개의 함포를 탑재하였고 그중 장거리 함포인 CULVERIN은 는 635개였다.[8]

영국과 스페인 함포 비교

구분	함선 척수	함포			
		계	CULVERIN	CANON	PERIER
영국	197척	1,972	1,874	55	43
스페인	130척	1,124	635	163	326

무적함대는 대패하여 스코틀랜드 북쪽으로 도주하였으며 그곳에서 폭풍을 만나 무적함대 130척 중 53척이 파손을 당한 상태로 귀항하였다.

무적함대와 영국 함대 간의 해전 이후 영국은 영국 함대를 통해 세계의 해양을 300년 동안 지배하였던 대영제국을 구가(謳歌)하였으며, 목조 범선의 마지막 군함인 전열함(Ship Of The Line)의 시대가 개막되었다. 영국 함대는 대영함대(Grand Fleet)로 불렸다.

전열함(Ship Of The Line)

17세기에서 19세기까지 목조 범선 군함에 의한 해전은 양측의 군함이 한 줄로 전열(The Line Of Battle)을 형성하여 적과 나란히 항진하며 포격을 주고받는 전술을 사용했으며 포격전을 위해 한 줄로 늘어선 군함을 전열함(Ship Of The Line)으로 불렀다.

17세기 중엽부터 19세기 초까지는 전열함(Line-of-Battle Ship)의 시대였으며 대표적인 사례로 넬슨 제독의 트라팔가르 해전(1805)은 전열함 시대 전술의 정점을 보여주었으며, 해군력이 곧 국가의 국력과 직결되었음을 입증하였다.[9] 당시 영국 함대의 경우는 군함의 등급을 1~6등급으로 구분하였으며, 이중 약 60문 이상의 함포를 탑재한 3~4등급 함선 이상의 군함을 전열(The Line Of Battle)에 포함하고 전열함(Ship Of The Line)이라고 불렀다. 통상 전열함(Ship Of The Line)은 2층과 3층 갑판에 함포를 탑재하였다.

영국 해군의 경우 1급 전열함(Ship Of The Line)은 2층 및 3층 갑판에 104문의 함포를 탑재하였고, 2급 전열함(Ship Of The Line)은 2층 및 3층 갑판에 98문의 함포를 탑재하였으며, 3급 전열함(Ship Of The Line)은 2층 및 3층 갑판에 80문의 함포를 탑재하였고, 4급 전열함(Ship Of The Line)은 2층 갑판에 60문의 함포를 탑재하였다.

호위함(Frigate), 슬루프(Sloop), 순양함(Cruiser)

5등급 및 6등급 군함은 호위함(Frigate)으로 불렀고, 5등급 호위함(Frigate)은 함포를 32문에서 44문을 탑재하였으며, 6등급 호위함(Frigate)은 함포를 20문에서 28문을 탑재하였다. 소형이며 기동성이 뛰어난 호위함(Frigate)은 함대의 호위, 정찰, 교란 작전 등의 임무와 단독으로 연락과 통상 파괴전과 해상 봉쇄 등의 임무를 수행하였다.

슬루프(Sloop)는 호위함(Frigate)보다 소형으로 10에서 20문 정도의 함포를 탑재한 범선 군함으로서 호위함(Frigate)의 역할의 일부인 초계와 무역로 보호와 해적을 막는 임무를 수행하였다. 슬루프(Sloop)는 순양함(Cruiser)이라고도 불렀다.

전열(The Line Of Battle)에 포함하지 않는 5등급 및 6등급 군함을 5급 전열함과 6급 전열함으로 지정한 이유는 전열 해군의 인사, 예산, 함장 계급 등 행정 편제 때문이었다. 예를 들어 넬슨 제독도 젊은 시절 6급 전열함에서 경력을 시작했으며 3급 및 1급 전열함 함장으로 진급하여 전열함 지휘관이 되었다.

약 3세기 동안 해전을 지배하였던 전열함(Ship Of The Line)은 작열탄과 증기기관의 등장과 함께 목조 범선 시대의 마지막 군함이 되었다.

여태까지의 함포의 포탄은 둥근 쇳덩이로 된 단순한 철환이었으나 1830년대에 프랑스가 개발한 작열탄은 피격 시 폭발하여 화재를 발생하기 때문에 목선 전함인 전열함(Ship Of The Line)에 치명적인 손상을 입히게 되었다. 아울러 산업혁명으로 증기기관이 발명되자 목조 범선 군함인 전열함(Ship Of The Line) 대신 증기기관을 탑재하고 선체를 장갑으로 건조한 증기 장갑함이 새로운 군함으로 등장하였다.

2. 전열함에서 전함까지의 변천사

장갑함 및 드레드노트(Dreadnought)급 전함의 탄생

목조 범선인 전열함(ship of the line)은 작열탄의 등장과 산업혁명으로 인해 증기 장갑함으로 변천하였고, 증기 장갑함은 두꺼운 장갑과 강력한 함포를 탑재한 전함(battleship)으로 발전하였다.[10]

최초의 장갑함(ironclad warship)은 1839년 영국 해군에서 건조한 증기 추진의 연철 보강 목조 선체를 사용한 군함으로, 이후 장갑 전함(ironclad warship) 또는 증기 장갑함(steam-powered ironclad warship)으로 불렸다.[11] 목조 전열함에 증기기관을 최초로 탑재한 국가는 프랑스였다. 1850년, 프랑스는 나폴레옹(Napoléon)함에 증기기관과 스크루를 장착하여 건조하였다.[12] 이후 1859년 프랑스는 연철 장갑을 두른 라 글루아르(La Gloire)함을 진수하여 함포 36문, 속력 13노트(24km/h)를 낼 수 있었다.[13] 이에 대응해 영국은 1860년 라 글루아르함보다 기동력과 화력이 우월한 워리어(Warrior) 함을 진수하였고 함포 40문, 속력 14노

트(26㎞/h)를 낼 수 있었으며, 선체 전체가 철골 구조로 제작된 최초의 완전 철제 장갑함이었다.[14]

19세기 말, 열강들은 증기 장갑함의 기술을 지속 발전시켜 더욱 강화된 장갑과 강력한 함포를 장착한 장갑 순양함(armored cruiser) 및 전함(battleship)을 건조하기 시작했다. 전함은 해상의 제왕으로 군림하기 시작하였다.[15]

드레드노트(Dreadnought)급 전함과 거함거포주의

전함의 발전은 부포를 다수 배치하지 않고 대신 대구경 주포를 집중적으로 배치해 원거리에서 적함을 격침하는 개념으로 전환되었다. 이 개념에 따라 1906년 영국 해군은 「두려움(Dread)이 없다(Nought)」라는 이름의 드레드노트(Dreadnought)급 전함을 건조했다. 이는 거함거포주의(巨艦巨砲主義)의 본격적인 시작이었다.[16] 순양함(cruiser)이 드레드노트급 전함을 만나면 도망해야 생존할 수 있을 정도로 화력 격차가 컸다.

드레드노트급 전함은 인류가 만든 최초의 '해상 종합 전투체'였으며, 강철 장갑, 폭발성 작열탄, 증기 추진을 결합해 불과 수십 년 만에 목조 전열함을 대체하게 되었다.[17]

드레드노트급 전함의 건조에는 막대한 예산이 소요되어 전함은 군사력과 국력의 상징이 되었고, 해양력의 핵심으로서 마한(Alfred Mahan)이 주장한 제해권(sea power) 개념의 구현 수단으로 활용되었다.[18] 전함은 상대국 연안에 전개하여 외교적 압박을 가하는 해군력 현시(naval presence)의 상징이었다.

미국의 루스벨트 대통령은 강력한 함대를 외교적 수단으로 활용했고, 1907~1909년 16척의 전함으로 구성된 Great White Fleet을 건조, 세계 일주 항해를 통해 해군력과 외교력을 동시에 과시하였다.[19]

드레드노트급 전함의 변천

드레드노트급 전함은 다음과 같이 발전 단계를 구분한다.
1. 프리-드레드노트(Pre Dreadnought)급 전함은 1880년대 후반 15,000톤의 배수량을 가지며, 수선부와 포탑·함교에 철갑을 두르고 석탄 증기기관을 사용했다. 대표적으로 영국의 마제스틱(Majestic)급, 프랑스의 샤를마뉴(Charlemagne)급, 독일의 카이저 프리드리히 3세(Kaiser Friedrich III)급, 일본의 미카사(Mikasa)급, 러시아의 보로디노(Borodino)급이 있다.[20]
2. 드레드노트(dreadnought)급 전함은 1906년 영국 해군이 건조한 드레드노트 함부터 시작되며, 부포를 제거하고 305㎜급 이상의 동일 구경 주포만을 집중적으로 배치(All-Big-Gun Ship)한 것이 특징이다. 배수량 20,000톤 이상, 160~200m 길이로 적 함대를 원거리에서 집중 사격을 하여 제압하는 개념으로 발전하였다.[21]
3. 수퍼 드레드노트(super-dreadnought)급 전함은 1910년대 초반부터 제1차 세계대전 중에 건조된 전함으로, 25,000톤 이상의 배수량과 343~406㎜급 주포를 탑재하였다. 대표 사례로 영국의 퀸 엘리자베스(Queen Elizabeth)함, 미국의 네바다(Nevada)함, 일본의 나가토(Nagato)함, 야마토(Yamato)함 등이 있으며, 특히 야마토함은 당시 세계 최대 전함으로 배수량이 72,000톤이었으며, 최대 사거리

가 42㎞인 460㎜(18.1인치) 주포 9문을 보유하였다.[22]

제1·2차 세계대전과 전함

제1차 세계대전 개전 시, 1914년 영국 해군은 35척의 드레드노트급 전함과 14척의 전투 순양함, 50척의 프리-드레드노트급 전함을 보유했으며, 순양함·구축함 등 다양한 종류의 군함과 함께 제해권을 장악하였다.[23] 항공모함은 전함의 호위 개념으로 소규모 개조·건조되었으며, 잠수함과 어뢰정, 어뢰정 구축함(destroyer, destroyer escort)이 실전적으로 운용되기 시작했다.

제2차 세계대전 발발 시 1939년 영국 해군은 45,000톤급 전함 Vanguard함 등 총 20척의 전함과 72척의 항공모함(호위 항모 포함), 163척의 잠수함을 보유하였다.[24]

당시 해군 연감(Jane's Fighting Ships)의 전투서열 기준으로 제1·2차 세계대전 시 전투서열 1위는 전함(battleship)이었으며, 전함이 함대 전투의 핵심으로 기능하였다. 이후 항공모함이 전함의 지위를 대체하기 시작했으며, 현대에는 잠수함이 전투서열 1위에 위치하고 항공모함이 2위에 있으며 전함은 역사 속으로 퇴장하였다.[25]

3.
제2차 세계대전 이후 현대의 군함

전함(Battleship)

　1906년부터 영국이 건조하기 시작한 전함(Battleship)은 대구경 함포에서 쏟아붓는 소나기 같은 포탄 세례로 적 군함을 소탕하는 해상의 제왕이 되었으며 국력의 상징이었고 상대국의 연안에 전개하여 무력시위(Display of Force)로 외교적 영향력을 행사하는 해군력 현시(Naval Presence)의 주역이었다. 전함(Battleship)의 등장은 거함거포주의(巨艦巨砲主義) 시대의 개막이었다.

　제1차 세계대전 시 1916년 5월 31일에서 6월 1일 사이에 발생한 영국의 대영함대(Grand Fleet)와 독일의 대양함대(High Seas Fleet)가 격돌한 유틀란트 해전에서 전함(Battleship)은 해전의 주역으로서 전열(The Line Of Battle)을 형성하여 장거리 포격전을 벌리는 거함거포(巨艦巨砲)로서의 전함의 전형적인 모습을 보여주었다.[26]

　그러나 제2차 세계대전 시 미국 해군의 항공모함에서 발진한 항공기의 공격으로 세계 최대의 72,000톤급 전함이었던 일본 해군의 야마토(Yamato)급 함의 1번 함인 야마토(Yamato)함과 2번 함인 무사시(Musashi)함이 침몰하였고, 말레이반도의 일본 항공부대에서 발진한 항공기에 의해 영국 해군의 43,000톤급 전함 Prince of Walse함과 32,000톤급 순양전함 Repulse함이 침몰하면서 함대 결전에서 보여주었던 전함의 위용은 무기력해졌다.[27]

아울러 전함의 고가의 건조 비용과 유지 비용에 비해 전함의 전략적 효과에 대한 의문이 제기되었고, 대형 함포 대신 유도탄이 주력 무기로 등장하면서 유도탄으로 무장하여 대공, 대함, 대잠 등 다양한 임무를 수행할 수 있는 순양함과 구축함이 해전의 중심으로 등장함으로써 해상의 제왕으로 탄생하였던 전함은 반세기 만에 역사 속으로 사라졌다.[28]

제2차 세계대전이 종료 후 각국의 해군은 전함(Battleship)을 퇴역시켰다. 영국 해군의 마지막 전함이었던 밴가드(Vanguard)함과 프랑스 해군의 마지막 전함이었던 장 바르(Jean Bart)함과 리셸리외(Richulieu)함은 1961년에 퇴역하였고[29], 미국 해군은 아이오와(Iowa)급 전함은 한국 전쟁, 베트남 전쟁, 레바논 내전, 걸프전 등에서 대구경 함포와 토마호크 유도탄을 활용해 지상 목표를 초토화하며 전함의 위용을 마지막으로 과시하였다.[30]

아이오와급은 16인치(406㎜) 주포 9문, 고폭탄 1,200발, 토마호크, 하푼, 근접방어무기체계(Phalanx) 등을 탑재하며, "600척 해군 계획"에 따라 현대화되었으나 1990~1992년 사이에 모두 퇴역해 박물관에 보존되어 있다.[31]

Iowa 급 전함, AI 생성 이미지

　미국 해군의 아이오와함은 한국 전쟁과 베트남 전쟁과 레바논 내전과 걸프전에서 대구경 함포로 적 지상 표적을 초토화하는 전함의 위용을 다시 보여주었다. 한국 전쟁에는 아이오와급 전함(Battleship) 4척을 모두 전개하여 북한의 군사시설과 북한군의 병참선과 보급로를 초토화하였고 인천상륙작전에는 전함 미조리함이 참전하였다.

　베트남 전쟁에는 전함 뉴 저지(New Jersey)함이 참전하여 북베트남군의 보급선 및 해안의 거점을 초토화하였으며, 레바논 내전에는 전함 뉴 저지함이 참전하여 시리아 민병대의 목표물을 초토화하였고, 걸프전에는 전함 미조리함과 위스콘신(Wisconsin)함이 참전하여 원거리 지상 목표에 대한 토마호크 미사일 정밀 타격과 이라크 해안 및 유전 지대를 초토화하였고 특수부대의 해안 침투를 지원하였다.

아이오와급 전함은 직경 16인치(40.6cm) 주포 9문을 탑재하고 있으며, 포탄 1발의 고폭탄 무게가 154파운드(70kg)인 포탄 1,200발을 탑재하고 있어 주포 9문으로 133회의 일제사격을 통해 고폭탄 총 84톤으로 지상의 목표물을 초토화하는 능력을 보유하고 있다.

아이오와급 전함은 레이건 대통령 정부의 "600척 해군 계획"에 따라 1982년부터 1988년 사이에 대지용 토마호크 유도탄과 대함용 하푼 유도탄과 대공용 근접방어무기체계인 파랑스(Phalanx)를 탑재하였다.

미국 해군의 마지막 전함 아이오와급 4척 중 1번 함 아이오와함은 1990년 10월 26일 퇴역하여 로스앤젤레스에 있는 박물관에 보존되어 있고, 2번 함 뉴 저지함은 1991년 2월 8일 퇴역하여 뉴저지주 캠던시에 있는 박물관에 보존되어 있으며, 3번 함 미주리함은 1992년 3월 31일 하와이 진주만의 박물관에 보존되어 있고, 4번 함 위스콘신함은 1991년 9월 30일 버지니아주 노폭시의 박물관에 보존되어 있다.

제2차 세계대전의 추축국(樞軸國, Axis powers)이었던 이탈리아가 1945년 4월 29일에 항복하고, 독일이 1947년 5월 8일에 항복한 후 1945년 8월 15일에 전함 미주리함의 함상에서 일본이 항복 문서에 서명함으로써 제2차 세계대전은 종결되었으며 1992년 아이오와급 전함의 마지막 전함이었던 미주리함이 퇴역함으로써 전함은 역사 속으로 사라졌다.

미국 해군은 전함을 핵폭탄 실험에도 사용하였다. 1946년 7월 태평양의 비키니 환초에서 34,000톤 네바다(Nevada)급 전함을 표적함으로 사용하여 나가사키에 투하되었던 플루토늄 핵폭탄의 효과를 실험하였다.[32]

순양함(Cruiser)

전열함(Ship of the Line) 시대에 순양함(Cruiser)은 호위함(Frigate)보다도 작은 5~6등급의 군함으로 해적 방어, 무역로 보호, 통신선 임무 등을 수행하며 독립 기동 작전을 담당하였다.[33]

순양함(Cruiser)은 전열함(Ship Of The Line) 시대에는 가장 낮은 등급의 군함이었다. 그러나 제1차 세계대전이 일어난 1914년 순양함은 군함의 전투서열 1위인 전함 다음으로 전투서열 2위의 군함으로 탄생하였다.

전열함(Ship Of The Line) 시대에는 1등급에서 4등급까지의 군함은 전열함(Ship Of The Line)으로 부르면서 전투 대열인 전열(The Line Of Battle)에 포함되었고, 전열(The Line Of Battle)에 포함되지 않는 5등급 및 6등급 군함을 호위함(Frigate)으로 불렀으며 슬루프(Sloop)와 순양함(Cruiser)은 호위함(Frigate)보다 소형 군함이었다.

그러나 제1차 세계대전 시기 순양함은 전함 다음가는 전투서열 2위의 군함으로 나타났으며, 빠른 기동력과 강력한 화력으로 '함대의 눈' 임무를 수행하며 정찰, 전함 및 항공모함 방호, 상선 공격, 해외 기지 방어 등을 맡았다.[34]

제2차 세계대전 이후 순양함은 대함·대공·대지 3차원 교전을 동시에 수행 가능한 고속 기동 전투함으로 발전하였다.[35]

제2차 세계대전 이후 미국 해군은 Des Moines급 3척, Long Beach급(세계 최초의 핵 추진 순양함) 1척, Leahy급 9척, Bainbridge급 1척, Belknap급 9척, Truxtun 1척, California급 2척, Virginia급 4척, Ticonderoga급(이지스 전투체계 탑재) 27척 총 57척의 순양함을 건조하였으며, 이 가운데 제2차 세계대전 직후에 건조한 Des Moines급 순양함은 함포로만 무장한 순양함(All Gun Cruiser)이었고, 이후에 건조한 순양함은 함포와 유도탄으로 무장하였으며 Long Beach급, Bainbridge급, Truxtun, California급, Virginia급은 원자력 추진 순양함이었고 2025년 기준 Ticonderoga급 순양함 9척을 운용 중이다.[36]

제2차 세계대전 이후 러시아 해군은 미국 해군에 필적할 수 있는 해군력 건설을 꿈꾸었던 고르스코프(Gorschkov) 제독 주도의 위대한 해군 건설 계획에 따라 Sverdlov급 14척, Kynda급 4척, Kresta급 14처, Kara급 7척, Slava급 3척, Kirov급 4척, Moskva급 2척을 합쳐 총 48척의 순양함을 건조하였고, 제2차 세계대전 이후 최초로 건조한 17,000톤급 Sverdlov급 순양함은 함포로만 무장한 순양함(All Gun Cruiser)이었으며, 1960년대부터 건조한 5,600톤 KYnda급 순양함부터는 함포와 유도탄으로 무장하였다.[37]

Kirov급 순양함은 만재 톤수가 28,000톤인 예전의 전함급으로 현존하는 최대 전투함이다. 2025년 기준 Slava급 순양함 1척과 Kirov급 순양함 1척을 운용하고 있다.[38]

프랑스 해군은 Jeanne d'Are급, Colbert급을 합쳐 순양함 2척을 건조하였으며, 이탈리아 해군은 Vittorio Veneto급, Andrea Doria급 순양함을 합쳐 총 3척을 건조하였고, 영국 해군은 Tiger급 순양함 3척을 건조하였으며, 칠레 해군은 스웨덴 조선소에서 The Kronet급을 건조하였으나 현재 운용 중인 순양함은 없다.

중국 해군은 2025년 기준 Type 055급 순양함을 8척 건조하여 운용하고 있으며 총 16척 이상을 건조할 계획이다.

현재 순양함을 운용하는 국가는 미국, 러시아, 중국 3개국이며 미국 해군은 Ticonderoga급 순양함을 운용하고 있으며 러시아 해군은 Moskva급 순양함과 Slava급 순양함을 운용하고 있고, 중국 해군은 Type 055급 순양함을 운용하고 있다.

타이콘데로가(Ticonderoga)급 순양함 AI 생성 이미지

　미국 해군의 타이콘데로가(Ticonderoga)급 순양함의 전장은 173m이며 톤수는 9,800톤이고 레이다의 신기원이라고 할 수 있는 AN/SPY-1 위상배열 레이다와 소련의 공중 및 해상 위협에 대응하기 위해 개발한 첨단 기술의 산물인 이지스 전투체계(Aegis Combat System)를 탑재하여 최고의 전투력을 보유하였다. AN/SPY-1 위상배열 레이다는 수천 개의 송수신 모듈(T/R Module)을 부착하여 첨단 기술과 고도의 소프트웨어와 알고리즘으로 전자적으로 빔을 조향하고 표적을 신속하고 정확하게 탐지 및 추적하여, 신호를 분석하고 제어하며, 기존의 회전식 레이다와는 달리 정사각형 형태의 안테나를 함정의 마스트에 4면으로 설치하여 360도 공간에서 탐지 공백이 없이 지속적으로 탐지한다. 기존의 회전식 레이다는 안테나의 회전 속도가 6-12 RPM일 경우 레이다가 표적을 탐지한 후 다음 탐지할 때까지 걸리는 시간이 6-10초이기

때문에 표적의 탐지에 공백이 생길 수 있다.

AN/SPY-1 위상배열 레이다의 항공기 최대 탐지거리는 370km이며, 동시에 추적이 가능한 표적의 숫자는 300개 이상이며, 동시에 교전할 수 있는 표적의 숫자는 18개 이상이다. 무장은 대함 유도탄과 대공유도탄과, 대잠유도탄과 탄도탄 요격용 유도탄을 보유하고 122셀 수직발사체계(VLS)에서 발사한다.

러시아 해군의 Kirov급 순양함은 미국 해군의 Ticondroga급 순양함에 비해 기술 세대가 떨어진 레이다와 전투체계를 탑재하고 있다. 위상배열 레이다가 아닌 1970~1980년대 기술 수준의 회전식 레이다와 아날로그 기반의 일부 디지털화된 전투지휘체계이다. 회전식 3차원 탐지(3D) 레이다의 항공기 최대 탐지거리는 400km이며, 순항미사일 최대 탐지거리는 150km이고 동시에 추적이 가능한 표적의 숫자는 200개 이상이며, 동시에 교전할 수 있는 표적의 숫자는 6개 이상이다. 무장은 대함 유도탄과 대공유도탄과, 대잠유도탄과 탄도탄 요격용 유도탄을 보유하고 수직발사체계(VLS)는 일부 유도탄에만 사용하고 있고, 전통적인 런처(Launcher)에서 발사한다.

중국 해군의 Type 055급 순양함은 위상배열 레이다와 중국 자체 개발한 이지스 전투체계를 탑재하여 미국 해군의 Ticonderoga 순양함과 대등한 성능을 보유하고 있다. 중국 해군은 21세기에 들어서면서 근해 방어 전략에서 원해작전 전략을 추가하는 해양 굴기의 국가전략을 추진하면서 남중국해, 동중국해, 대만해협에서의 해양 주권을 주장하고 미국의 해양 우위를 견제하기 위해 해군력 강화와 현대화를 추진하여 왔다.

미국, 러시아, 중국 해군의 순양함 비교

구분	미국	러시아	중국
함형	Ticoderoga급	Kirov급	Type 055
전장	173m	252m	183m
톤수	9,800톤	24,000톤	13,000톤
전투체계	- 이지스 전투체계 - 동시추적 300개 이상 = 동시교전 18개 이상	- 이지스 대비 낙후된 전투지휘체계 동시추적 200개 동시교전 6개 이상	H/LJG-346B형 중국식 이지스 전투체계
탐지장비	AN/SPY-1 위상배열 레이다 - 최대탐지거리 항공기 370km 유도탄 150km	회전식 레이다(1970년-1980년대 기술) 항공기 400km, 유도탄 150km	AN/SPY-1 위상배열 레이다와 유사
대공유도탄	SM-2 170km SM-8 370km RGM-162 50km	SA-N-2 250km SA-N-6 150km SA-N-9 15km	HHQ-9B 200km 및 중, 단거리 유도탄
대함유도탄	하푼 140km	3M22 1,000km SS-N-19 625km	CJ-10 순항유도탄, 1,500km
대잠유도탄	ASROC 22km	SS-N-14 50km	CY-5, 65km CY-6, 100km
대지유도탄	토마호크 1,600km	SM-14 2,500km	CJ-10 중국식 토마호크 2,000km
탄도탄요격 유도탄	SM-3 700km	SA-N-20 200km	중국식 SM-3 개발중
수직발사체예	MK41 VLS 122셀	일부유도탄에 적용	국식 VLS 112셀
함포	Mk45 127mm 2문	Ak-130 130mm 1문	H/PJ-38 130mm 1문

구축함(Destroyer)

'구축함(Destroyer)'이라는 명칭은 원래 어뢰정을 격퇴하기 위해 개발된 '어뢰정 구축함(Torpedo Boat Destroyer)'에서 유래하였다. '어뢰정 구축함(Destroyer)'에서 "구축"은 몰아내는 구(驅)와 쫓는 축(逐)을 의미한다.

어뢰는 1866년 로버트 화이트헤드(Robert Whitehead)가 개발한 이후 1891년 칠레 해군의 3,500톤 철갑함인 Blanco Encalada함이 반군의 어뢰정에서 발사한 어뢰 1발에 침몰하면서 어뢰의 위협이 현실화하였다.[39]

20세기 초, 전함을 어뢰정으로부터 보호하기 위해 어뢰정 구축함이 등장하였다. 이 함정은 어뢰정과 유사한 기동성을 지니되 더 강력한 화력을 갖춘 군함이었다. 제2차 세계대전 중에 '어뢰정 구축함(Torpedo Boat Destroyer)'의 역할이 확장되었다. 어뢰정 구축함은 수송 선단 호송, 정찰, 연안전, 대잠 작전 등 임무가 확대되면서, 명칭이 '구축함(Destroyer)'으로 정착되었다.[40]

제2차 세계대전 당시 구축함의 배수량은 600톤에서 1,600톤 사이였고[41], 제2차 세계대전 이후 유도탄 시대가 도래하면서, 대구경 함포의 중요성이 낮아지고 건조·유지 비용이 큰 순양함이 점차 퇴조하였다. 이에 유도탄 중심의 대공·대함·대잠 입체작전을 수행할 수 있는 구축함과 호위함이 주력 전투함으로 자리 잡았다.

군함의 크기와 관련하여 '워싱턴 해군 군축조약'과 '런던 해군 군축조약'에서는 전함 35,000톤, 항공모함 33,000톤, 순양함 10,000톤으로 톤수를 제한했으나, 순양함 이하의 함종에는 별도의 제한이 없었다.[42]

제2차 세계대전이 끝날 때까지 군함의 크기는 전함(Battleship),

Cruiser(순양함), Destroyer(구축함), Frigate(호위함), Corvette(초계함)으로 대형함에서 소형함의 순으로 분류하는 기준(Descending Order)이 있었으나, 제2차 세계대전 이후에는 군함 크기에 관해 해군 간의 합의된 기준이 없었다.

영국 해군은 4,100톤 Type 42급은 구축함으로 분류하고 이보다 큰 4,900톤 Type 22급은 호위함으로 분류하였다.

소련 해군은 5,560톤 Kynda급은 순양함으로 분류하고 이보다 큰 8,000톤 Udalot급은 구축함으로 분류하였다.

미국 해군은 10,000톤 Virginia급은 호위함으로 분류하였다가 순양함으로 변경하였으며, 7,810톤 Sprunce급은 구축함으로 분류하였고, Ticonderoga급은 Sprunce 급과 동일한 선체이지만 순양함으로 분류하였다.[43]

프랑스 해군은 5,745톤 Type C 67은 초계함으로 분류하였다가 호위함으로 변경하였고 4,170톤 Type C 70은 구축함으로 분류하였다.[44]

제2차 세계대전 이후 전자 기술 발전으로 레이다·미사일이 소형 함정에도 탑재가 가능해짐에 따라 순양함보다 비용·운용 효율이 높은 구축함과 호위함 건조가 활발해졌다.

군함을 건조하면서 예산과 조선소의 건조 능력을 고려하여 최고의 전투력을 보유한 군함을 건조하느냐 아니면 많은 척수의 군함을 건조하느냐는 '질적(quality) vs 양적(quantity)' 논쟁이 있었으나, 대부분 국가의 해군은 소형이면서도 3차원의 위협에 대응할 수 있는 4,000톤 정도의 전투함을 감당할 수 있는 수준으로 공감하였다.[45]

미국 해군은 중추 전력으로 8,000톤 Spruancermq급 구축함을 건조하였다. 이후 미국 해군은 이지스 전투체계를 탑재한 9,000톤 알레이 버크(Arieigh Burke)급 구축함 77척과 2,690톤 브론스타인(Bronstein)

급 호위함과 3,585톤 올리버 해자드 페리(Hazard Perry)급 호위함 등 총 148척의 호위함을 건조하며 대공 중심의 다차원 전투 능력을 확보하였다.[46]

알레이 버크급의 핵심은 이지스 전투체계와 SPY-1D 레이다이며 표준함대공미사일(SM)을 탑재하여, 함대 대공(Anti Air)의 핵심 전력이다. 현대 구축함은 대공(Anti Air)을 중심으로 대함(Anti Surface) 및 대잠(Anti Submarine)의 입체전 수행이 가능하다.

구소련(러시아)의 해군은 미국 해군에 필적할 수 있는 해군력 건설을 꿈꾸었던 고르스코프(Gorschkov) 제독 주도의 위대한 해군 건설 계획에 따라 많은 구축함을 건조하였다.[47]

중국 해군은 3,900톤 Luda급 Type 051을 건조하여 구축함이라고 불렀으며, 이후 7,500톤 Type 052 구축함을 건조하였고 2017년 이후부터는 13,000톤 순양함인 Type 055급 군함을 건조하여 구축함으로 불렀으며, 4,000톤 Type 053 및 Type 054를 건조하여 호위함으로 불렀다.[48]

제2차 세계대전 이후 구축함을 독자적으로 건조한 국가는 미국, 영국, 일본, 중국, 러시아(구소련), 프랑스, 이탈리아, 독일, 대한민국을 합쳐 총 9개국이며 건조한 구축함의 만재 톤수는 2,900톤에서 15,761톤 사이이다.

제2차 세계대전 이후 각국 해군이 건조한 구축함

국가	함형, 만재 톤수, 1번 함 인도 연도, 건조 척수
미국	Fletcher 2,940톤 175척 Allen M. Sumner 4,050톤 58척 Gearing 3,400톤 98척 Forrest Sherman 4,050톤 18척 Charles F. Adams 4,526톤 29척 Spruance 8,040톤 31척 Mitscher 4,855톤 4척 Kidd 급 9,783톤 4척 Arleigh Burke, 9,700톤 90척 이상 Zumwalt 15,761톤 3척 총 510척 이상
영국	Daring 3,800톤(1950년대 건조) 8척 County 6,800톤 8척 Sheffield 5,300톤 14척 Daring 8,500톤(2006년 건조) 6척 총 36척
일본	Shirane 7,500톤 2척 Haruna 6,900톤 2척 Tachikaze 4,800톤 3척 Takatsuki 4,500톤 4척 Amatsukaze 4,000톤 1척 Hatsuyuki 4,000톤 12척 Akizuki 6,800톤 4척 Minegumo 2,750톤 3척 Yamagumo 2,700톤 6척 Murasame 6,200톤 9척 Ayanami 2,900톤 7척 Asagiri 4,900톤 8척 Takanami 6,300톤 5척 Maya 10,250톤 2척 이지스 시스템 탑재 총 68척
중국	Type 051 Jinan 3,670톤 17척 Type 052 Harbin 4,800톤 2척 Type 052B Guangzhou 6,500톤 2척 Type 052C Lanzhou 6,600톤 6척 Type 052D Kunming 7,500톤 25척 이상 Type 055 Nanchang 13,000톤 6척 이상 총 59척 이상
러시아 (구소련)	Kotlin 3,400톤 27척 Neustrashimy 3,400톤 1척 Kashin Komsomolets Ukrainy, 4,400톤 20척 Sovremenny Sovremenny 8,400톤 21척 Udaloy 7,900톤, 12척 총 81척

1장 군함의 변천사

프랑스	T 47급 3,740톤 12척 T 53급 3,900톤 7척 Horizon 7,050톤 2척 Alsace 6,700톤 2척 총 23척
이탈리아	Impavido Impavido 4,500톤 2척 Audace Audace 5,000톤 2척 Andrea Doria 6,500톤 2척 총 6척
독일	Hamburg 4,400톤 4척 Lütjens 6,200톤 3척 총 7척
대한민국	광개토대왕 3,900톤 3척 충무공이순신 5,500톤 6척 세종대왕 11,000톤 3척 정조대왕 10,800톤 3척 총 15척

호위함(Frigate)

전열함 시대에 호위함(Frigate)은 전열(Line of Battle)에 포함되지 않은 5~6등급 군함으로, 해전에 직접 참가하기보다는 정찰, 호위, 통신, 통상 파괴, 해상 봉쇄 등의 임무를 수행하였다.[49]

당시 해군은 전투에 참여하는 전열함(Ship of the Line)을 1등급부터 6등급까지로 분류했으며, 일반적으로 4등급까지의 군함(2층 갑판에 약 60문의 함포를 탑재한 함정)이 전열에 포함되어 해전에 참가했다.

5등급 호위함은 함포 32~44문을 탑재하였고 6등급 호위함은 함포 20~28문을 탑재하였으며 해전에는 직접 참가하지 않고, 정찰, 호위, 통신, 통상 파괴, 해상 봉쇄, 교란 작전 등 부수 임무를 수행하였다. 기동성과 항속력이 뛰어나 단독 작전에 적합했으며, 주로 대서양과 카리브해 등에서 활약하였다.

제1차 세계대전 무렵, 함정 분류 체계 변화로 호위함 명칭이 사라졌

지만, 제2차 세계대전 직전부터 영국, 미국, 프랑스 해군 함정 목록에 다시 등장하였다.[50]

이 시기의 호위함은 대체로 1,000~1,500톤급 소형 군함으로, 주로 수송 선단 호위(Convoy Escort)와 대잠수함 작전(Anti-Submarine Warfare)을 수행하였으며, 영국은 이러한 함정을 '호위함(Frigate)'으로, 미국은 '구축함 호위함(Destroyer Escort)'이라는 명칭으로 운용하였다.[51]

이들 함정은 잠수함을 탐지하는 음파 탐지 장비(SONAR)의 초기 형태의 대잠 음파 탐지 장비인 ASDIC과 대잠수함 무기인 폭뢰(Depth Charge)와 대잠 로켓(Hedgehog)을 탑재하였으며, 독일의 U보트 위협에 대응하는 핵심 전력으로 활약했다.[52]

제2차 세계대전 이후 호위함은 대공·대함·대잠 임무를 통합 수행하는 다기능 전투함으로 발전하였으며, 만재 톤수 1,150~5,800톤의 다양한 규모로 건조되었다. 호위함은 구축함 대비 건조·운용 부담이 낮아 16개국 이상이 독자 건조하여 중간급 전투함으로 활용하였다.[53]

호위함은 시대에 따라 그 명칭과 역할이 변화해 왔지만, 제2차 세계대전 이후에는 많은 국가가 자국 해군의 중간급 전투함으로 호위함을 채택함으로써, 군사적 실용성과 전략적 유연성을 동시에 확보할 수 있는 중요한 전략 자산으로 자리 잡았다.

구축함은 독자적으로 건조할 수 있는 나라가 제한적이지만, 호위함은 더 많은 국가에서 자체 건조가 가능하여 제2차 세계대전 이후 호위함을 건조한 국가는 16개국이었다.

제2차 세계대전 이후 각국 해군이 건조한 호위함

국가	함형, 만재 톤수, 1번 함 인도 연도, 건조 척수
미국	Knox 4,065톤 1969년 46척 Hazard Perry 4,100톤 1977년 71척 Garcia 3,560톤 1964년 10척 Brooke 3,426톤 1966년 6척 Bronstein 2,650톤 1963년 2척 Dealey 1,877톤 1954년 13척 총 148척
영국	Broadsword 4,400톤 1979년 14척 Duke (Type 23) 4,900톤 1990년 16척 Amazon (Type 21) 3,250톤 1974년 8척 Ashanti (F117) 3,200톤 1961년 7척 Leander 2,860톤 1963년 26척 Modified Leander 3,200톤 1969년 9척 Rothesay 2,800톤 1960년 9척 Whitby 2,300톤 1956년 6척 River 2,150톤 1955년 12척 Salisbury 2,300톤 1953년 4척 총 107척
러시아(구소련)	Krivak (Project 1135) 3,200톤 1970년 40척 Koni (Project 1159) 3,200톤 1975년 14척 Riga (Project 50) 1,400톤 1953년 68척 Petya (Project 159) 1,150톤 1961년54척 총 176척
독일	Bremen 3,680톤 1982년 8척 Köln 2,900톤 1961년 6척 Howaldtswerke 2,900톤 1961년 6척 Aradu(나이지리아 해군용) 3,600톤 1982년 1척 총 21척
네덜란드	Tromp 3,800톤 1975년 2척 Kortenaer 3,600톤 1978년 10척 De Zeven Provinciën 5,800톤 2002년 4척 Van Speijk 3,200톤 1965년 6척 총 20척
캐나다	Halifax 4,770톤 1992년 12척 Annapolis 3,000톤 1964년 2척 ITerra Nova 2,800톤 1959년 4척 Mackenzie 2,800톤 1962년 4척 St. Laurent 2,800톤 1955년 7척 총 29척
스페인	Baleares (Knox 기반) 4200톤 1973년 5척
이탈리아	Maestrale 3,040톤 1982년 8척 Alpino 2,500톤 1967년 2척 Lupo 2,500톤 1977년 4척 총 14척

호주	Yarra 2,150톤 1961년 6척
덴마크	Peder Skram 3,300톤 1966년 2척
프랑스	Commandant Rivière 2,900톤 1962년 9척 Alsacien 3,000톤 1969년 1척 Galissonniere 3,000톤 1964년 1척 총11척
벨기에	Wielingen 2,300톤 1976년 4척
중국	Jianghu 1,925톤 1975년 13척
노르웨이	Oslo 2,200톤 1966년 5척
일본	Chikugo 2,200톤 1971년 11척 Isuzu 2,000톤 1961년 4척 Ishikari 1,800톤 1981년 1척 총 16척
대한민국	울산급 2,200톤 1981년 인도 10척 인천급 3,200톤 2013년 6척 대구급 3,600톤 2018년 8척 총 24척

2025년을 기준으로 미국 해군은 순양함 9척, 구축함 74척을 보유하고 있으며, 중국 해군은 순양함 8척, 구축함, 50척, 호위함 50척을 보유하고 있다.

초계함(Corvette)

전열함(Ship of the Line) 시대에는 초계함이라는 명칭의 군함은 존재하지 않았다. 전열함(Ship of the Line) 시대에 군함은 1등급에서 6등급까지로 분류하였으며, 1등급에서 4등급까지의 군함은 전열함(Ship of the Line)으로 분류하여 전열(The Line of Battle)에 포함되어 해전에 참가하였다.

5등급 및 6등급 군함이었던 호위함(Frigate)은 해전에는 참가하지 않고 함대의 호위, 정찰, 교란 작전 등의 임무와 연락과 통상 파괴전과 해상 봉쇄 등의 임무를 단독으로 수행하였다.

5등급 및 6등급 군함에 포함되지 않았으나 호위함(Frigate)의 역할의 일부인 초계와 무역로 보호와 해적을 막는 임무를 수행하였던 순양함(Cruiser)이라고도 불렀던 슬루프(Sloop)가 있었으나, 초계함은 존재하지 않았다.

초계함(Corvette)은 제1차 세계대전 시 각국 해군의 함정 목록에도 등록이 되지 않았으나, 제2차 세계대전 시에 영국, 프랑스, 이탈리아 해군의 함정 목록에 등록되었으며 크기는 500톤에서 1,000톤 사이었다.[54]

제2차 세계대전 이후 각국 해군은 중요한 전투함 전력으로 구축함과 호위함을 건조하였지만, 적 수상함과 항공기와 잠수함과 대응하기 위해서는 다양한 탐지 장비와 무장을 탑재하기 위한 많은 예산이 소요되었다. 이에 따라 가용예산과 자국의 해군 전략에 맞추어 호위함보다는 소형이며 연안 방어와 초계 임무를 수행할 수 있는 500톤에서 1,000톤 사이의 소형 전투함으로 초계함(Corvette)을 건조하였다.[55]

대표적인 초계함으로 핀란드 해군은 770톤 Turunnmas 급 초계함에 120㎜ 함포 1문, 40㎜ 함포 2문, 20㎜ 함포 2문과 대잠수함 무기인 폭뢰(Depth Charge)와 대잠 로켓(Hedgehog)을 탑재하였다.

영국 해군은 780톤 Vosper Thornycroft급 초계함에 70㎜ 함포 1문, 40㎜ 함포 1문, 20㎜ 함포 2문과 대공유도탄인 Seacat과 대잠 로켓(Hedgehog)을 탑재하였다. Vosper Thornycroft급 호위함은 여러 나라에 판매되었다.[56]

소련 해군은 660톤 Nanuchka Ⅲ급 초계함에 SS-N-9 대함유도탄 4기, Sa-N-4 대공유도탄 2기, 76㎜ 함포 1문과 30㎜ 근접방어무기체계(CIWS)를 탑재하였다. 580톤 Taranyul급 초계함에는 SS-N-22 대함유도탄 4기, SS-N-5 대공유도탄 4기, 76㎜ 함포 1문, 30㎜와 근접방어무기체계(CIWS)를 탑재하였다. 580톤 Taranyul급 대잠 초계함에는 SS-N-5 대공유도탄 4기, 76㎜ 함포 1문, 30㎜와 근접방어무기체계(CIWS) 어뢰발사관 4기와 RBU-1200 대잠 로켓발사대 2문과 대잠 무기인 폭뢰를 탑재하였다.

제2차 세계대전 이후 미국 등 16개 국가가 초계함을 건조하였으며 만재 톤수는 430톤에서 1,790톤 사이였고 미국과 영국은 자국 해군용 초계함은 건조하지 않았다.[57]

제2차 세계대전 이후 각국 해군이 건조한 초계함

국가	함형, 만재 톤수, 1번 함 인도 연도 및 척수
미국	Auk, 1,250톤, 1942년, 93척 PCG612/BADR, 815톤, 1981년, 4척 사우디/외국 해군용 Wolf(Roofdier), 808톤, 1952년, 6척, 네델란드 해군용
브라질	Imperial Marinheiro, 500톤, 1955년, 10척
아르헨티나	Espora, 1,790톤, 1985년, 6척
스페인	Descubierta, 1,482톤, 1978년, 9척 Beptista De Andrada, 1,348톤, 1974년, 4척
네덜란드	Fatahilah, 1,450톤, 1977년 3척 Imperial Marinheiro, 915톤, 1954년, 10척
포르투갈	joao Coutinho, 1,400톤, 1970년, 6척
덴마크	Niels Juel, 1,320톤, 1980년, 3척
독일(서독)	Thetis, 660톤, 1961년, 3척
동독	Parchim급, 800톤, 1979년, 16척
이탈리아	Minerva, 1,285톤, 1번함 건조 연도 알 수 없음, 4척 Pietro De Cristofaro, 1,020톤, 1965년, 4척 Esmeraldas, 700톤, 1984년, 8척 Wadi, 650톤, 1979년, 4척

프랑스	D'Estienne d'Orves, 1,250톤, 1976년, 17척 SFCN PR 72, 590톤, 1980년, 6척
구소련	Grisha I/II/III, 1,000톤, 1970년, 40척 Nanuchka, 660톤, 1969년, 58척 Taranyul 580톤, 1979년, 14척, Taranyul 580톤, 1981년, 18척, Puak, 600톤, 1980년, 3척 Poti, 580톤, 580톤, 1983년, 68척
영국	Hippo (MK 9), 850톤, 1979년, 2척, 나이지리아 해군용 Hippo (MK 3), 650톤, 1972년 2척, 나이지리아 해군용 Kromantse, 500톤, 1964년, 가나 및 리비아 해군용
핀란드	Turunmaa, 770톤, 1968년, 2척
유고슬라비아	Morna, 430톤, 1959년, 2척
대한민국	동해, 1,076톤, 1983년, 총 4척 포항, 1,220톤, 1984년, 총 24척

4.
잠수함의 탄생과 제1·2차 세계대전

잠수함의 탄생

고대로부터 선각자들은 수면 아래로 내려가서 자신을 감추는 배에 대한 꿈을 꾸었다. BC 332에는 알렉산더 대왕이 육지에서 약 800m 떨어진 섬에 구축된 강력한 해상 도시국가인 티레(Tyre) 성(城)을 함락하는 공성전(攻城戰)에서 잠수함 형태의 선박(Some Form of Submersible)을 사용했다는 구전(口傳)이 전해지고 있으나[58], 잠수함에 대한 최초의 기록은 1578년 영국인 윌리엄 본(William Bourne)이 남겼다. 1578년 영국인 윌리엄 본(William Bourne)은 그의 저서『Inventions or Devices』에 실질적인 잠수함 설계에 대하여 기록하였으나 건조는 하지 않았다. 르네상스 시대의 레오나르도 다빈치도 잠수정의 설계를 시도했으며[59], 1620년경 영국의 코넬리우스 드레벨(Cornelius Drebbel)은 템스강에서 사람이 탄 채로 운항할 수 있는 최초의 잠수정을 선보였다.[60]
이후 1653년 프랑스인 '므씨외 드 송(Monsieur De Son)'은 하루에 적함 100척을 격침하고 새처럼 빠르며 포탄과 불과 폭풍에도 안전한 군함이라는 주장과 함께 72피트(22미터) 길이의 나무로 만든 잠수함을 건조하였으나 엔진의 출력이 너무 약하여 잠수함을 기동시키지 못했다.[61] 특히 나폴레옹 전쟁 당시 개발된 거북선형 잠수정 '터틀(Turtle)'[62]과, 남북전쟁 당시 사용된 '헝리(Hunley)'[63]는 현대 잠수함의 원형으로 간주된다.

19세기 말부터는 압축 공기, 전기 추진, 어뢰 무장 등 다양한 기술이 결합하며 군사적 목적의 잠수함이 실용화되었다. 프랑스는 1863년 세계 최초의 실용적 잠수함 '플루비오즈(Plongeur)'를 진수했으며, 이는 압축 공기를 사용한 추진력을 갖춘 최초의 잠수함이었다.[64]

1875년 미국인 존 필립 홀랜드(John P. Holland)는 영국의 대영함대를 괴멸시킬 수 있다는 기대를 하고 잠수함을 건조하기 시작하였다.

1888년 스페인은 세계 최초의 전기 추진 잠수함 '페랄(Peral)'을 건조하였다.[65]

1893년 미국 해군은 잠수함 설계에 대한 경쟁 입찰을 공고하였다. 홀랜드(Holland), 레이크(Lake), 베이커(Baker) 세 사람이 참여하였으며, 1900년 미국 해군은 홀랜드가 건조한 길이 64 피트(19.5 미터) 60톤 Holland 급 잠수함을 120,000불에 구입하였고[66], 1900년 존 홀랜드(John Holland)가 설계한 'USS 홀랜드(SS-1)'를 최초의 정규 해군용 잠수함으로 채택하였다.[67] 이 잠수함은 휘발유 엔진과 전기 모터를 병용한 '디젤-전기 추진 방식'의 원형이 되었다.

영국 해군은 Holland급 잠수함 설계도를 구입하여 Vickers 조선소에서 5척을 건조하였고[68], 일본 해군도 Holland급 잠수함을 건조하였으며 러시아는 레이크(Lake)가 설계한 잠수함을 건조하였고, 프랑스와 독일은 독자적인 잠수함을 건조하였다. Holland급 잠수함은 수상에서

는 45마력의 가솔린 엔진을 사용하여 기동하였고 수중에서는 배터리를 사용하여 기동하였다.[69]

제1차 세계대전의 잠수함

1914년 7월 28일, 제1차 세계대전이 발발하였고 잠수함은 전쟁에 투입되었다. 당시 잠수함의 잠항 항해 능력은 불과 수 시간이었지만, 각국 해군은 잠수함에 대한 공포심을 감추지 못했다. 왜냐하면 영국 대영함대의 모항인 스카파플로(Scapa Flow) 군항을 경비하는 경비정이 보유하였던 잠수함을 공격하는 수단은 잠수함의 잠망경을 부수기 위한 망치와 대형 백(Bag)이 전부였기 때문이었다.

영국은 잠수함을 비신사적이고 비열한 무기체계라고 비난하면서도 소형 잠수함 포함 총 127척을 보유하고 있었고, 독일은 소형 잠수함 포함 총 264척을 보유하고 있었다.[70]

제1차 세계대전에서 잠수함은 처음으로 전략적 해상전의 중심 전력이 되었다. 독일은 대서양과 영국 해협에서 자국의 봉쇄를 우회하고, 영국을 고립시키기 위해 유보트(U-Boot)를 집중적으로 운용하였다.[71] '유보트'는 독일어 'Unterseeboot(잠수함)'의 약자로, 연합군 선박을 무차별 공격하며 해상 보급망을 위협하였다.

1914년 8월 독일은 영국 함정을 공격하기 위해 헬리고란드(Heligoland) 섬의 잠수함 기지에서 10척의 잠수함을 북해로 전개시켰다. 역사상 전쟁 수행을 위해 출동하는 최초의 잠수함이었으며, 주 임무는 대영함대의 기함인 전함을 격침하는 것이었다. 그러나 대영함대의 군항 입구에 전개한 잠수함 1척은 엔진 고장으로 귀항했고, 영국

북부 오크니(Orkney) 제도 외해에 전개한 잠수함은 영국 전함에 대한 공격은 했지만 실패했다. 다른 잠수함 1척은 수면으로 부상하다가 영국 경순양함과 충돌하면서 함포 공격을 받아 침몰하였다.

최초 독일의 잠수함 작전은 실패로 끝났지만, 독일 잠수함의 영국 근해 출현으로 인해 영국 해군은 대영함대를 모항인 스카파플로에서 스코틀랜드에 있는 로크에베(Loch Ewe) 항구로 대피시켰다.

1914년 9월 5일 독일 잠수함은 영국 경순양함 패스파인더(Pathfinder)함을 공격하여 승조원 296명 중 259명과 함께 침몰시켰다.

1914년 9월 22일에는 독일 잠수함 1척이 1시간 동안 영국 순양함 3척을 격침하는 해전사상 전대미문의 전과를 세웠다.

당시 독일 해군 잠수함 U-9의 함장인 오토 베디겐 대위는 북해 남쪽 수역에 전개 중이었으며 접근하고 있었던 몇 척의 영국 수송선들을 공격하지 않고 그냥 보냈다. 왜냐하면 이 수역으로 영국 해군의 장갑 순양함 3척으로 편성된 함대가 진입한다는 정보를 입수하였기 때문이다.

영국 해군의 크레시급 장갑 순양함인 아부키어함, 호그함, 크레시함 3척이 잠수함 방어용 구축함의 호위도 없이, 잠수함 회피를 위한 지그재그(Zigzag) 기동도 하지 않은 채 접근하고 있었다. 왜냐하면 브로드 포틴(Broad Fourteen)이라고 불리는 이 수역에는 이미 영국 해군이 기뢰를 부설하였기 때문에 독일의 유보트가 접근할 수 없을 것이라는 판단을 하고 있었다.

접근 중인 3척의 영국 해군 순양함을 발견한 U-9의 함장은 즉각 잠항하여 순양함 아부키어함을 향해 어뢰를 발사하였다.

어뢰는 순양함 아부키어함의 좌현에 명중하였고 순양함 아부키어함은 동력을 상실하고 20도 정도 기울어졌으며, 얼마 후 침몰하기 시작하였다. 다른 순양함들은 순양함 아부키함이 기뢰와 접촉한 것으로 생각하였으며, 인근에 있었던 순양함 호그함이 구조를 위해 전속력으로 접근하였다.

U-9은 침몰하는 순양함 아부키함을 우회하여 접근 중인 순양함 호그함에 어뢰를 발사하였고, 어뢰는 정확히 순양함 호그함에 명중하였으며 10분 만에 순양함 호그함은 침몰하였다.

마지막 남은 순양함 크레시함은 잠수함 U-9의 잠망경을 발견하여 집중 포화를 퍼부었고, 잠수함이 발견되지 않자 순양함 크레시함은 잠수함 U-9을 격침 시킨 것으로 생각하였고 순양함 크레시함의 승조원들은 함포의 포수들에게 박수와 환호를 보냈다.

하지만 잠수함 U-9은 잠항하여 순양함 크레시함 쪽으로 접근한 후 어뢰 2발을 발사하였고, 1발이 순양함 크레시함에 명중하여 15분 후 순양함 크레시함도 침몰하였다. 이 전투는 잠수함이 1시간 만에 순양함 3척을 침몰시킨 유례 없는 전사로 기록되었다.

승조원 25명인 500톤급 잠수함에 의해 12,000톤급 장갑 순양함 3척이 침몰하고 승조원 1,459명이 수장한 이 전투는 영국 해군에 커다란 충격을 주었다.

잠수함 U-9의 오토 베디겐 함장은 독일 제국의 전쟁 영웅으로 개선하여 철십자 1급 훈장을, 모든 승조원은 철십자 2급 훈장을 수여받았다.

잠수함 U-9은 3주 후 다시 작전에 투입되어 영국 해군의 순양함 호크함을 격침했다.

U-9의 베디겐 함장에게는 독일 제국의 모든 무공훈장이 수여 되었고 독일 제국의 최고 전쟁 영웅으로 이름을 날렸다.

그러나 베디겐 함장은 6개월 후인 1915년 3월 스코틀랜드 북부 펜틀란트 해협에서 최신형 잠수함 U-29의 함장으로 작전 중, 안개로 인해 영국 해군의 18,000톤 드레드노트급 전함과 충돌하여 U-29는 침몰하였고 베디겐 함장은 전사하였다.

　북해 작전에서 독일 해군 잠수함은 영국 해군 함정 9척을 격침하는 전과를 올렸지만, 더 이상의 전과를 기대하기는 어렵다는 것을 알았다. 잠수함이 공격을 위해 수중으로 잠항하면 수상함을 탐지할 수 있는 수단이 없었기에 공격하기 위해서는 가까이 접근해야만 했다. 수상 항해 시 잠수함의 순항속력은 수상함의 3분의 1 정도였기에 수상함을 따라잡기가 어려웠고, 영국 해군은 함정에 지그재그(Zigzag) 기동으로 항해토록 지시하였다. 지그재그(zigzag) 기동이란 실제 진행하는 방향을 기만하기 위해 오른쪽 왼쪽으로 기동하는 것을 말하며, 수상함이 지그재그(zigzag) 기동을 하면 잠수함은 수상함의 실제 진행 방향을 분석하기가 어려워 어뢰 발사를 정확하게 할 수 없게 된다.

　독일 해군은 잠수함으로 영국 군함을 공격하는 작전에서 상선을 공격하는 작전으로 변경하고 1915년 2월 독일은 잠수함에 의한 통상 파괴전(Commerce Warfare)을 선포하였다.

　통상 파괴전(Commerce Warfare)은 예상치 못한 전략적 결과를 가져왔다. 상선의 격침은 전쟁 수행을 위한 군수물자의 차단을 의미했고 더 나아가서 생필품의 차단으로 국민의 생존을 위협하였다. 당시 영국의 조선 산업 능력은 격침되는 상선을 보충할 능력이 되지 않았다. 궁극적으로 해상교통로 차단은 영국의 패전을 의미했으며 '해상교통로는 해전의 목표'는 고전적 명제가 되었다.

　1915년 5월 미국인 128명을 포함한 1,201명의 인명을 앗아간 여객선 루시타니아(Lusitania)호가 독일 잠수함에 의해 격침되자 미국이 참전했다.[72] 당시 영국은 루시타니아호를 호송키로 계획됐던 경순양함을 사전 통보 없이 귀항시켰고, 이에 대해 루시타니아호는 미국을 참전시키기 위한 희생양이었다는 루머가 있었지만, 진실을 알 수는 없다.

제1차 세계대전의 해전은 기존의 함대 간 결전이 아닌 독일의 잠수함과 연합국 호송선단과의 전투였다. 상선은 선단으로 구성되어 집단으로 함정과 항공기에 의해 호송되었고 항공기는 잠수함 탐색에 효과적이었다. 미국은 구축함을 영국으로 파견하였고 영국은 큐십(Q-Ship)으로 불렸던 함포를 설치한 위장 상선을 운용하였으며, 엄청난 양의 폭뢰가 생산되었다. 1918년 11월 독일이 항복할 때까지 연합국은 상선과 군함을, 독일은 잠수함을 계속 건조하였다. 전쟁 종료 시까지 독일은 360여 척의 유보트를 운영하여 약 5,000척(1,300만 톤)의 연합군 및 중립국 선박을 침몰시켰고[73], 잠수함 217척을 잃었다.

연합군은 호송선 체제(convoy system)를 도입하고, 수상함과 항공기, 심지어 심해 수중 청음 장치인 수중청음기(Hydrophone)와 폭뢰(Depth Charge)를 활용하여 대응하였고, 독일의 무제한 잠수함 작전은 점차 그 효력을 잃게 되었다.[74]

제2차 세계대전의 잠수함

1938년 9월 영국 챔벌레인 수상이 히틀러와 평화조약을 체결하고 "이로써 유럽은 평화롭게 되었다"라고 공표한 지 1년 후, 1939년 9월 히틀러는 체코슬로바키아와 폴란드를 침공하였고, 제2차 세계대전이 발발하였다.[75]

1939년 9월 3일 독일 잠수함이 1,103명의 승객을 태운 아데니아

(Athenia)호를 격침하면서 통상 파괴전이 다시 시작되었다.[76] 상선이 개별적으로 항해하는 것보다 선단으로 항해하는 것이 손실을 80%나 감소한다는 사실은 제1차 세계대전의 교훈이었다.[77] 영국은 선단을 구성하였고 잠수함 탐색을 강화하기 위해 호송 세력에 항공모함을 포함했다.

독일의 잠수함 사령관은 제1차 세계대전 시 잠수함 함장으로 참전했던 되니츠 제독이었다. 그는 잠수함으로 상선 선단을 집단으로 공격하여 효과를 극대화하는 '이리떼(Wolf Pack) 전술'을 개발하였다.[78]

잠수함을 넓은 초계선으로 전개해 선단을 발견한 잠수함이 추격하면서 선단의 이동 상황을 사령부로 보고하고 사령부는 선단의 예상 침로 전방으로 가용한 모든 잠수함을 집결시켜 집단으로 공격하는 것이었다.

개전 초, 독일은 원해 작전이 가능한 잠수함 57척 중 25척은 작전이 불가하여, 대서양 작전에 실제 투입 가능한 잠수함은 22척에 불과했다.[79]

그런데도 1939년 9월부터 12월까지 연합국 상선 114척을 격침했으며, 전함 및 항공모함에 대한 공격 임무도 병행하였다.

1939년 9월 17일 독일 잠수함은 영국 해군의 항공모함 커리저스 (Courageous)함을 포착하여 항공기 착륙을 위해 저속으로 항해할 때까지 2시간을 기다린 후에 어뢰 3발을 발사하였고, 2발이 명중해 항공모함은 48대의 항공기와 함께 침몰하였다. 이후 영국은 선단 호송에서 항공모함을 제외하고 지상기지의 항공기로 대잠 탐색을 하였다.[80]

1939년 10월 9일 되니츠 제독은 독일 잠수함 U-47을 대영함대의 모항인 스카파플로(Scapa Flow) 항구에 침투시켜 전함 로열 오크(Royal Ark)함을 격침했다.[81] 1939년 10월 14일 새벽 00시 58분, 항구 내로 침투한 독일 잠수함 U-47의 함장 귄터 프린은 전함을 향해 어뢰 3발을 발사하였고, 2발은 빗나가고 1발은 명중하였지만 침몰하지는 않았다. 전함의 승조원들은 내부 폭발로 판단하였으며, 독일 잠수함은 새벽 1시 22분 어뢰 3발을 추가로 발사하였고 3발이 모두 명중하여 전함은 승조원 833명과 함께 13분 만에 침몰하였고 독일 잠수함은 무사히 귀항했다.

1939년 말 1차 대서양 작전에 투입된 잠수함들이 수리차 귀항하였고 1939에서 1940년 겨울에는 발트해의 결빙으로 잠수함 작전에 제한 받았으며, 1940년 봄에는 노르웨이 침공 작전에 잠수함 25척이 투입되어 통상 파괴전은 주춤하였다.[82]

1940년 6월, 독일이 노르웨이와 프랑스를 함락한 이후 되니츠 제독은 프랑스 대서양 연안 기지로 잠수함을 이동시켰다. 이는 작전 해역과의 거리를 크게 줄여 통상 파괴전을 가속화했다.[83] 1940년 6월부터 10월까지 상선 270척을 격침했으며, 1940년 10월 16일부터 20일 동안 2개 상선 선단에 대한 공격 시에는 1개 상선 선단의 경우 약 50%인 32척의 상선을 격침했고, 다른 1개 상선 선단은 어뢰가 부족하여 공격하지 못했다.

연합국 대잠수함 무기 '헤치혹' 개발

처칠 수상은 제2차 세계대전의 해전을 '대서양 전투(Battle of the Atlantic)'로 명명했고, 되니츠 제독은 '톤수의 전쟁(Tonnage War)'으로 불렀다.[84] 1940년 5월 처칠 수상은 미국 루스벨트 대통령에게 참전을 요청하였으며[85], 1941년 10월 미국 구축함 루벤 제임스(Reuben James)함이 독일 잠수함에 의해 승조원 159명과 함께 침몰하면서 미국은 실질적으로 대서양 전투에 돌입하였다.[86]

독일 잠수함의 통상 파괴전은 1943년부터 쇠퇴하기 시작하였다. 연합국에서 하프-다프(Huff-Duff: High Frequence Direction Finding)라는 전파 수신기를 개발해 독일 잠수함과 사령부 간의 통신을 탐지하여 잠수함의 위치를 식별하고 함정과 항공기를 전개하여 공격하였다.[87] 대서양으로 출동한 후 모항으로 귀항하지 않는 독일 잠수함의 수가 갑자기 증가하였지만, 되니츠 제독은 독일 잠수함의 통신이 탐지되고 있다는 사실을 전쟁 종료 시까지 깨닫지 못하였다.

항공기 탑재 레이다도 발전하였다. 1940년부터 항공기에 레이다를 탑재하였으나, 초기의 레이다는 파장이 길어 잠수함에 가까이 접근하면 잠수함이 소실되어 야간에는 무용지물이었다. 이에 연합국은 1941년 8월부터 직경 24인치(610㎜)의 강력한 탐조등인 리 라이트(Leigh Light)를 항공기에 장착하여[88] 잠수함을 탐지하면 가까이 접근한 후, 탐조등을 작동하여 공격하였으며, 1943년에는 파장이 짧은 레이다를 개발하였고 독일 잠수함의 손실은 더 증가하였다.

1942년 말부터 연합국은 대잠수함용 무기인 헤치혹(Hedgehog)을 개발하여 사용하였다.[89] 헤치혹(Hedgehog)은 일종의 로켓폭탄으로 헤치혹(Hedgehog) 발사대에서는 24발을 동시에 발사한다. 폭뢰(Depth Charge)는 수심 30m에서 300m 사이에서 설정된 심도에서 폭발하며, 헤치혹(Hedgehog)은 잠수함에 접촉해야 폭발한다. 폭뢰의 명중률은 7%이었고 헤치혹의 명중률은 25%였다.[90]

전쟁 결과 및 교훈

제2차 세계대전 기간 중 독일의 잠수함은 연합국 상선 3,500여 척, 함정 175척을 격침하였고, 독일 잠수함은 783척을 잃었다.[91]

개전 전 되니츠 제독은 영국의 숨통을 끊기 위해서는 300척의 잠수함이 필요하다고 보고했으나, 함정 건조의 우선순위는 전함을 비롯한 수상 전투함이었다. 개전 시 독일은 대서양에서 작전이 가능한 잠수함은 22척을 보유하고 있었다.

또한 독일 잠수함 사령관 되니츠 제독이 선단 탐색을 위한 항공기 지원을 요청하였으나 독일 공군 사령관 괴링(Goering) 장군은 "날아다니는 모든 것은 나의 소관이다"라고 하면서 거부하였고[92], 이는 전략적 제약이 되었다.[93]

5.
항공모함의 탄생과 항공모함 시대 개막

항공모함의 탄생

　제2차 세계대전을 통해 항공모함은 해상의 새로운 지배자로 등장하였다. 제2차 세계대전의 운명이 걸렸던 대규모 함대 결전은 항공모함에 의해 승패가 결정되었고, 오늘날 미국의 항공모함은 순양함과 구축함과 원자력 잠수함으로 항공모함 전단을 편성하여 지구촌 분쟁지역에 전개하여 항공력을 지상의 종심으로 투사(Power Projection)한다.[94]
　이러한 항공모함은 한 사람의 불굴의 노력으로 탄생하였다. 1903년 라이트 형제(Wright Orville and Wilbur)가 비행에 성공하자 항공기에 관심을 가진 사람들로 구성된 항공 조종사 조직이 구성되었으며 1910년 미국 해군의 항공 책임자였던 챔버스 대령은 항공기 전시회가 개최되는 곳이면 어디든 찾아갔다. 챔버스 대령은 항공모함의 꿈을 가지고 있었다. 이를 위해 챔버스 대령은 함정에서 항공기를 발함하는 시험비행을 하기로 결심하였다. 시험비행을 위한 활주대 설계, 함정 갑판에

서의 발함을 위한 이론적 연구 등이 전혀 없는 상태였기에 모든 것은 챔버스 대령 혼자 하였다.[95]

당시에는 전함 중심의 해전사상으로 인해 해군은 항공기에 대해 냉담한 반응을 보였지만, 챔버스 대령은 지속적인 노력을 기울여 순양함 버밍햄(Birmingham)함에서 시험비행을 하는 것으로 승인을 얻었다.[96]

당시 라이트 형제는 함정에서의 발함에 부정적인 견해를 밝혔지만, 커티스 항공사의 청년 조종사 유진 엘리(Eugene Ely)가 시험비행을 자청하였다.

1910년 11월 14일 목재로 만든 임시 활주대가 설치된 순양함 버밍햄(Birmingham)함에서 유진 엘리는 항공기를 힘차게 발진시켰고 4㎞ 떨어진 지상으로 안착하였다. 세계 최초의 항공기 발함이 성공한 역사적인 순간이었다.[97]

그렇지만 해군 내에서는 여전히 항공모함은 바다의 격납고일 뿐이라며 반대 목소리가 높았다. 챔버스 대령은 이에 굴하지 않고 발함과 착함을 동시에 실시하는 시험비행을 하기로 하였다. 2개월 후 1911년 1월 18일 순양함 펜실베이니아(Pennsylvania)함 갑판에 활주대가 만들어졌고 챔버스 대령은 착함을 위한 장치를 설치하였다. 22개의 와이어가 활주대를 가로질러 설치되었고 양 끝에는 50파운드 무게의 모래주머니를 달아 제동장치 역할을 하게 하였다. 항공기에는 낚시고리 같은 도구를 설치해 착함 시에 걸리도록 하였다.[98]

유진 엘리는 지상에서 이륙해 펜실베이니아(Pennsylvania)함 갑판에 설치된 활주대에 착함한 후 기수를 돌려 힘차게 날아올랐다. 항공기가 군함에 이착륙한 역사적인 순간이었다.

이후 챔버스 대령은 해군 기술자 리처드슨(H. C. Richardson)과 함께 항공기를 신속하게 발함시킬 수 있는 장치인 캐터펄트를 개발하였다.

챔버스 대령은 현대 항공모함의 기술적 장치의 모든 원형을 개발하였고 1913년 6월 전역하였다.[99]

해상으로부터 항공력을 투사하는 챔버스 대령의 선각자적 이상은 제1차, 제2차 세계대전을 거치면서 결실을 보았다.

제1차 세계대전이 발발하고 독일 잠수함에 의한 연합국의 손실이 급증하자 미국 해군은 석탄 운반선을 항공모함으로 개조하여 잠수함 탐색을 목적으로 운용하였고, 1920년 3월 미국 해군 최초의 항공모함인 1만 4,700톤급 랭글리(LENGLY)함이 취역하였다.[100] 영국 해군은 상선 1척과 여객선 4척을 항공모함으로 개조하였다.

그러나 제1차 세계대전 시 항공모함은 과거 순양함이 수행하였던 '함대의 눈'으로서 전함의 함대 결전 수행을 위한 적 함대를 정찰하는 보조적인 임무를 수행하였다.

영국 해군의 전함 28척, 순양함 43척 등 총 149척으로 구성된 대영함대와 독일의 전함 22척, 순양함 16척 등 총 99척으로 구성된 대양함대와의 함대 결전이었던 유틀란트 해전 시 항공기는 전방에서 기동하던 순양함에서 접촉한 적 함대에 대한 확인 정찰을 수행하는 정도였다.[101]

이후 항공기에 폭탄과 어뢰가 탑재되면서 항공모함은 해상의 지배자로서의 모습을 갖추기 시작하였다. 각국 해군은 항공모함을 이용하여 전함을 공격하는 훈련을 하기 시작하였고, 항공모함이 전함을 침몰시킬 수 있다는 확신이 해군에 조성되기 시작하였다.

제2차 세계대전 발발 시 전함이 여전히 함대의 기함으로서의 위용을 유지하고 있었지만, 각국 해군은 정찰용이 아닌 공격용 항공기를 탑재한 항공모함을 보유하고 있었다.

항공모함의 시대 개막

1937년 일본이 중·일전쟁을 일으키자, 미국은 영국과 함께 일본에 대해 국제적인 석유 수출 금지 등의 조처를 하며 압박하였다. 이에 일본은 진주만 기습을 계획하였고, 1941년 11월 폭격기 273대를 포함한 441대의 항공기를 탑재한 항공모함 6척, 전함 2척, 순양함 3척, 구축함 9척, 소형잠수함 5척으로 편성된 일본의 연합 함대는 선박의 항해가 없는 쿠릴열도와 미드웨이를 거치는 북방 항로를 통해 은밀히 진주만으로 기동하였다.[102] 항공모함의 항공력을 지상을 향해 투사(Projection)하는 전쟁의 신기원이 다가오고 있었다.

이후 항공모함은 해전의 중심이 되었고 제2차 세계대전 이후 미국 해군은 항공모함을 분쟁지역으로 파견하여 지상으로 항공력을 투사(Projection)하여 제공권을 확보와 군사 목표물에 대한 정밀 폭격을 통해 적국의 전쟁 능력을 무력화하였다.

1941년 12월 7일 오전 7시 55분 일본 항공모함에서 발진한 제1파 공격대가 진주만을 기습하였고, 이에 따라 미 해군은 전함 5척이 침몰하고 항공기 188대가 손실되었으며 병력 3,581명이 사망하였다.[103]

진주만에는 전함 8척, 순양함 6척, 구축함 29척, 잠수함 9척과 항공기 390대가 정박하고 있었다.

1941년 12월 7일 일요일 오전 7시 55분 일본 항공모함에서 발진한 뇌격기 40대, 폭격기 51대, 급강하 폭격기 49대, 전투기 43대로 구성된 제1파가 진주만 상공에서 공격을 개시하였고, 제2파는 오전 10시에 공격하였다. 진주만 기습으로 미국은 전함 5척이 침몰하였고 3척은 파손되었으며, 순양함 3척과 구축함 3척이 파손되었다. 항공기는 188대가 손실되었고 155대는 파손되었으며, 병력은 3,581명이 사망하었고 1,247명이 부상하였으며 민간인 사상자는 103명이었다. 진주만 기습 직후 미국 해군은 항공모함 25척을 건조하도록 명령하였다.[104]

진주만 기습 이후 1942년 5월 7일부터 8일까지 남태평양의 산호해에서 미국 해군의 태평양함대와 일본 해군의 연합 함대 간에 발생한 세계 최초의 항공모함 간의 해전이 발생하였다. 산호해 해전(Battle of the Coral Sea)의 결과 미국 해군의 항공모함 1척이 침몰하였으며, 일본 해군은 항공모함 2척이 파손으로 인해 상당한 기간 작전에 투입되지 못하였다.[105]

이후 일본 해군은 하와이와 일본 사이에 있는 미국의 태평양의 전략 요충지 미드웨이섬을 점령하고 일본 해군의 항공모함 4척으로 미국 해군의 남은 항공모함 3척을 궤멸시키기 위해 미드웨이 해상에서 함대 결전을 하는 것으로 계획하였다. 1942년 6월 4일부터 7일까지 이어진 미드웨이 해전에서 미국 해군은 항공모함 1척을 손실하지만 일본 해군은 해전에 참가한 항공모함 4척이 모두 침몰하였다. 이로 인해 태평양의 제해권은 미국에 넘어갔고 전세가 역전되었다.[106]

미드웨이 해전으로 해상의 제왕으로 군림하였던 전함에 의한 거함거포주의(巨艦巨砲主義)가 막을 내리고 항공모함의 시대가 개막되었다.[107]

항공모함은 해양에서 조기경보기와 전자전기와 공중전 및 지상 목표물을 정밀 타격할 수 있는 다목적 전투기를 운용할 수 있는 '해상 공군기지'로서 현대전의 핵심 전력으로 부상하였다.

미국의 최신 10만 2,000톤 니미츠급 항공모함에 탑재되는 항공단의 표준 편성은 E-2C 조기경보기 4대, EA-6B 전자전 항공기 4대, F/A-18 공격기 44대 및 대잠헬기 15대이며 4,000여 발의 폭탄이 탑재되어 있다. 1개 항공모함 전단은 항공모함 1척, 순양함 1~2척, 구축함

2~3척, 원자력 잠수함 1~2척, 군수지원함 1~2척으로 편성되어 있다.

1998년 12월 16일에서 19일까지 수행된 '사막의 여우 작전(Operation Desert Fox)' 시 미국은 2개 항공모함 전단을 전개하여 전자전 항공기로 이라크의 대공 레이다를 무력화시킨 후 공격기 편대를 발진하여 하루에 수차례 이라크 주요 군사시설을 공습하였다.[108]

그러나 고가의 건조비와 운용 인력으로 인해 항공모함은 '멸종 직전의 공룡'이라는 비판도 존재한다. 예컨대 니미츠급 항공모함의 건조비는 1975년 14억 달러였으나 2025년 환산 기준 약 70억 달러가 되며, 승조원 약 3,000명, 항공단 요원 약 1,800명, 지휘부 요원 약 70명으로 총 5,000여 명이 승함하고 있다.[109]

2025년 기준 미국 해군은 총 11척의 항공모함을 보유하고 있으며 국가이익에 따라 분쟁지역에 전개하여 지상의 종심으로 항공력을 투사하여(Power Projection) 미국의 이익을 구현하고 있다.

현재 세계에서 항공모함을 보유하고 있는 국가는 9개국이며 미국을 제외한 대부분 국가는 1척을 보유하고 있다.

항공모함 보유 국가

국가	척수	톤수	추진방식	용도
브라질	1	33,000톤	재래식	공격용
러시아	1	58,000톤	재래식	공격용
미국	11	90,000~102,000톤	핵추진	공격용
	25	20,000~40,000톤	재래식	상륙전용
스페인	1	17,000톤	재래식	공격용
영국	2	20,000톤	재래식	공격용
	1	22,000톤	재래식	상륙전용

이탈리아	2	14,000~27,000톤	재래식	공격용
인도	2	29,000~45,000톤	재래식	공격용
태국	1	11,000톤	재래식	공격용
프랑스	1	42,000톤	핵추진	공격용

6.
현대 디젤 잠수함과 원자력 잠수함

디젤 잠수함과 원자력 잠수함의 가장 큰 차이는 추진체계이다. 디젤 잠수함은 디젤-전기 추진체계를 사용하고 원자력 잠수함은 원자력 추진체계를 사용한다. 디젤 잠수함(Conventional Submarine)의 디젤-전기 추진체계는 수상 항해 시에는 디젤 엔진으로 스크루(프로펠러)를 구동하고 배터리를 충전하며 잠항 항해 시에는 배터리의 전기를 이용하여 스크루(프로펠러)를 구동하여 기동한다.[110] 디젤 엔진을 구동하기 위해서는 산소(공기)가 필요하기 때문에 디젤 잠수함은 배터리 충전을 위해서는 수상 항해를 해야 한다.

제2차 세계대전 말 잠수함이 수상 항해를 하지 않고 수중에서 배터리를 충전할 수 있는 스노클 장비가 개발되었고, 스노클 장비를 이용하여 배터리를 충전하는 것을 스노클링이라고 한다.[111]

스노클링하는 동안 수면 위로 올린 잠망경과 스노클 장비는 레이다에 탐지될 수 있으며, 아울러 잠망경과 스노클 장비로 발생하는 Wake(항적)는 시각에 의해 탐지될 수 있다.[112] Wake(항적)는 항공기에 의해 더욱 쉽게 탐지될 수 있다. 이에 따라 스노클링하는 동안은 잠수함이 피탐될 수 있는 가장 취약한 시간이다.

1944년 독일 해군은 스노클 장비를 개발하여 1,800톤급 Type 21 잠수함에 탑재하였으며 Type 21 잠수함은 수면으로 부상하지 않고 잠망경 심도에서 배터리를 충전하면서 잠항 항해를 할 수 있어 최초의 진정한 잠수함이었다.[113]

디젤 잠수함 함장은 통상 배터리 충전 상태를 80%에서 85% 이상으로 유지하기 위해 매일 1~2회 스노클링을 실시하고 있으며, 스노클링하는 동안 적 함정이나 항공기를 포착하면 즉각 긴급잠항을 해야 한다.

제2차 세계대전 이후 미국 해군은 잠수함이 수중에서 배터리를 사용하지 않고 추진할 수 있는 새로운 잠수함 추진체계인 공기 불요 체계(AIP: Air Independent Propulsion System)에 대한 검토를 하였다.[114] 공기 불요 체계(AIP: Air Independent Propulsion System)란 공기 없이 작동할 수 있는 추진체계를 말한다.

당시 미국 해군은 ① 연료전지 추진체계, ② 스털링 추진체계, ③ 폐쇄회로 추진체계, ④ 원자력 추진체계의 네 종류의 공기 불요 체계(AIP: Air Independent Propulsion System)를 검토하였다.

당시 미국 해군은
① 연료전지 추진체계,
② 스털링 추진체계,
③ 폐쇄회로 추진체계,
④ 원자력 추진체계의 네 종류의 공기 불요 체계를 검토하였다.

연료전지 추진체계와 스털링 추진체계와 폐쇄회로 추진체계는 모두 배터리 충전을 하지 않고 약 3주 동안 지속적인 잠항 항해를 할 수 있어 기존 디젤 잠수함의 추진체계에 비해 약 7배의 지속 잠항능력을 보유하지만,115 미국 해군은 수중에서 거의 무제한 추진이 가능한 원자력 추진체계를 미국 잠수함의 새로운 추진체계로 결정하였다.

미국 해군은 1951년 8월 20일 웨스팅하우스사(Westinghouse Electric Company)와 잠수함용 원자력 추진체계 계약을 체결하였고, 1953년 3월 30일 미국 해군의 최초 원자력 잠수함인 노틸러스함에 탑재하였다.116 당시 투르먼 대통령은 "이 잠수함은 불과 몇 파운드의 우라늄을 사용하여 바닷속을 20노트(시속 37㎞) 이상의 속력으로 몇천 해리를 무제한으로 항해할 수 있다"라는 찬사를 남겼다.117

웨스팅하우스(Westinghouse Electric Company)가 개발한 잠수함용 원자력 추진체계의 원자로는 가압수형 경수로(PWR: Pressurized Water Reactor)이며 한국의 가압수형 경수로(PWR: Pressurized Water Reactor) 기술은 세계 최고 수준으로 평가받는다.118

미국 해군은 1983년 2,700톤 디젤 잠수함인 Tang급 잠수함이 퇴역한 이후 전량 원자력 잠수함만 운용하고 있다.119

디젤 잠수함 운용 국가들은 21세기로 진입하면서 공기 불요 체계(AIP: Air Independent Propulsion System)를 디젤 잠수함의 새로운 추진체계로 결정하고 독일 해군은 연료전지 추진체계를, 스웨덴 해군은 스털링 추진체계를, 프랑스 해군은 폐쇄회로 추진체계를 개발하였다.120

디젤 잠수함은 수중 항해 시 충전된 배터리로 전기 모터를 작동하여 기동하기 때문에 저소음 운항이 가능하다.121

잠수함은 디젤 잠수함과 원자력 잠수함 공히 수상함과 대비되는 전술적 강점을 보유하고 있다.

첫째, 은밀성이다. 은밀성은 잠수함의 독보적인 특성이다. 수중에서 전파는 거의 전달이 되지 않기 때문에 레이다는 수중에서 사용할 수가 없으나, 음파는 전파에 비해 수중에서 멀리 전달되기 때문에 음파를 이용하여 수중의 잠수함을 탐지하는 소나(SONAR)가 개발되었다.[122] 그러나 수중의 심도에 따른 온도 차에 의해 발생하는 음파의 굴절과 수중에 존재하는 잠수함으로 오인되는 많은 허위 표적으로 인해 수중의 잠수함 탐지는 매우 어렵다.[123] 1982년 발발한 포틀랜드 전쟁 시 영국 함대가 발사한 총 200발의 어뢰는 모두 허위 표적에 대하여 발사되었다.[124] 붉은 레이저에 비해 파장이 짧아 탐지의 정확도가 높은 푸른 색깔의 레이저를 이용하여 수중의 잠수함을 탐지하는 Blue Green Laser 장비를 오래전부터 개발하고 있지만 아직 수중의 잠수함을 탐지하는 유용한 수단으로 사용하지 못하고 있다.[125] 압력으로 가득 찬 해양이라는 잠수함 탐지의 거대한 장애물을 현대의 과학기술도 극복하지 못하고 있다. 항공기와 수상함과 같이 잠수함도 적으로부터 탐지를 피하기 위한 스텔스 기술을 개발하여 적용하고 있지만,[126] 거대한 해양은 잠수함이 탐지되지 않도록 하는 천혜의 보호벽으로 작용하고 있다.

둘째, 강력한 무장력이다. 잠수함의 전형적인 무기는 어뢰이다. 어뢰의 등장은 충격과 공포 그 자체였다. 제1차 세계대전에서 처음으로 실전에 투입된 어뢰는 함포의 포탄 수십 발이 명중하여도 침몰되지 않았던 전함이 어뢰 한 발에 침몰되었기 때문이었다.[127] 2003년 이라크 전쟁에서 지상의 목표물을 타격하기 위해 미국 해군의 로스앤젤레스급 잠수함 12척에 토마호크 유도탄을 발사하는 수직발사관(VLS) 12기를 탑재하여 총 144발의 토마호크 유도탄을 발사하였지만,[128] 잠수함이 자랑하는 전형적인 무기는 여전히 어뢰이다. 근접 신관을 사용하는 잠수함의 어뢰는 표적함의 선체 하부에서 폭발하여 이때 발생하는 버블제트(Bubble Jet)로 인해 순식간에 수상함은 두 동강으로 절단되어 침몰한다.[129] 통상 디젤 잠수함은 어뢰 14발을 탑재하고 있어 잠수함 1척이 수상함 14척을 침몰시킬 수 있다.

셋째, 지속 항해 능력이다. 수상함은 작전 기간 중 4일에서 5일마다 유류를 공급받아야 하지만, 잠수함은 배터리의 전기를 이용하여 추진하므로 작전 기간 유류 공급을 받을 필요가 없다.

넷째, 황천에도 작전이 가능하다. 수상함은 기상이 악화하면 항구 또는 안전한 구역으로 가서 피항해야 하지만 잠수함은 그럴 필요가 없다. 예를 들어 파도의 마루와 마루 사이인 파장의 거리가 200미터가 되는 큰 태풍의 경우 파장의 1/2인 수심 100미터에는 파도의 영향을 받지 않는다. 따라서 잠수함은 태풍이 몰아치는 해역에서도 머물 수 있다.

다섯째, 독립작전이 가능하다. 수상함은 기동전대, 기동 전단, 기동함대를 구성하여 작전하며 군수지원함이 함께 기동해야 한다. 그러나 잠수함은 독립작전을 수행하여 작전 기간 중 군수지원함이 필요 없다.

그러나 디젤 잠수함이 원자력 잠수함과 비교하여 보유할 수 없는 한 가지 특성이 있다. 그것은 생존성(survivability)이다. 생존성(survivability)은 원자력 잠수함을 무적함으로 지칭하게 하는 원자력 잠수함만이 보유하는 절대적이고 독보적인 특성이다.

디젤 잠수함은 잠수함의 독보적인 특성인 은밀성으로 인해 수상함을 기습적으로 공격을 할 수 있지만, 어뢰를 발사하는 순간 잠수함의 존재가 노출되기 때문에 그 지역에서 탈출해야 한다. 수상함과 대잠항공기와 대잠헬리콥터가 협동으로 실시하는 대잠수함 탐색 및 공격작전을 회피하면서 탈출해야 한다. 수상함은 폭뢰를 계속 투하하며 잠수함을 위협하면서 추적한다. 잠수함은 수중에서 폭파하는 폭뢰의 굉음을 들으면서 탈출을 시도하지만 잠수함 속력에는 한계가 있다.

수상함은 작전속력 25노트(시속 46㎞)로 지속적인 기동이 가능하다.[130] 디젤 잠수함의 최대속력은 22노트(시속 41㎞)이지만, 1시간을 기동하면 배터리가 방전되기 때문에 수면으로 부상하거나 수심이 가능하다면 해저에 착저하여 회피해야 한다.

디젤 잠수함과는 달리 원자력 잠수함은 작전속력 25노트(시속 46㎞)로, 거의 무제한으로 기동할 수 있으며,[131] 적 함정에 어뢰를 발사한 후에 자신이 노출되어도 그 구역을 탈출할 수 있다. 수상함이 잠수함을 탐지하여 어뢰를 발사하여도 원자력 잠수함은 생존이 가능한 것이다.

예를 들어 원자력 잠수함이 2㎞ 거리에서 수상함에 어뢰를 발사한 경우, 어뢰를 발사한 순간 원자력 잠수함의 위치는 노출되고, 수상함에서 원자력 잠수함에게 어뢰를 발사할 것이다. 어뢰는 35노트(시속 65㎞)의 속력으로 원자력 잠수함을 향해 접근할 것이며 원자력 잠수함은 최대속력 30노트(시속 55.8㎞)로 도주할 것이고 어뢰의 항주 가능한 시간은 6분이다.[132]

어뢰의 속력과 원자력 잠수함의 최대속력과의 차이는 5노트(시속 9.3㎞)이며 5노트(시속 9.3㎞)의 속력으로 6분 동안 항주할 수 있는 거리는 0.93㎞이다. 따라서 2㎞ 거리에서 어뢰를 발사하고 도주하는 원자력 잠수함을 수상함의 어뢰로 타격할 수가 없다.

이와 같이 원자력 잠수함은 적 수상함에 대한 기습공격을 한 후 위치가 노출되어도 현장에서 탈출하여 생존할 수 있으므로 원자력 잠수함을 무적함으로 지칭하는 것이다. 한국 해군이 원자력 잠수함을 보유하려고 하는 전략적·전술적 이유가 여기에 있는 것이다. 미국 해군의 최신 잠수함인 시울프(Seawolf) 잠수함의 최대속력은 35노트(시속 65㎞) 이상이라고 알려져 어뢰를 발사하여도 피격될 확률은 Zero(0)라고 말할 수 있다.[133]

아울러 디젤 잠수함의 경우 승조원의 호흡으로 인해 잠수함 내부 공기 중의 산소가 감소하기 때문에 수시로 스노켈링하여 환기해야 하지만,[134] 원자력 잠수함은 그럴 필요가 없다. 왜냐하면 원자력 잠수함은 물을 전기분해 하여 산소를 공급하는 크고 고가의 장비가 설치되어 있기 때문이다.[135] 디젤 잠수함은 함내 산소가 18% 이하로 떨어지고 스노클링을 하지 못하는 상황이 되면 탑재하고 있는 압축공기 산소통의 밸브를 열어 산소를 공급한다. 공기 중의 산소의 농도는 21%이며 잠수함 실내 산소는 18% 이상을 유지하도록 규정되어 있다.

원자력 잠수함의 생존성을 향상하기 위한 미국 해군의 설계 개념은 "더 조용하게(Quiter)" "더 깊이(Deeper)", "더 크게(Bigger)" "더 빠르게(Faster)"이다.[136]

"더 조용하게(Quiter)"는 소음 신호(signature)를 최소화하여 적에게 탐지되지 않도록 은밀성을 높인다는 개념이다. 이를 위해 펌프제트 추진체계, 무진동 장비 및 플로팅 데크 구조로 기계 진동을 흡수하고 선체 외부에 흡음재를 부착하였으며, 소나 음파 반사를 최소화하는 설계를 적용하는 개념이다.

"더 깊이(Deeper)"는 잠수함의 잠항심도를 깊게 건조하여 탐지당할 확률을 낮추어 생존성을 높인다는 개념이다. 이를 위해 적 어뢰 및 폭뢰의 센서 범위를 피할 수 있도록 압력선체를 고강도 HY-100, HY-130 강철 합금 또는 티타늄 합금을 사용하였다. 시울프급 잠수함의 작전 심도는 약 600m+로 알려져 있다.

"더 크게(Bigger)"는 잠수함을 크게 건조하여 소음을 감소하는 소음 저감 장치를 많이 설치하고, 원거리 탐지가 가능한 저주파수를 사용하는 대형 음파 탐지 장비와 무장을 설치하여 탐지당할 확률을 낮추고, 원거리에서 수상함과 잠수함을 탐지할 수 있는 능력을 보유하여 생존성을 높이며 공격 능력을 강화하는 개념이다.

"더 빠르게(Faster)"는 잠수함의 속력을 빠르게 하여 자신의 위치가 노출될 때 현장을 신속하게 탈출하여 생존성을 높이며 작전 해역으로 빠르게 전개하며, 적 잠수함 추적을 용이하게 하는 개념으로 냉전 시 가장 중요하게 고려되었다.

1993년 6월 8일 당시 러시아 국방장관 그라쵸브(Grachev)는 "원자력 잠수함은 군의 미래입니다. 탱크와 포 그리고 보병의 숫자는 감소할 수 있습니다. 그러나 해군은 완전히 다릅니다. 모든 선진국의 정부는 이러한 사실을 너무나 잘 알고 있습니다(A nuclear submarine fleet is the FUTURE of the armed forces. The number of tanks and guns will be reduced, as well as the infantry, but a modern navy is a different thing. The government of all developed countries understand this very well)."라는 연설을 하였다.

7.
미국 해군 전략 원자력 잠수함

　미국 해군은 대륙 간 탄도미사일을 탑재한 전략 원자력 잠수함 (SSBN) 18,000톤 오하이오급 잠수함을 14척 보유하고 있다.[137] 전략 원자력 잠수함은 전략핵잠수함 또는 '전략 핵탄두 미사일잠수함 (SSBN)'이라고도 부른다.

　미국 해군의 전략 원자력 잠수함은 핵전쟁 억지를 위한 전력이다. 가공할 핵무기가 개발되자,[138] 핵무기 강국들은 핵전쟁을 억지하기 위한 핵전쟁 억지 전략을 고안하였고, 핵전쟁 억지 전략은 지금까지 핵전쟁 억지에 기여하여 왔다.

　핵전쟁 억지 전략이란 핵무기를 보유한 국가가 핵무기로 선제타격을 하지 못하도록 하는 것이다. 만일 한 국가가 핵무기로 선제타격 (First Strike)을 하게 되면 극단적으로 핵무기 공격을 받는 국가의 지상에 있는 핵무기는 모두 파괴될 수 있다. 따라서 공중과 수중에서 핵무기로 보복 타격(Second Strike)을 할 수 있는 능력을 보유하여 적국이 핵무기 선제 타격을 못 하도록 하는 것이다.[139] 이를 위해 미국, 소련, 중

국은 지상과 공중과 수중에서 핵미사일을 발사(투발)할 수 있는 수단을 보유하고 있다.[140]

미국은 지상에서 발사하는 사정거리 13,000㎞ 미니트맨 대륙 간 탄도 핵미사일[141], 공중 발사 전략폭격기 B-21[142], 수중 발사 사정거리 13,000㎞ 트라이던트 SLBM을[143] 보유하고 있다.

미국의 전략 원자력 잠수함은 적국의 핵무기 선제타격(First Strike) 시, 보복 타격(Second Strike)을 하기 위하여 태평양과 대서양의 깊은 심도에서 핵무기 발사 지령을 기다리고 있다. 미국 해군은 전략 원자력 잠수함이 잠항 상태에서 대기하고 있는 태평양과 대서양 해역의 수심을 세밀하게 측정한 해저지형도를 기반으로 잠항 작전을 수행한다.[144] 이 해저지형도는 2급 비밀로 분류하고 있다. 왜냐하면 해저지형도가 공개되면 미국 해군의 전략 원자력 잠수함이 대기하고 있는 위치가 공개되기 때문이다.

전략 원자력 잠수함에게는 초저주파 통신을 통해 발사 지령이 하달되며, 이를 위한 특수 통신기지가 미국에 존재한다.[145]

전략 원자력 잠수함 1척은 핵미사일 발사대 24기를 갖추고 있으며, 각 발사대에는 8발의 다탄두 핵탄두가 탑재되어 총 192발의 핵무기를 운용할 수 있다.[146] 한 발당 위력은 폭약 475kt이다.[147]

제2차 세계대전 시 일본제국이 미국의 항복 요구를 거부하고 전 국민 결사 항전을 통보하자 미국이 전쟁을 종식하기 위해 히로시마와 나가사키에 투하하였던 당시 핵무기 1발의 위력이 15kt임을 감안하면, 미국 해군은 전략 원자력 잠수함 1척이 보유하고 있는 핵무기로 히로시마와 나가사키 규모의 도시 6,080개를 파괴할 수 있는 전력을 보유한 셈이다.[148]

북한이 보유하고 있는 핵무기 1발의 위력은 북한 핵실험 시 발생한

인공지진의 크기를 근거로 100kt으로 추정된다.[149]

　북한은 1970년대부터 한반도 비핵화를 요구하다가 1992년 한국과 한반도 비핵화 공동선언을 체결하여 1958년부터 한국에 배치되었던 미국의 전술핵무기를 철수하게 하고는 비밀리에 핵 개발을 추진하였다.

　핵무기 위협을 억지하려면 핵무기 외에는 마땅한 수단이 없다는 것이 전략핵 억지론의 핵심이다.[150]

　따라서 한국이 억지력을 확보하려면 전술핵 재배치 또는 독자적 핵무장 여부에 대한 전략적 선택과 미국과의 협의가 요구된다.[151]

　핵무기 위협을 억지할 수 있는 수단은 핵무기 외에는 없으며 이는 핵무기 강국들이 핵전쟁 방지를 위해 개발한 핵전쟁 억지 전략이 증명하고 있다.

　한국이 전술핵무기 배치 또는 독자적인 핵무기를 개발하려면 미국과의 협의가 필수적이며 미국을 설득할 수 있는 지도자가 요구된다.

　핵확산금지조약(NPT: Nuclear Nonproliferation Treaty) 제10조에 따라 한국은 다른 국가와는 달리 핵무기 보유를 주장할 수 있는 권리가 있다.[152]

　일본은 1980년대 미국과 원자력협정을 통해 핵연료 재처리 권한을 확보했으며, 확보한 플루토늄으로 수천 발의 핵무기 제조가 가능하다는 언론 보도도 있었다.[153]

8.
미국 해군 전략 원자력 잠수함의 핵전쟁 억지 역할

전략 원자력 잠수함(SSBN)은 원자력 추진으로 장기간 잠항이 가능하며 잠수함발사 탄도미사일(SLBM)을 탑재하여 핵전쟁 억지 및 보복 타격 능력(Second Strike Capability)을 제공한다.[154]

전략 원자력 잠수함은 바닷속에서 은밀하게 작전하기 때문에 적이 위치를 탐지하기 어려워, 지상 및 공중 전력이 모두 파괴되더라도 생존하여 보복 타격이 가능하다. 이로 인해 억지력(Deterrence)이 유지된다.[155]

SSBN은 ICBM, 전략폭격기와 함께 핵전력 3축(triad)을 구성하며, '상호확증파괴(Mutual Assured Destruction, MAD)' 전략의 중심축이다.[156]

전략 원자력 잠수함은 SLBM의 긴 사정거리(10,000㎞ 이상)를 활용하여 태평양, 미 서해안, 심지어 본토 근해에서도 북한과 중국을 타격할 수 있다.[157].

그렇지만 한반도 주변 해역에 전략 원자력 잠수함이 전개될 경우,

그 존재 자체가 북한, 중국, 러시아에 강력한 억지 메시지를 전달한다. 이는 미국의 확장 억지 공약을 가시화하는 효과를 가진다.[158]

전략 원자력 잠수함이 한국 주변 해역(동해, 서해, 남해)에 전개했다는 사실 자체가 공개되면, 북한 및 주변국(중국, 러시아)에 강력한 경고 메시지를 전달하고 미국의 확장 억지 공약이 실질적으로 이행되고 있음을 한국 국민과 동맹에 보여주는 것이다.

아울러 미 본토나 하와이에서 발사하는 것보다 동해, 오키나와 근해에서 발사 시에는 도달 시간이 수 분~수십 분 단축되어 위기 상황에서 즉각적인 대응 능력을 보장하여 북한의 추가 도발을 억지하게 된다.[159]

전략 원자력 잠수함의 한반도 전개는 SLBM 사거리와 무관하게 물리적 억지를 넘어, 정치·심리적 가시성, 위기 시 작전 유연성, 동맹 신뢰 강화의 효과를 종합적으로 제공하기 때문에 의미가 크다.[160]

에필로그

　기록에 따르면 인류가 군함을 처음 운용한 시기는 기원전 2900년경으로, 무장 병력을 태운 노선(櫓船)이 군사용으로 활용되었다고 전해진다. 이후 기원전 1700년경에는 충각(Ram)이라는 공격용 구조물을 선수에 장착한 길이 약 25미터의 전투 노선, 바이레메(Bireme)로 변천하였다. 바이레메는 더 대형화되고, 선수에 충각을 장착한 길이 40미터 규모의 갤리(Galley)로 변천하였으며, 약 3,000년 동안 지중해 해역에서 주력 군함으로 군림하였다.
　이 시기까지의 해전은 갤리를 이용하여 적 군함을 충각으로 들이받은 뒤, 승선하여 백병전을 벌이는 형태가 일반적이었다. 그러나 군함의 형태가 변하면서 해전 양상도 변천하였다.
　15세기에는 갤리가 노와 돛을 함께 사용하고 함포를 탑재한 갤리어스(Galleass)로 변천하였다. 갤리어스는 길이 약 50미터의 범선 구조를 갖추었고, 화약의 도입에 따라 함포전이 백병전과 병행되어 수행되었다. 이러한 전환기의 전투 양상을 대표하는 해전이 바로 1571년 레판토 해전이다.

이후 갤리어스는 노를 완전히 배제하고 돛만으로 운항하는 갤리온(Galleon)으로 변천하였다. 이는 대양 항해의 요구에 따라 노잡이에 대한 식량과 물을 줄이고, 보다 많은 공간에 함포를 설치할 수 있도록 한 결과였다. 갤리온 시대의 해전은 본격적인 함포 중심의 전투로 변화하였고, 1588년 영국 해군이 스페인 무적함대를 격파한 그라블린 해전(Battle of Gravelines)이 그 전형적인 사례이다. 이 해전은 과거의 백병전 중심 해전에서 원거리 포격을 통한 함포전의 우위가 입증된 해전으로서 해전 양상의 전환점이었다.

이후 갤리온은 전열을 이루는 데 최적화된 전열함(Ship of the Line)으로 변천하였다. 17세기에서 19세기까지의 해전은 양측 함대가 나란히 일렬로 항진하며, 측면에 배치된 다수의 함포로 집중 포격을 가하는 전열 전투(line of battle)가 주류를 이루었다. 전열함 시대의 대표적인 전투는 1805년 트라팔가르 해전으로, 영국 넬슨 제독이 프랑스-스페인 연합함대를 격파한 전투이다.

영국 해군은 전열함을 함포 수와 규모에 따라 1급부터 6급까지 구분하였으며, 1급 전열함은 2~3층 갑판에 100문 이상의 함포를 탑재한 해군의 핵심 전력이었다.

그러나 목조 범선인 전열함은 작열탄의 등장과 산업혁명에 따른 증기기관과 철갑 기술의 발달로 인해 쇠퇴하였고, 장갑함(Ironclad)을 거쳐 1906년 영국이 건조한 드레드노트(Dreadnought)급 전함으로 변천하였다. '두려움이 없다'라는 이름처럼, 드레드노트급 전함은 두꺼운 장갑과 대 구경 대형 함포를 갖춘 거함거포주의 해군력의 상징이었다.

20세기 초에는 잠수함과 항공모함이 새롭게 등장하면서 해전 양상이 다시 급변하였다. 항공모함은 항공력을 해상에서 발진시켜 적 함대를 장거리 타격할 수 있는 플랫폼으로 변천하였고, 제2차 세계대전 중 미드웨이 해전은 항공모함이 전함을 대체하는 해상 지배의 핵심 전력으로 부상했음을 보여준 결정적인 전투였다.

제2차 세계대전 이후 현대 해군의 전투함은 항공모함, 잠수함, 전함, 순양함, 구축함, 호위함, 초계함으로 다양화되었으나, 전함은 고비용에 비해 전략적 효용성이 감소하고, 유도탄 중심의 해전으로 무기체계가 재편됨에 따라 역사 속으로 퇴장하였다. 전투함은 유도탄에 의한 해전 양상에 대비하기 위해 공격용 유도탄과 방어용 유도탄으로 무장되어 있다.

잠수함의 해전 양상도 제1차 세계대전과 제2차 세계대전 시의 유보트에 의한 통상 파괴전에서 벗어나, 은밀성과 기습성을 기반으로 한 '비가시적 결정적 타격 수단'으로 발전하였다. 1982년 포클랜드 전쟁에서 영국 해군의 원자력 잠수함 콘케어(Conqueror)함이 아르헨티나 순양함 벨그라노(Belgrano)함을 격침하자, 아르헨티나 해군은 함대를 항구로 철수시키고 더 이상 작전에 나서지 못했다.

또한, 1971년 인도-파키스탄 전쟁에서는 파키스탄의 디젤 잠수함 가지(Ghazi)함이 인도 항공모함 비크란트(Vikrant)함을 공격하기 위해 출동하였으나, 작전 중 침몰하면서 핵잠수함의 생존성과 전략적 가치가 부각되었다.[161]

2장

함포와 포탄의 변천사

1.
함포와 포탄의 출현과 작열탄

　무장은 군함의 존재 이유이자 본질이다. 군함이 처음으로 사용한 무장은 다름 아닌 사람이었다. 기원전 2900년경, 이집트의 파라오 스네프루(Pharaoh Sneferu)가 삼나무(Cedar Wood)를 구입하기 위해 페니키아의 도시 비블로스(Byblos)에 파견한 군함(Armed Ship) 40척은, 무기를 든 병사들을 태운 선박이었다.[162]

　기원전 1700년경에는 '바이레메(Bireme)'라는 군함이 등장하였다.[163] 이 함형은 이후 '갤리(Galley)'라 불렸으며, 오랜 기간 지중해를 중심으로 운용되었다. 갤리(Galley)의 무장은 충각(Ram)과 무장한 병사들이었다. 갤리(Galley)는 선수에 청동으로 제작한 날카로운 충각(Ram)을 설치하여 적함의 측면을 들이받는 충각 전술(Ramming)로 선체 구조에 손상을 입히고, 그 틈을 타 병사들이 적함에 승선하여 백병전을 벌였다.

　그러나 14세기 말에서 15세기 초 군함 무장에 혁신이 일어났다.[164] 화약의 발명으로 군함에 화포(함포)를 탑재하게 된 것이다. 갤리(Galley)

의 선수에 청동으로 만든 함포를 장착하여 백병전에 돌입하기 전에 화포(함포)로 포탄을 발사하여 적함을 먼저 타격하였다. 이는 해전 양상의 대전환점이었다.

초기의 화포(함포)는 사석포(Bombard)로서 돌덩어리를 포탄으로 사용하였으며 이는 목제 군함의 갑판이나 노 젓는 공간을 파괴해 전투력과 군함의 추진력을 약화하는 데 효과적이었다. 24파운드의 돌덩어리는 선체 두께가 60cm 정도인 전열함의 선체를 파괴할 수 있었다.[165]

이후 쇠구슬과 둥근 철환(iron shot)이 등장하였다.[166] 쇠구슬은 돌보다 무겁고 단단해 구조물에 대한 파괴력이 높았고, 철환은 하나의 포탄이 다수의 작은 철구로 분열되는 산탄 형태로, 노잡이, 궁수, 석궁병, 지휘관 등 노출된 병력에게 큰 피해를 줬다.

19세기 초에는 포탄의 혁신이 일어났다. 프랑스의 파셴(Paixhans) 대령이 화학 물질의 폭약을 넣은 포탄을 개발하였다. 금속 껍질 안에 백린, 테르핀, 황 등의 화학 물질을 넣어 폭발 시 화염을 발생시키는 작열탄(explosive shell)이 등장한 것이다.[167] 1824년 프랑스 해군은 목조 선박을 대상으로 작열탄의 효과를 시험하였다. 작열탄의 폭발로 인해 선박에 화재가 발생하였고, 결국 선박은 침몰하였다.[168]

작열탄의 등장과 함께 프랑스 육군 포병대의 장군 앙리 조셉 파익상(Henri-Joseph Paixhans)의 이름을 딴 파익상 포(Paixhans gun)가 개발되었다. 기존의 함포는 둥근 철환(iron shot)만 발사가 가능하였으나, 파익상 포(Paixhans gun)는 작열탄을 활강포 형태로 발사가 가능하였다.[169] 둥근 철환(iron shot)은 선체를 파손하지만, 파익상 포(Paixhans gun)에서 발사된 작열탄은 선체에 명중 후 화재를 유발하여 군함을 침몰시켰다. 최초로 목재 군함을 함포의 포탄으로 파괴할 수 있는 기술이 개발된 것이다.

작열탄과 파익샹 포(Paixhans gun)가 개발된 지 약 30년 후에 작열탄의 효과가 실전에서 입증되었다.

1853년 11월 30일 크림 전쟁 시 흑해에서 벌어진 시노프 해전(Battle of Sinop)에서 작열탄이 최초로 사용되었다. 당시 파익샹 포(Paixhans gun)를 탑재한 전열함 6척으로 구성된 러시아 함대는 시노프(Sinop) 항구에 정박 중이었던 오스만제국(터키) 함대의 호위함 7척에 작열탄으로 포격을 가하여 모두 침몰시키고 시노프(Sinop)에 대한 지상 포격을 하여 터키인 4천 명이 사망하였다.[170]

시노프 해전(Battle of Sinop)에서 작열탄에 명중당한 터키 함대의 호위함은 작열탄 1~2발에 선체가 심하게 파손되거나 두 동강이 되어 침몰하였다.[171]

시노프 해전(Battle of Sinop)을 계기로 범선의 시대는 막을 내리고 철갑을 두른 장갑함의 시대가 개막되었다.

2.
제2차 세계대전 시까지의 함포 및 포탄

    19세기 초, 작열탄의 등장과 함께 프랑스 육군의 포병 장군 앙리 조셉 파익샹(Henri-Joseph Paixhans)은 작열탄을 발사할 수 있는 활강포 형태의 '파익샹 포(Paixhans gun)'를 개발하였다.[172] 기존 함포는 둥근 철환(iron shot)만을 사용할 수 있었으나, 파익샹 포는 작열탄을 발사함으로써 명중 시 화재를 유발하였다.

    1853년 시노프 해전(Battle of Sinop)에서 러시아 해군이 터키의 군함 7척을 작열탄으로 단시간에 침몰시키자, 유럽 열강은 충격을 받았고,[173] 목재 군함에서 철갑을 두른 장갑함(armored ship)으로의 전환을 서둘렀다. 그 결과 1860년, 영국 해군은 세계 최초의 전면 철골 장갑함인 HMS 워리어(Warrior)함을 건조하였다.[174]

    장갑함의 등장과 함께 함포 기술자들은 장갑을 관통할 수 있는 무기를 개발하기 시작하였다. 1854년에는 영국에서 '암스트롱 포(Armstrong gun)'가 개발되었고[175], 1862년 미국에서는 최초의 회전식 포탑(rotating turret)이 등장했다.[176]

암스트롱 포(Armstrong gun)는 연철을 겹겹이 포개 만든 포신을 사용하여 기존 함포보다 경량화되었고 강선이 새겨진 포신인 강선포였다. 강선포는 포탄의 회전 운동을 유도해 비행 안정성과 명중률을 크게 향상했다. 또한 장전 시간이 대폭 단축되어 운용 효율이 높아졌다. 회전식 포탑은 선체를 회전시키지 않고도 여러 방향으로 발사할 수 있으며, 포 운영 인원이 포탑 내부에서 보호받을 수 있는 구조였다.

포탄의 형태도 기존의 둥근 철환(spherical shot)에서 길쭉한 원통형의 장탄(long shell)으로 변화하였다.[177] 둥근탄은 회전이 없어 불규칙한 탄도를 보였고, 사거리와 관통력이 낮았지만, 장탄은 강선포의 회전을 활용해 탄도 안정성과 명중률이 높고, 좁은 단면에 에너지를 집중시켜 우수한 관통력을 발휘하였다.

19세기 중반에는 충격·시간 신관으로 폭발하여 파편과 폭풍으로 살상·파괴 효과를 내는 고폭탄이 개발되었고,[178] 1853년 시노프 해전에서 러시아 흑해 함대가 투르크 함대를 고폭탄으로 공격하여 함선을 대파하였다.

20세기 초에는 대부분의 군함이 강선포와 장탄을 채택하게 되었으며, 이는 현대까지 이어지고 있다. 포탄 추진체인 장약(propellant)과 내부 폭발력을 담당하는 고폭약(HE: High Explosive)도 흑색화약을 대체한 무연화약(smokeless powder)으로 진화하였다. 무연화약의 포구속도는 700~900m/s로[179] 표구속도가 400~600m/s인 흑색화약에 비해 사거리, 관통력, 명중률이 압도적으로 향상되었다.

함포의 포탄 기술도 발전하여, 장갑을 뚫는 철갑탄(AP: Armour Piercing)과 폭발 시 철제 파편을 넓은 범위로 확산시키는 고폭탄(HE)이 개발되었다. 화약의 성능 향상은 함포의 구경과 포탄 중량의 증가로 이어졌으며, 이는 보다 무거운 포탄의 안정적인 비행과 더 강력한 폭발력을 가능하게 했다.

적 항공기를 격추하기 위해 목표물 근처에서 탄두를 폭발시키기 위해 시한 신관(Time Fuze)과 근접 신관(Proximity Fuze, VT(Variable Time) Fuze)[180]을 개발하여 고폭탄(HE)에 설치하였다.

함포와 포탄의 발전으로 유럽 열강의 해군은 함포 및 군함의 대형화를 추진하게 되었고, 본격적인 전함의 시대가 열리게 되었다.[181]

러일전쟁(1904~1905) 당시에는 대부분의 전함이 12인치(305㎜) 함포를 장착하였고,[182] 1906년 영국 해군은 세계 최초의 현대식 전함인 드레드노트(Dreadnought)를 건조하여 13.5인치(343㎜) 함포를 탑재하였다. 이후 제2차 세계대전 시기에는 미국 해군의 아이오와(Iowa)급 전함이 16인치(406㎜) 함포를, 일본 해군의 야마토(Yamato)급 전함은 세계 최대 구경인 18.1인치(460㎜) 함포를 장착하였다.

아이오와(Iowa)급 전함의 16인치 포탄은 무게가 1,225㎏에 달하며 최대 사거리는 39㎞였고,[183] 야마토(Yamato)급의 18.1인치 포탄은 무게 1,460㎏, 최대 사거리 42㎞로 전함 함포의 정점을 보여주었다.[184]

3.
제2차 세계대전 이후의 함포 변천

　제2차 세계대전 시기의 함포는 화력 위주의 대구경 함포였으며 전함과 순양함에 탑재되었다. 미국 아이오와(Iowa)급 전함의 16인치(406㎜) 함포의 경우 최대 사거리는 39㎞였고, 포탄 한 발은 현대의 하푼(Harpoon) 유도탄과 엣소셋(Exocet) 유도탄과 동일한 폭발력을 보유하였다.[185] 광학 조준기와 아날로그 컴퓨터를 사용하여 발사하였으며 분당 발사율은 1~2발이었고 수십 명의 운용 요원이 포탑에 배치되었다.[186]

　제2차 세계대전 이후 유도탄의 등장으로 전함은 퇴역하였고 구축함 및 호위함에 적 항공기와 수상함을 타격할 수 있는 중구경 및 소구경의 자동화된 함포가 개발되었다.[187] 명중률이 크게 향상되었고, 분당 발사율은 수백 발 내지 수천 발로 증가하였으며 포대 내에 운용 요원이 없이 원격으로 자동 발사하도록 발전하였다.[188]

　군함은 많은 국가가 독자적으로 건조하였지만, 함포를 독자적으로 생산해 온 국가는 8개국에 불과했다.[189] 그 이유는 ① 함포는 고압 고열을 견딜 수 있는 구조 제작 기술과 정밀한 강선 가공 기술과 자동 장전 메커니즘 및 사격통제 시스템과 연동을 해야 하는 복합적인 기술 집약체이며,[190] ② 함포는 전차포보다도 복잡하며,[191] ③ 장약 및 포탄의 개발 및 시험 설비 등 산업 기반이 필요하고,[192] ④ 함포를 생산할 수 있는 능력이 있음에도 수입을 선택하기 때문이다.[193]

미국, 영국, 이탈리아, 스웨덴, 스위스, 프랑스, 네덜란드, 러시아(구 소련)가 독자적으로 개발하여 왔으며, 중국, 인도, 일본과 한국은 기술 이전으로 생산을 시작한 뒤 독자개발로 전환하였다.[194]

미국 해군은 5인치(127㎜) MK 42, 30㎜ Emerlec, 20㎜ Phalanx CIWS(근접방어무기체계), Mk 45(Mod 0) 5인치, 30㎜ MK44 Bushmaster, 57㎜ Mk 110, SeaRAM(Phalanx+RIM-116) 함포를 개발하였다.

영국 해군은 QF 4.5-inch Mark V, STAAG 40㎜ Bofors, 57㎜ Twin 6-pounder gun, 30㎜ DS30B, 4.5인치 Vickers MK 8, DS30M Mk2 함포를 개발하였다.

이탈리아 해군은 OTO Melara 76㎜, OTO Melara 127㎜를 개발하였다.

스웨덴 해군은 120㎜ Bofors TAK, 57㎜Bofors SAK MK 1/Mod 2, 57㎜ Bofors MK3, 57㎜ BoforsSAK 57 MK 2 함포를 개발하였다.

스위스 해군은 35㎜ Oerikon Type GDM-A, 30㎜AM-B01, 25㎜ ontraves Seaguard 함포를 개발하였다.

프랑스 해군은 100㎜ DTCN Single, 100㎜ Creusot-Loire Compact 함포를 개발하였다.

네덜란드 해군은 Goalkeeper CIWS 30㎜ 함포를 개발하였다.

러시아(구소련) 해군은 30㎜ AK-630 Phalanx, 130㎜ AK-130, 76.2㎜ AK-130, 76.2㎜ AK-176, 130㎜ A-192M 'Armat' 함포를 개발하였다.

중국 해군은 소련 AK-100을 기반으로 Type 79A, Type 210, H/PJ-33B, H/PJ-87, H/PJ-26, 30㎜ Type 730 CIWS, 130㎜ H/PJ-38 함포를 개발하였다.

인도 해군은 OTO Melara 76㎜ 함포를 라이선스 생산하였고, 30㎜ AK CIWS, AK-100 함포를 러시아 기술을 기반으로 개발하였으며, NAG CIWS 함포를 독자적으로 개발하였다.

일본 해군은 20㎜ JM61-M Vulcano, 76㎜ OTO Melara 함포를 이탈리아 기술을 기반으로 생산하였고, 127㎜ Type 89 함포를 미국 기술을 기반으로 생산하였으며 대공 기관포 35㎜ CIWS를 독자적으로 개발하였다.

한국 해군은 40㎜ 함포를 스웨덴 Bofors를 기반으로 생산하였고, 76㎜ OTO Melara를 라이선스 생산하였으며, 30㎜ Goalkeeper를 국산화하였고, 5인치(127㎜) 함포를 미국 Mk 45 기술이전 생산을 하였으며, K-76, 76㎜ 함포를 독자적으로 개발하였다.

제2차 세계대전 이후 각국의 함포 개발 현황

국가	개발 연도, 함포, 최대 사거리, 분당 최대 발사율, 자동화 여부
미국	1950년대, MK 42 5인치(127㎜), 24km, 28발, 반자동 1960년대, 30mm Emerlec-30, 10km, 600발, 자동 1970년대, 20mm Phalanx CIWS(근접방어무기체계), 2km, 4,500발, 자동 1970년대, Mk 45(Mod 0) 5인치(127㎜), 44.5km, 20발, 자동 1980년대 155mm 함포 (AGS) Zumwalt급 1990년대, 30mm MK44 Bushmaster, 56km, 200발, 자동 2000년대, Mk 110 57mm, 17km, 220발, 자동 2000년대, SeaRAM(Phalanx+RIM-116): 약 10km, RIM-116 유도탄 11발, 자동
영국	1940년대 말, QF 4.5-inch Mark V, 113㎜, 22km, 20발, 반자동 1940년대 말, STAAG 40mm Bofors, 40mm, 12km, 120발, 자동 1950년대, Twin 6-pounder gun, 57mm, 9km, 80발, 수동 1960년대, 30mm DS30B / DS30M Mk2, 6km, 650발, 자동 1970년대, Vickers MK 8: 113㎜, 27km, 25발, 자동 1980년대, DS30M Mk2, 30㎜, 6km, 650발, 자동

이탈리아	1960년대, OTO Melara 76mm Super Rapid, 16km, Vulcano탄 40km, Compact: 85발, Super Rapid 120발, 자동 2000년대, OTO Melara 127mm/64 LW, 24km, Vulcano탄 100km, 32발, 자동
스웨덴	1970년대, Bofors TAK 120mm, 30 km, 25발, 반자동 1970년대, Bofors SAK MK 1/Mod 2, 57mm, 17.5km, 200발, 자동 1990년대, Bofors 57mm MK3, 17.5km, 220발, 자동 1980년대, Bofors SAK 57 MK 2: 약 17.5km, 220발, 자동
스위스	1960년대, Oerlikon Type GDM-A, 35mm, 6km, 550발, 자동 1990년대, AM-B01,30mm, 4km. 600발, 자동 1980년대, Contraves 25mm Seaguard, 3km, 600발, 자동
프랑스	1960년대, DTCN Single 100mm Mode, 17km, 60발, 자동 1990년대, Creusot-Loire 100mm Compact, 17km, 78발, 자동
네덜란드	1980년대, Goalkeeper CIWS, 약 1.5km, 4,200발, 자동
러시아 (구소련)	1960년대, AK-630 Phalanx, 30mm, 45km, 5,000발, 자동 1970년대 AK-130, 130mm, 29km, 90발, 자동 1970년대, AK-176M, 76.2mm, 15.5km, 120발, 자동 2010년대, A-192M Armat, 130mm, 40km, 30발, 자동
중국	1970년대, Type 79A, 100mm, 22km, 15발, 반자동, 소련 AK-100 기반 1980년대, Type 210, 100mm, 22km, 20발, 반자동, 2000년대, H/PJ-33B, 100mm, 22km, 25발, 자동 2000년대, H/PJ-87, 100mm, 22km, 30발, 자동 2000년대, H/PJ-26, 130mm, 35k, 40발, 자동 2000년대, Type 730 CIWS, 30mm; 5km, 10,000발, 자동 2010년대, H/PJ-38, 130mm, 38km, 45발, 자동
인도	1980년대, OTO Melara 76mm, 16km, 120발 자동, 라이선스 생산 1980년대, 30mm AK CIWS, 5km. 5,000발, 자동, 러시아 기술 기반 생산 1980년대, 100mm AK-100, 100mm, 22km, 60발, 반자동 1990년대, 130mm 함포, 40km, 401발, 자동, 러시아 도입 2000년대, 76mm, 16km, 120발, 오토멜라라 기반 생산 2020년대, 30mm NAG CIWS, 3km, 4,500발, 자동, 국내 개발
일본	1960년대, JM61-M, 20mm, 2km, 6,000발, 자동, 이탈리아 Vulcano 기반 생산 1970년대, 76mm, 20km, 120발, 자동화 OTO Melara 라이선스 생산 1990년대, 대공기관포 CIWS, 35mm, 4km, 550발(양문합산), 자동 1980년대, Type 89, 127mm, 24km 40, 미국 MK42 기반 1990년대, 5인치, 127mm, 30km, 20발, 자동, 미국 MK.45 Mod 4 기반 생산
대한민국	1990년대, 40mm, 12km, 300발, 반자동, 보포스 기반 생산 2000년대, 76mm, 16km, 120발, 자동, OTO Melara 라이선스 생산 2010년대, 30mm Goalkeeper, 3km , 4,200발, 자동, 국산화 2020년대, 127mm, 36km, 20발, 자동, 미국 Mk 45 기술이전 2020년대, K-76, 76mm, 16km, 자동, 독자개발

4.
제2차 세계대전 이후의 포탄 변천

　제2차 세계대전 시기에 사용된 함포의 포탄은 고폭탄(HE, High-Explosive)과 철갑탄(AP, Armor-Piercing)이었으며 적 군함과 항공기와 지상의 표적을 타격하였다.[195]

　고폭탄(HE, High-Explosive)은 폭발 시 철제 파편이 넓은 범위로 확산해 ① 군함의 구조물과 인명을 살상하는 용도로 사용되었으며, ② 적 항공기를 공격할 때는 시한 신관(time-fuze)이나 근접 신관(proximity fuze)을 사용하여 적 항공기 근처에서 폭발하여 항공기를 손상 또는 격추시켰고,[196] ③ 상륙작전 시에는 전 해안의 방어진지, 포대, 참호, 진지 등을 파괴하고 넓은 지역에 폭풍과 화염을 일으켜 인명을 살상하고 전투력을 약화했으며, ④ 적 지역에 있는 철도, 차량 행렬, 저장 시설 등을 파괴하는 데 사용되었다.[197]

　철갑탄(AP, Armor-Piercing)은 고속, 고질량, 고강도 탄두와 지연신관을 이용하여 적 군함의 장갑을 관통한 후 폭발하여 군함 내부의 기관실, 탄약고 등을 파괴하여 침몰시키며, 인명을 살상하는 데 사용되었다.198 철갑탄의 탄두는 고강도 특수강을 송곳 모양으로 제작되어 장갑의 극소 부분에 에너지를 집중하여 장갑을 뚫고 들어가도록 설계되었다.199

제2차 세계대전 이후 현대 함포의 포탄은 다목적성과 정확성, 그리고 다양한 위협에 대응할 수 있도록 발전하였다.200

고폭탄(HE, High-Explosive)의 경우 ① 신관은 근접 신관(Proximity Fuse), 시한 신관(Time Fuse), 충격 신관(Impact Fuse)을 발사 직전에 설정할 수 있도록 프로그래밍이 되었고,201 ② 내부 분리형 구조의 모듈형 탄체로 대공/대함/대지/대근접지원 등 다양한 목적에 사용되도록 제작되었으며,202 ③ 신관은 기계식이 아닌 전자식 지연 신관 또는 레이다 기반의 근접 신관인 VT(Variable Time or Proximity Fuze) 신관을 사용하고 있다.203

전자식 신관은 ① 극도로 정밀한 1/1000초 단위까지의 시한 설정이 가능하고, ② 기계식 신관과 비교하면 부품이 적고 고장 위험이 낮으며 진동, 온도 변화, 가속도 충격에 강한 특성을 보유하고 있으며, ③ 발사 직전에 컴퓨터로 공중 폭발 또는 관통 후 지연 폭발 등의 폭발 조건을 설정할 수 있고, ④ 무기 상태를 지속 감시하고, 발사 전에 무력화할 수 있고, ⑤ 하나의 신관으로 충격/시한/근접 기능을 통합할 수 있는 이점을 보유하고 있다.204

현대의 VT 신관(Variable Time or Proximity Fuze)은 제2차 세계대전 시의 신관에 비해 ① 진공관 아날로그 회로에서 반도체 디지털 회로로 발전하였고, ② 라디오파 센서에서 레이다, 레이저, 적외선 센서로 발전하였으며, ③ 신관 모드는 근접 기능의 단일 모드에서 근접 + 충격 + 시한의 통합 멀티모드로 발전하였고, ④ 수 미터 수준의 정밀도는 1미터 이내의 정밀도로 향상되었으며, ⑤ 환경에 대한 내성 측면에서는 충격과 온도에서 극한 환경에도 대응이 가능하도록 발전하였고, ⑥ 신뢰성은 50% 수준에서 95% 이상으로 향상되어 항공기뿐 아니라 유도탄 및 드론에 대해서도 탁월한 성능을 보유하고 있다.[205]

철갑탄(AP, Armor-Piercing)의 경우는 전함이 퇴장하고, 장갑을 갖춘 함정이 드물어지면서 기존의 완전한 철갑탄은 사라지고 대체 포탄으로 정밀 유도포탄(Guided Munition)이 개발되었고 레일건용 고속탄(HVP: Hyper Velocity Projectile)이 개발되고 있다.[206]

정밀유도포탄(Guided Munition)은 특수 탄두로 제작되어 GPS 및 레이저 유도로 목표물을 파괴할 수 있으나 운동에너지에 기반한 철갑탄에 비해 두꺼운 복합장갑 관통에는 한계가 있다.[207]

레일건용 고속탄(HVP: Hyper Velocity Projectile)은 전자기력을 이용해 포탄을 화약 없이 Mach 530MW 이상의 엄청난 전력이 요구되고, 발사 시 내부 마모가 심각하며 전력공급, 냉각 시스템 등 복잡한 부대장비의 필요로 미국 해군은 2021년에 개발을 중단한 상태이며,[208] 중국, 러시아, 일본, 한국에서 연구를 진행하고 있다.[209]

5.
어뢰의 탄생과 변천

최초의 어뢰는 1866년 영국인 로버트 화이트헤드(Robert Whitehead)가 개발하였으며, 폭약을 탑재하고 압축공기를 이용하여 시속 6노트(11㎞)의 속력으로 910m를 항진하였다.[210] 이러한 어뢰의 아이디어는 육상에서 줄(Rope)을 이용하여 폭약을 이동시킴으로써 해안으로 접근하는 적 함정을 방어하겠다는 오스트리아인 지오바니 루피스(Giovanni Luppis)로부터 얻었다.[211] 개발 초기에는 설정된 심도를 유지하는 데 어려움이 있었으나, 이를 해결한 후 10개국으로 수출하는 성과를 이루어 세계 최초의 어뢰라는 영예를 얻었다.[212]

어뢰를 탑재하는 군함이 건조되었고 어뢰정(Torpedo Boat)이라 불렸다. 제1차 세계대전에서 터키의 어뢰정이 1만 3,000톤급 영국의 순양함 'Goliath'함을 어뢰 2발로 격침했고, 독일의 잠수함에 의해 영국의 3,300톤급 경순양함 패스파인더(Pathfinder)함이 어뢰 1발에 의해 침몰됐고, 독일 잠수함 1척이 영국의 1만 2,200톤급 순양함 크레시(Cressy)함, 아브키르(Aboukir)함, 호그(Hogue)함 3척을 한꺼번에 각각 어뢰 1발

로 격침했다.213

이와 같이 1만 톤이 넘는 순양함을 1발로 침몰시키는 어뢰의 위력은 어떻게 하여 발생하는 것일까? 함포 및 유도탄 1발로는 함정을 순식간에 침몰시킬 수 없다. 함정이 유도탄에 여러 발에 피격되어 큰 손상을 입어도 어뢰에 맞았을 때처럼 곧바로 침몰하지 않는다. 피격된 부분에 파손이 생기며 이로 인한 화재가 발생하면서 피해가 확산하고 서서히 침몰하게 되는데, 침몰하지 않는 경우도 있다.

어뢰 1발에 의해 함정이 침몰하는 이유는 수면 하에 있는 함정의 밑바닥을 공격하기 때문이다. 어뢰 공격으로 함정의 밑바닥에 파공이 생기고 이를 통해 엄청난 해수가 유입되기 때문에 배가 순식간에 침몰하게 된다.214

각국 해군은 대형 군함에 접근하는 어뢰정을 격침하기 위해 어뢰정 구축함(Torpedo Boat Destroyer)을 건조하여 대형 군함의 전방에 배치했고, 어뢰정은 대형 군함에 접근하기 전에 구축함 함포에 의해 먼저 격침되었다. 이러한 어뢰정 구축함은 오늘날 구축함으로 변천하였다.215

어뢰로 공격하는 뇌격기(Torpedo Bomber)는 양차 세계대전을 통해 중요한 전력으로 사용되었지만, 어뢰를 투하하기 위해서는 저속으로 수면 가까이에서 표적을 향해 똑바로 장시간 동안 접근해야 하므로 대공포에 취약하였으며 대함유도탄의 등장으로 지금은 완전히 사라졌다.216

오늘날에는 수상함 및 대잠항공기에 잠수함을 공격하기 위해 어뢰를 탑재하고 있으며, 잠수함에는 수상함 및 잠수함 공격을 위해 어뢰를 탑재하고 있고 어뢰정은 일부 국가에서 연안 방어용으로 운용하고 있다.

어뢰의 종류는 크기, 유도 방법 및 추적(Homing) 방법에 따라 분류하는데, 우선 크기에 따라 경(經)어뢰와 중(重)어뢰로 분류한다. 경어뢰는 직경이 406㎜(16인치)이고 약 50kg 정도의 폭약을 탑재하고 있으며 수상함 및 항공기에서 잠수함 공격을 위해 사용한다. 중어뢰는 직경이 533㎜(21인치)이며 약 250kg 정도의 폭약을 탑재하고 있고 잠수함에서 수상함을 공격하기 위해 사용하며, 어뢰정도 수상함을 공격하기 위해 중어뢰를 탑재한다.[217]

유도 방법에 따라서는 직주(Straight running) 어뢰와 선유도(Wire guided) 어뢰로 분류된다. 직주 어뢰는 발사한 침로로만 직진하기 때문에 Fire and Forget 어뢰라고도 부른다. 이러한 직주 어뢰의 단점을 보완하기 위해 패턴형(Pattern running) 어뢰가 개발되었다. 패턴형 (Pattern running) 어뢰는 어뢰가 표적의 예상 위치에 도달했는데 표적을 타격하지 못한 경우 예상 표적 위치에서 일정한 패턴으로 기동하도록 설계되었다.[218]

선유도(Wire guided) 어뢰는 잠수함의 전투체계와 선(Wire)으로 연결되어 있어 어뢰의 침로와 속력과 심도의 3차원 기동을 잠수함의 전투체계에서 조종하여 표적이 침로와 속력과 심도를 변경하더라도 정확히 추적할 수 있으며 1960년대부터 개발됐다.[219]

추적(Homing) 방법에 따라서는 음향(Acoustic) 추적과 항적(Wake) 추적으로 구분된다. 음향추적은 함정에서 방사되는(Radiated) 소음을 수신하여 표적의 방향으로 접근하는 수동(Passive) 음향추적과 어뢰에서 직접 음파를 발산하여 표적에 반사되어 되돌아오는 음파를 분석하여 표적을 추적하는 능동(Active) 음향 추적이 있다. 항적 추적은 함정의 스크루에서 발생하는 항적(Wake)을 탐지하여 추적하는 방법이다.[220]

초기 어뢰는 신관이 작동하지 않아 폭발하지 않는 경우 등 다양한 문제가 발생하였다.[221] 심지어 독일 잠수함이 수송 선단의 상선을 향해 발사한 어뢰가 다른 독일 잠수함을 침몰시킨 경우도 있었으며,[222] 제2차 세계대전 초기 실전에 운용했던 미국 해군 어뢰의 약 3분의 1 정도가 불량품이었다고 한다.[223]

불량품 어뢰는 포클랜드 전쟁 시에도 있었다. 아르헨티나 잠수함에서 영국 항공모함에 발사한 최신 선유도 어뢰가 불발되었다. 당시 아르헨티나 순양함을 침몰시킨 영국 잠수함에는 최신 선유도 어뢰와 제1차 세계대전에서 사용했던 구형 직주어뢰를 탑재하고 있었는데, 영국 잠수함 함장은 아르헨티나 순양함에 가까이 접근하여 구형 직주어뢰를 발사하여 침몰시켰다.[224] 당시 아르헨티나 해군은 순양함이 침몰하자 모든 함정을 항구로 철수시켰으며 포클랜드 전쟁이 종료될 때까지 출동시키지 않았다.[225]

어뢰는 수중의 많은 잡음을 식별하여 잠수함의 소음만을 추적해야 하며, 잠수함이 침로와 속력과 심도를 변경할 때 이를 감지하고 추적해야 하므로 정교한 성능이 요구된다.[226] 따라서 어뢰가 정교하고 기능이 복잡하고 사정거리가 길수록 실패할 가능성이 높으므로 어뢰 개발 시 세밀한 시험평가가 요구된다. 예를 들어 독일의 경우 1960년대 선유도 어뢰 개발 시 2,000회 이상의 해상 시험을 실시하였다.[227]

일본 해군의 경우는 제2차 세계대전 시 어뢰에 대량의 폭탄을 탑재하고 1명이 탑승해 적 수상함으로 돌진해 폭발하는 자살 어뢰를 개발해 카이텐(Kaiten, 回天)이라 명명했다.[228] 일본군은 카이텐으로 미국 함정 50여 척을 격침했다고 주장했지만, 미국은 유조선 2척, 상선 1척이 카이텐에 의해 침몰했다고 기록하고 있다.[229]

제1차 세계대전 때 사용된 어뢰는 발사된 방향으로 직진하는 직주어뢰였으며 군함에 직접 충격해 폭발하는 접촉신관을 사용했다. 어뢰에 피격된 군함은 수면 하에 있는 선체에 큰 파공이 발생하여 많은 해수가 유입되어 침몰할 수 있지만, 천안함의 경우처럼 두 동강으로 절단되지는 않는다.

군함을 두 동강으로 절단하는 어뢰가 개발된 것은 제2차 세계대전 때였다. 어뢰 1발에 의해 수면 하에 군함이 침몰하자 각국 해군은 군함 하부의 철갑을 강화하여 어뢰에 피격되어도 침몰하지 않았다. 이에 어뢰 개발자들은 대책을 연구하기 시작하였고 근접 신관을 개발하였다.[230] 어뢰를 함정에 직접 타격하지 않고 군함 선저로부터 수 미터 아래에서 통과하게 하는 것이다. 근접 신관을 설치한 어뢰는 군함의 선체에서 발생하는 자기장을 감지하고 어뢰가 군함 하부 중앙을 통과할 때 자기장은 최대가 되었다가 감소하는 순간 어뢰가 폭발하는 것이다. 이때 수중에서 폭발하는 어뢰에 의해 발생하는 버블제트 효과(Bubble Jet Effect)로 인해 수직 방향으로 급속히 진행하는 날카로운 진공 칼로 인해 군함은 밑바닥으로부터 상부 갑판까지 두 동강으로 절단되면서 순식간에 침몰하는 것이다.[231] 통상 잠수함에서 보유하고 있는 중(重)어뢰에 탑재된 250kg 정도의 폭약이면 10,000톤급 군함은 어뢰 1발에 두 동강으로 절단되어 침몰한다.

버블제트 효과(Bubble Jet Effect)란 어뢰가 수중에서 폭발하면 순간적으로 공 같은 형태의 진공(Bubble)이 발생하며, 이 진공은 주위에 있는 해양의 거대한 압력에 의해 순간적으로 압축이 되면서 진공은 날카로운 진공 칼로 변한다. 이 진공 칼은 수직 방향으로 빠른 속도로 진행하며 군함은 두 동강으로 절단된다.

1999년 3월 25일 서태평양의 섬 괌 근해 해상에서 실시한 미국 해군의 실전 무기 성능시험에 참가한 한국 해군의 잠수함인 이천함이 발사한 어뢰 1발에 제2차 세계대전 시 미국 해군의 기함(旗艦)이었던 12,000톤급 퇴역 순양함 오클라호마시티(Oklahoma City) 함이 두 동강

으로 절단되어 침몰하였다.²³²

당시 미 해군은 여러 실전 무기를 발사하는 시험을 하기 위해 제2차 세계대전에 참가했고 종전 후에는 태평양함대 기함의 임무를 수행하다 1977년 퇴역한 1만 톤급 순양함 '오클라호마 시티(Oklahoma City)' 함을 표적함으로 선정했다. 그리고 서태평양 해상의 일정 해역을 해상무기 시험 구역으로 지정하고 해양오염 방지 및 안전을 위한 제반 조처를 했다. 우리 해군은 이 사실을 알고 한국 해군의 잠수함이 실전 어뢰 발사 시험을 할 수 있도록 요청했고, 미 해군이 이를 받아들여 우리 잠수함이 참가하게 됐다.

해상무기 발사 시험의 시나리오는 미 공군 전술기가 공대함 유도탄 발사를 먼저 하고 두 번째로 우리 잠수함이 어뢰 발사를 한 후, 미 해군의 수상함과 항공기가 유도탄을 발사하여 표적함을 크게 파손시킨 다음 마지막으로 미 잠수함에서 어뢰를 발사해 태평양의 깊은 해저에 가라앉게 한다는 계획이었다.

그런데 우리 잠수함에서 발사한 어뢰에 의해 표적함이 두 동강으로 절단되면서 순식간에 침몰해 버렸다. 이 사실은 다음날 주한미군의 성조지에 'ONE SHOT! ONE HIT! ONE SUNK!(1발 발사! 1발에 명중! 1발에 침몰!)'라는 제목으로 크게 장식됐다. 우리로서는 성공적인 결과였지만 미 해군에게는 여간 미안스러운 일이 아닐 수 없었다. 왜냐하면 우리 때문에 미국 잠수함의 어뢰 발사 시험을 못 하게 됐기 때문이다.

필자는 천안함 폭침 시 방송에 출연하여 천안함 침몰 원인에 대해 설명한 적이 있다. 천안함은 2010년 3월 26일 오후 9시 22분, 7노트(시속 13km)의 속력으로 항해하던 중 갑자기 '쾅' 하는 폭발음과 함께 위로 솟구쳤고, 이 충격으로 함장이 책상 밑에 깔렸다가 승조원의 도움으로 빠져나와 함교에 올라가서 보니 함미가 절단돼 물속으로 사라지고 말

왔다. 1,200톤이나 되는 초계함이 갑자기 두 동강으로 절단될 수 있을까? 당시 국민은 물론 많은 전문가도 어뢰 1발에 군함이 두 동강으로 절단돼 침몰됐다는 사실을 믿지 못했으며 상상조차 하지 못했다. 그러나 한국 해군의 잠수함 승조원들은 이러한 사례를 이미 경험하고 있었다. 1999년 한국 해군의 잠수함이 미국 해군의 해상무기 발사 시험에 참가, 1만 톤이 넘는 미국 순양함을 어뢰 1발로 침몰시킨 것이다.

천안함 피격 사건 발생 이후 천안함 침몰의 원인이 좌초, 피로파괴 또는 내부 폭발 등에 의한 침몰이라는 글들이 인터넷을 통해 홍수처럼 쏟아져 나왔다. 심지어 북한 지상포에 의해 침몰되었다는 글도 있었고, 미국 잠수함이 발사한 어뢰에 의해 침몰되었다는 글도 있었다. 이 글들은 구체적이고 정교하게 묘사되어 논리적으로 보였지만 모두 사실이 아니었고 대부분 북한의 전문 요원들이 작성한 글들이었다.

천안함은 선저로부터 상부 갑판까지의 높이가 35m이며 수 개의 갑판과 많은 격실로 구성되어 있으며 이 갑판들은 단단한 철제로 만들어졌다. 이러한 군함이 밑바닥으로부터 상부 갑판까지 두 동강으로 절단되는 것은 중어뢰의 근접 신관에 의한 수중 폭발 시 발생하는 버블제트 효과(Bubble Jet Effect) 이외에는 발생할 수가 없으며 역사 상 사례도 없다.[233]

6.
기뢰의 탄생과 변천

　기뢰(Mine)는 수중에 설치하여 수상 함선과 접근 또는 접촉했을 때, 자동 또는 원격 조작으로 폭발하는 수중 병기이다.[234] 특정 해역을 봉쇄할 수 있어 기뢰는 전략 무기로도 분류되며 해운과 해군의 비중이 높은 국가의 연안에 기뢰가 부설되면 치명적인 피해를 보게 된다.[235]

　기뢰(Mine)의 시초는 14세기 중국에서 화약통을 띄워 적선을 공격한 사례이며, 현대 기뢰의 시초는 크림전쟁(1853~1856) 중 러시아가 흑해 방어에 사용한 사례이다.[236] 당시 러시아는 나무통 또는 금속통 내부에 화약과 단순 기폭장치를 장착하여 물 표면이나 수중에 부유시켜 적 함정이 접촉하면 폭발하도록 하여 흑해 세바스토폴 앞바다, 발트해 크론슈타트 및 리가만 등에 설치하여 영국·프랑스 군함의 접근을 제한하고 공세 작전을 지연시켰다.[237] 이후 미국 남북전쟁, 러일전쟁, 제1차·제2차 세계대전에서 대규모 기뢰전으로 발전하였다.[238]

　기뢰의 종류는 수면이나 얕은 수심에서 부유하는 부유기뢰(Floating Mine)와 해저에 고정되어 특정 수심에 위치하게 하는 계류기뢰(Moored

Mine)와 해저에 설치하는 해저기뢰(Bottom Mine)가 있다.[239]

기뢰의 작동 · 폭발 방식은

① 기뢰 외부에 돌출된 뿔형 접촉 기폭장치(Hertz Horn)를 장착하여 함선이 기뢰와 물리적으로 접촉 시 뿔이 부러지면서 내부의 산-알칼리 암풀(ampoule)이 깨지고 전기 회로가 연결되어 폭발하는 접촉식 기뢰(Contact Mine),[240]

② 함정이 발생시키는 자기장(철체, 강자성체 등)을 기뢰에 장착된 자기 코일(감지 코일)이 전류 변화를 감지하여 기폭기를 작동하는 자기 감응식 기뢰(Magnetic Mine),[241]

③ 함정의 프로펠러, 엔진 소음을 감지하여 폭발하는 음향감응식 기뢰(Acoustic Mine),[242]

④ 함정이 통과할 때 발생하는 수압 변화(압력파)를 감지해 폭발하는 수압감응식 기뢰(Pressure Mine),[243]

⑤ 자기 + 음향 + 수압 센서를 복합하여 감지하여 폭발하는 복합 감응식 기뢰(Combined Influence Mine)[244]가 있다.

에필로그

무장은 군함의 존재 이유이자 본질이다. 기원전 2,900년경 등장한 25m 길이의 노선 '바이레메(Bireme)'와 길이 40m의 '갤리(Galley)'는 충각(Ram)과 무장 병사들을 주요 무장으로 삼았으며, 당시의 해전 양상은 전적으로 백병전에 의존하였다.

15세기 초 화약의 발명과 함께 군함에 화포, 즉 함포를 탑재하는 혁신이 이루어지면서 해전의 양상은 크게 변천하였다. 백병전에 돌입하기 전 함포를 통해 적함을 먼저 타격하는 전술이 가능해지면서, 해전은 포격전과 백병전이 혼재하는 양상으로 변천하였다.

초기 함포는 사석포(Bombard)로서, 석재를 포탄으로 사용·하여 적함의 목재 갑판과 노 젓는 공간을 파괴함으로써 추진력과 전투력을 약화하는 데 효과적이었다. 이후 하나의 포탄이 다수의 작은 철구로 분열하는 둥근 철환(Iron Shot)이 개발되어, 노잡이·궁수·석궁병·지휘관 등 노출된 병력에게 큰 피해를 주는 데 활용되었다.

19세기 초에는 화학 폭약을 내장한 작열탄(Incendiary Shell)이 개발되었고, 이를 발사하기 위한 활강포 형태의 파익상 포(Paixhans gun)가 등장함으로써 목재 군함에 치명적인 피해를 줄 수 있게 되었다.

20세기 초에는 무연화약(Smokeless Powder)의 개발로 포구 속도가 700~900m/s까지 증가하면서, 기존의 흑색화약보다 월등한 사거리와 관통력, 명중률을 구현할 수 있게 되었다. 이어서 장갑을 관통하는 철갑탄(AP, Armor Piercing Shell)과 폭발 시 금속 파편을 넓게 확산시키는 고폭탄(HE, High-Explosive Shell)이 실용화되었다. 항공기 요격을 위해 시한 신관(Time Fuze)과 근접 신관(Proximity Fuze, 또는 VT(Variable Time) Fuze)이 개발되어 고폭탄에 탑재되기도 했다.

제2차 세계대전기에 등장한 전함들은 대구경 함포를 중심으로 화력을 집중하였으며, 당시 함포가 발사하는 포탄 한 발은 현대의 하푼(Harpoon)이나 엑조세(Exocet) 같은 유도탄과 맞먹는 폭발력을 보유하고 있었다.

제2차 세계대전 이후 유도탄의 출현은 함포의 역할을 대체하기 시작했으나, 현대 전투함에는 여전히 중구경 및 소구경의 자동화 함포가 탑재되어 근접 방어 및 항공기 요격 임무를 수행하고 있다. 이들 자동화 함포는 분당 수백 발에서 수천 발을 발사할 수 있으며, 명중률이 크게 향상되었고, 사격 또한 운용 요원 없이 원격 통제 또는 완전 자동화 방식으로 수행되는 수준에 이르렀다.

이처럼 함포와 포탄은 시대의 기술 진보에 따라 끊임없이 변천해 왔으며, 전쟁 양상의 변화에 발맞추어 군함의 본질적 전투력을 구현하는 핵심 요소로 그 자리를 지켜왔다.

3장

유도탄의 탄생 및 변천

1.
유도탄의 탄생

　제2차 세계대전 이후 각국은 포탄의 발전과 함께 유도탄 개발에 박차를 가했다.[245] 유도탄은 발사 후 자력으로 비행하면서 유도 시스템을 통해 표적을 탐지·추적·타격하는 현대 무기의 총아(寵兒)다. 수십m 거리에서 탱크를 타격하는 대전차 유도탄부터, 핵탄두를 탑재해 1만 km 이상을 비행하는 대륙간탄도유도탄(ICBM: Intercontinental Ballistic Missile)까지 다양한 종류의 유도탄이 개발되었고,[246] 유도탄은 지상 발사대뿐 아니라 함정, 항공기, 잠수함에서도 발사 가능하도록 기술이 발전해 왔다.[247]

　이 가운데 해상 표적을 타격하는 유도탄을 대함유도탄(ASM: Anti-Ship Missile)이라고 한다.[248] 제2차 세계대전 이후 대함유도탄 개발의 선두 주자는 소련이었다.[249] 소련은 미국 해군의 강력한 대양 해군력에 기반을 둔 해양통제 전략에 대응하여 해양 거부 전략을 채택하고, 미국 해군의 근해 접근을 차단할 무기체계 개발에 집중하였다.[250] 대함유도탄은 육상·함정·항공기 등 다양한 플랫폼에서 쉽게 운용이 가

능하며, 1발로도 대형 함정에 큰 피해를 줄 수 있어 해양 거부 전략의 핵심 무기다.[251]

1959년 소련이 실용화한 스틱스(Styx) 유도탄은 마하 0.9의 속도로 최대 사거리 46㎞(개량형은 80㎞)를 자랑하며, 자체 레이다와 적외선 추적기를 통해 표적을 추적·타격하였다.[252] 북한, 쿠바, 터키 등 20여 개국에 수출되었으며, 북한은 호위함 및 고속정 40여 척에 스틱스 유도탄을 탑재하고 있다.[253]

유도탄의 유도 방식은 다음과 같다.

- 유도탄 장착 레이다가 전파를 발사하여 표적을 탐지·추적하는 방식
- 표적의 레이다 전파를 추적해 돌진하는 방식
- 목표물에 빔을 송신해 빔을 따라 돌진하는 방식
- 목표의 열을 추적하는 적외선 방식
- 관성항법장치(INS) 및 GPS를 활용해 항법 유도하는 방식
- TV·적외선 카메라로 표적을 찾아가는 방식
- 지형·목표물 데이터 기반 유도 방식
- 유도탄에 와이어를 연결해 수동 조종하는 방식

최근에는 초음속 및 극초음속 유도탄 개발이 활발히 진행되고 있으며, 중국은 마하 10의 속도를 자랑하는 지상 발사형 대함탄도유도탄을 개발하였다.

2.
군함 탑재 대함유도탄
(ASM: Anti-Ship Missile)

대함유도탄을 개발한 국가는 미국, 소련(러시아), 중국, 프랑스, 영국, 이탈리아, 스웨덴, 독일, 노르웨이, 한국 등으로, 주요 사례는 다음과 같다.

- 미국 RGM-84 Harpoon (1978 배치, 마하 0.85, 사거리 82~220km). 한국, 일본, 영국 등 다수 국가에서 도입.
- 소련 스틱스 Styx (P-15 Termit) (1959 배치, 마하 0.9, 사거리 40~74km). 중국, 북한 등 다수 국가에서 도입.
- 프랑스 엑소셋 Exocet (1974 배치, 마하 0.93, 사거리 MM38 42km, MM40 70km, AM39 50~70km). 30개국 이상 다수 국가에서 도입
- 영국 Sea Eagle (1985 배치, 마하 0.85, 사거리 100km). 인도, 사우디아라비아에서 도입
- 이탈리아 OTO Melara MK2 (1977 배치, 마하 0.9, 사거리 180km), 이집트, 리비아 등 다수 국가에서 도입
- 스웨덴 RBS-15Bofors (1985 배치, 마하 0.8, 사거리 70km). 독일, 폴란

드 등 다수 국가에서 도입

- 독일 Kormoran (1977 배치, 마하 0.95, 사거리 40km).
- 노르웨이 NSM (Naval Strike Missile) (2012 배치, 아음속, 사거리 185 km).
- 중국 YJ-18 (2010년대 배치, 아음속 → 종말 단계 마하 3, 사거리 540km).
- 러시아-인도 P-800 Oniks (BrahMos) (2002 배치, 마하 2.8, 사거리 300 km 이상).
- 한국 해성 (Haeseong) (2003 배치, 마하 0.85, 사거리 200km).

3.
군함 탑재 대공유도탄
(SAM: Surface-to-Air Missile)

미국, 러시아, 영국, 프랑스, 이탈리아, 중국, 이스라엘, 인도, 한국 등이 개발·운용 중이다.

- 미국 SM-2 (1977 배치, 마하 3.5, 사거리 170km).
- 미국 SM-6 (2013 배치, 마하 3.5, 사거리 400km).
- 미국 Sea Sparrow (1958 배치, 마하 4.0, 사거리 48~96km).
- 영국 Sea Dart (1979 배치, 마하 2.0, 사거리 80km).
- 영국 Sea Wolf (1968 배치, 마하 3.0, 사거리 5.6km).
- 프랑스-이탈리아 Aster 15/30 (2001 배치, 마하 3~4.5, 사거리 15km(Aster15), 120km(Aster30)).
- 중국 HHQ-9 (2000년대 배치, 마하 4.2~6, 사거리 120km).
- 이스라엘-인도 Barak-8 (2017 배치, 마하 2, 사거리 150km).
- 한국 해궁 (SAAM-400K) (개발 중, 마하 2 이상, 사거리 20km).

4. 군함 탑재 대지유도탄
(LACM: Land Attack Cruise Missile) 3

미국, 중국, 러시아, 한국 등이 개발 중·운용 중이다.

- 미국 Tomahawk (1983 배치, 마하 0.72, 사거리 460~1,300㎞).
- 중국 CJ-10 (DF-10) (2000년대 배치, 아음속, 사거리 2,000㎞).
- 러시아 Kalibr 3M-14K (2010년대 배치, 아음속, 사거리 2,500㎞).
- 한국 현무-3 (개발 진행 중, 마하 1.25, 사거리 1,500㎞).

5.
군함 탑재 대잠유도무기

미국, 러시아, 중국, 일본, 한국, 호주 등이 개발·운용 중이다.

- 미국 ASROC (1983 배치, 어뢰 로켓, 사거리 22㎞).
- 러시아 RPK-6 Vodopad / RPK-8 (1990년대 배치, 어뢰 로켓, 사거리 100㎞).
- 중국 CY-5 (2000년대 배치, 어뢰 로켓, 사거리 50㎞ 이상).
- 일본 Type 07 ASROC (2000년대 배치, 사거리 30㎞).
- 한국 홍상어 (2010년대 배치, ASROC 기반).
- 호주 Ikara (1964 배치, 마하 0.75, 사거리 18㎞).

6.
군함 탑재 탄도탄 요격유도탄
(ABM: Anti-Ballistic Missile)

미국과 일본이 공동 개발하여 운용 중이고, 한국은 운용 예정이며 중국은 개발 중이다.

- 미국 SM-3 Block IIA (2005 첫 요격 시험 성공, 마하 13.2, 요격고도 150~500km, 사거리 2,500km).
- 미국 SM-6 ABM (2014 배치, 마하 3.5, 사거리 400km, 항공기 요격, 순항 유도탄 요격, 해상표적 타격, 일부 탄도탄 종말단계 요격하는 다목적 유도탄)
- 미국 LRDR + SM-6 극초음속 요격체계 (현재 개발 중).
- 중국 HHQ-26 (추정) (개발 중, 사거리 약 150km 추정).

에필로그

제2차 세계대전 이후, 세계 각국은 유도탄 개발에 박차를 가하였다. 수십 미터 거리에서 전차를 파괴하는 대전차 유도탄에서부터, 핵탄두를 탑재해 1만 미터 이상을 비행할 수 있는 대륙간 탄도 유도탄(ICBM)까지 다양한 형태의 유도탄이 개발되었고, 현대 전장의 판도를 바꾸는 핵심 전력으로 자리 잡았다.

해상 표적을 타격하는 대함 유도탄 분야에서는 소련이 가장 먼저 앞서 나갔다. 미국 해군의 해양통제(Sea Control) 전략에 대응해 소련은 해양 거부(Anti-Access/Area Denial) 전략을 채택하고, 미 해군의 근접 접근을 차단할 수 있는 유도무기 개발에 집중하였다. 그 결과 1959년, 실전 배치된 P-15 스틱스(Styx) 유도탄은 세계 최초의 실용 대함 유도탄으로 평가받으며, 북한, 쿠바, 이집트, 터키 등 20여 개국에 수출되었다.

이후 미국, 소련(현 러시아), 중국, 프랑스, 영국, 이탈리아, 스웨덴, 독일, 노르웨이, 한국 등 주요 국가들이 자체적으로 대함 유도탄을 개발하며 해상 전투력 강화에 나섰고, 다음과 같은 대표적인 대함 유도탄들이 다수 국가에 수출되어 운용되었다.

- 미국 하푼(Harpoon): 1978년 배치, 아음속(마하 0.85), 사거리 82~220㎞
- 소련 스틱스(Styx): 1959년 배치, 아음속(마하 0.9), 사거리 40~74㎞
- 프랑스 엑조세(Exocet): 1974년 배치, 아음속(마하 0.93), 사거리 40~70㎞

대공유도탄은 적 항공기나 미사일의 위협으로부터 군함을 방어하는 무기체계로, 미국, 러시아, 영국, 프랑스, 이탈리아, 중국, 이스라엘, 인도, 한국 등 여러 나라가 독자개발에 성공하였다. 다음은 각국 해군이 운용한 대표적인 함대공유도탄이다.

- 미국 SM-2: 1977년 배치, 마하 3.5, 사거리 170㎞
- 미국 SM-6: 2013년 배치, 마하 3.5, 사거리 400㎞
- 미국 Sea Sparrow: 1958년 배치, 마하 4.0, 사거리 48~96㎞
- 영국 Sea Dart: 1979년 배치, 마하 2.0, 사거리 80㎞
- 영국 Sea Wolf: 1968년 배치, 마하 3.0, 사거리 5.6㎞
- 프랑스-이탈리아 Aster 15/30: 2001년 배치, 마하 3~4.5, 사거리 15㎞(Aster 15), 120㎞(Aster 30)
- 중국 HHQ-9: 2000년대 배치, 마하 4.2~6, 사거리 120㎞
- 한국 해궁 2021년 배치, 사거리 20㎞
- 한국 천궁 중거리 대공 유도탄 개발 중

대지 유도탄은 해상에서 육상 목표를 정밀 타격할 수 있는 장거리 공격수단으로, 미국, 중국, 러시아, 한국 등이 자체 개발하여 전력화하였다. 특히 순항미사일 기반 대지공격 무기는 저고도 비행과 정밀유도 기술을 활용해 전략적 억지 수단으로 활용되고 있다. 다음은 각국 해군이 운용한 대표적인 함대지 유도탄이다.
- 미국 토마호크(Tomahawk): 1983년 배치, 마하 0.72, 사거리 460~1,300㎞
- 중국 CJ-10(DF-10): 2000년대 배치, 아음속, 사거리 2,000㎞
- 러시아 칼리브르(Kalibr) 3M-14K: 2010년대 배치, 아음속, 사거리 2,500㎞
- 한국 현무-3: 개발 진행 중, 마하 1.25, 사거리 1,500㎞

탄도탄요격 유도탄은 탄도미사일로부터 자국 함대 또는 본토를 방어하기 위한 고난도 기술이 집약된 체계이다. 현재 미국과 중국이 해상 기반 탄도미사일 요격 능력을 개발 및 운용 중이며, 극초음속 미사일에 대응하는 체계도 활발히 연구되고 있다. 다음은 각국 해군이 운용한 대표적인 탄도탄 요격 유도탄이다.
- 미국 SM-3 ABM, 2004년 배치, 마하 10 이상, 사거리 2,500㎞ 이상, 2020년 미국, 일본 공동으로 Block ⅡA 개발 완료
- 미국 극초음속 요격체계(LRDR + SM-6): 개발 중
- 중국 HHQ-26(추정): 개발 중, 사거리 약 150㎞로 평가

4장

레이다의 탄생 및 변천

I.
레이다의 탄생

레이다(RADAR: RAdio Detection And Ranging)는 전자파를 표적으로 발사하여 반사되어 돌아오는 신호를 수신·분석하여 표적의 방향, 거리, 속도, 고도를 측정하는 항해 및 군사용 필수 체계이다.[254]

1886년 독일에서 하인리히 헤르츠가 전자파의 금속 반사를 실험으로 증명한 것이 레이다의 시초이며, 1904년 크리스티안 휼스마이어가 최초로 선박 충돌 방지용 무선 탐지 장치를 특허 출원하였다.[255]

1930년대에 영국, 미국, 독일, 소련, 일본 등이 군용 레이다 개발에 착수했으며, 1935년 영국에서 로버트 왓슨 와트가 실질적인 군용 레이다 개발에 성공하여 항공기 탐지 시연을 수행하였다. 1937년 영국은 체인 홈(Chain Home)이라는 항공기 조기경보망을 구축하여 본토 방어 기반을 마련하였다.[256]

미국은 1930년대 후반 SCR-268(대공포 사격 관제), SCR-270(장거리 탐지) 레이다를 개발했으며, 진주만 공습 당시 SCR-270으로 일본기의 접근을 탐지했으나 이를 제대로 활용하지 못한 아쉬운 사례로 기록되었다.[257]

2.
제2차 세계대전 시 레이다 발전

　독일 잠수함은 이리떼(Wolfpack) 전술로 야간에 호송선단을 공격했으나, 영국이 항공기와 군함에 레이다를 장착하면서 야간에도 잠수함을 탐지·공격하여 막대한 피해를 주었다. 독일 잠수함 사령관 되니츠 제독은 전쟁이 끝날 때까지 이 피해의 주된 원인이 레이다라는 사실을 알지 못했다.[258]

　영국의 '체인 홈' 조기 경보망은 독일 공군의 공습을 조기에 탐지하여 영국 본토 방어에 결정적으로 기여했으며, 미국은 함정 및 항공기 탑재 레이다를 대량 생산해 해상 전투, 대공 방어 및 대잠 작전의 효율성을 극대화했다. 독일도 야간 전투 및 잠수함용 해상 레이다를 개발하며 대응했다.[259]

3.
레이다 고주파 발전 장치 개발

　1940년대에 전자기파를 발생시키는 고주파 발전 장치인 군용 고출력 마그네트론이 개발되어 기존 kHz~MHz 수준의 초단파 레이다에서 마이크로파(3GHz 대역) 고출력 전송이 가능해졌고 안테나 소형화, 고해상도 탐지, 야간 및 악천후 작전이 가능하게 되었다.[260]

　냉전기에는 장거리 탐지·추적 및 요격 유도용 레이다가 발전하여 지상 경보 및 요격 네트워크가 구축되었으며, 미국은 소련의 폭격기 및 미사일 위협에 대응하기 위해 NORAD, DEW 라인(극지방 방어 레이다망)을 구축하였다.[261]

　사격통제 및 미사일 유도용 레이다, 3차원 레이다, 기계적 회전 없이 전자빔 조향이 가능한 위상배열 레이다(PAR: Phased Array Radar)가 개발되었으며, 대표적으로 AN/SPY-1 레이다는 이지스 전투체계와 연동되어 함정의 전투 능력을 비약적으로 향상시켰다.[262]

4.
AESA 레이다 개발

　1990년대에 능동 전자주사식 위상배열(Active Electronically Scanned Array, AESA) 레이다의 시제품이 개발되었고, 1995년 F-22 랩터 전투기 탑재되었으며 1999년경 해상 적용이 개시되어 줌왈트급 구축함에 탑재되었다.[263]

　AESA(능동 전자주사식 위상배열) 레이다는 안테나 면에 수백~수천 개의 송수신 모듈(T/R Module)이 개별 전자제어로 빔을 형성 및 방향을 전환하여 기계적 회전 없이 전자적으로 초고속 탐색 및 추적 가능하고 수동 전자주사식 위상배열(Passive Electronically Scanned Array, PESA) 레이다에 비해 동시 다중 표적 탐지·추적, ECCM(전자전 대응), 신뢰성·생존성·유지보수성이 우수하다.[264]

　한국 해군도 장보고-III 잠수함의 AESA 레이다, 한국형 전투기 KF-21의 AESA 레이다를 자체 개발하며 관련 기술을 축적하고 있다.[265]

　또한 VHF/UHF 대역 멀티스태틱(Multi-Static) 레이다, 수동 레이다

(Passive Radar)가 개발되어 피탐지 감소 및 스텔스 표적 탐지가 시도되고 있으며, 네트워크 중심전(NCW; Network Centric Warfare)과 연동하여 공중·해상·지상·우주 기반 센서를 융합해 공유 상황 인식(Shared Situational Awareness) 제공이 가능해졌다.[266]

현재는 양자 얽힘을 활용한 스텔스 탐지 및 재밍 방어가 가능한 양자 레이다(Quantum Radar), 다중 표적 식별 및 추적, 오경보 감소를 위한 AI 기반 레이다 신호처리 기술도 개발 중이다.[267]

레이다는 제2차 세계대전 중 공습 조기경보 및 해상 전투의 게임체인저 역할을 수행하였으며, 냉전기에는 전략경보 체계 및 요격·미사일 방어의 핵심으로 작용해 핵 억지력 유지에 기여하였다. 현재는 네트워크 기반 해양·공중 통제 및 미사일 방어의 핵심 자산으로서 해상 및 항공 작전에서 전투체계와 결합해 현대 전력의 눈 역할을 수행하고 있다.[268]

스텔스 기술과의 '탐지-은폐 경쟁'은 현재도 지속 중이며, 레이다는 앞으로도 전쟁 억지와 전장 우위를 확보하기 위한 국가 안보의 핵심 기술로 발전해 나갈 것이다.[269]

PESA vs AESA 비교표는 전자주사식 위상배열 레이다의 기술적 특성을 비교한 자료이며, 다수의 국방 기술 연구기관 및 군사 레퍼런스를 기반으로 정리되었다.[270]

PESA vs ASEA 비교

구분	PESA (Passive Electronically Scanned Array)	AESA (Active Electronically Scanned Array)
구조	단일 송신기 + 다수 수동 위상배열 소자	각 소자가 송수신 모듈(TRM)로 독립 작동
빔조향	전자적으로 빠른 빔 조향 가능	전자적으로 더 빠르고 유연한 빔 조향 가능
송신기	단일 고출력 송신기 사용	다수의 저출력 송수신 모듈 사용
고장 영향	송신기 고장 시 전체 레이다 기능 상실	일부 모듈 고장 시 전체 기능 유지 가능
전자전 대응	상대적으로 취약	높은 ECCM(전자전 대응) 성능
다중 목표 추적	우수	더 우수, 동시에 다양한 주파수·목표 추적 가능
유지 보수	상대적으로 용이	모듈 단위 유지보수로 높은 신뢰성
가격	AESA보다 저렴	ESA보다 고가

에필로그

　레이다(RADAR: RAdio Detection And Ranging)는 전자파를 표적으로 발사한 후, 반사되어 돌아오는 신호를 수신·분석하여 표적의 방향, 거리, 속도, 고도 등을 측정하는 항해 및 군사용 필수 체계이다.
　1886년, 독일의 하인리히 헤르츠가 전자파의 금속 반사 현상을 실험으로 증명한 것이 레이다 기술의 기초가 되었으며, 1930년대에 들어 영국, 미국, 독일, 소련, 일본 등 주요 열강들이 군용 레이다 개발에 착수하였다.
　1935년, 영국이 실용적인 군용 레이다 개발에 성공하면서 레이다는 군사 기술의 핵심 분야로 급부상하였다.
　미국은 1930년대 후반, SCR-268(대공포 사격통제용), SCR-270(장거리 조기경보용) 등의 레이다를 개발하였다. 특히 진주만 공습 직전, SCR-270이 일본 항공기의 접근을 포착했음에도, 경보 전달 체계의 부재로 이를 제대로 활용하지 못한 사례는 레이다 운영체계의 중요성을 일깨워주는 대표적 사례로 남아 있다.

제2차 세계대전 중, 독일 해군의 잠수함은 야간 기습과 이리떼(Wolfpack) 전술을 통해 연합국의 호송선단을 공격하였다. 이에 대응해 영국은 군함과 항공기에 레이다를 장착하여, 야간 및 악천후에도 독일 잠수함을 효과적으로 탐지하고 격침할 수 있었다. 전후에야 독일 잠수함 사령관 되니츠 제독은 자신들이 입은 피해의 주요 원인이 레이다였음을 인지하게 되었다.

1940년대에는 고주파 마그네트론의 개발로 마이크로파(3GHz 대역)의 고출력 송신이 가능해졌고, 기존 kHz~MHz급 초단파 레이다보다 안테나를 소형화할 수 있었으며, 고해상도 탐지, 야간·악천후 작전도 가능해졌다.

냉전기에는 장거리 탐지와 요격 유도를 위한 레이다가 급속히 발전하였다. 미국은 소련의 폭격기와 미사일 위협에 대응하기 위해 NORAD(북미항공우주방위사령부)와 DEW 라인(조기경보 레이다망)을 구축하였으며, 지상에서 우주 공간까지를 감시·추적하는 통합 경보체계를 완성해 나갔다.

이와 함께 사격통제 레이다(Fire Control Radar), 3차원 탐색 레이다, 전자주사 방식의 위상배열 레이다(PAR: Phased Array Radar) 등이 실용화되었다.

그 대표적인 사례인 AN/SPY-1 레이다는 이지스 전투체계(Aegis Combat System)와 연동되어 해군 함정의 대공·대함·미사일 방어 능력을 획기적으로 향상했다.

1990년대에는 능동 전자주사식 위상배열 레이다(AESA: Active Electronically Scanned Array)가 개발되어, 1995년 F-22 랩터 전투기에 처음 실전 배치되었고, 1999년경에는 미국 해군의 줌왈트(Zumwalt)급 구축함에도 탑재되었다.

AESA 레이다는 안테나 면에 수백~수천 개의 송수신 모듈(TRM: Transmit/Receive Module)을 배열하여 개별 제어함으로써 기계적 회전 없이 초고속 전자빔 조향이 가능하며, 동시 다중 표적 탐지 및 추적, ECCM(전자전 대응 능력), 높은 신뢰성과 생존성, 유지 보수의 용이성 등에서 기존 PESA(Passive Electronically Scanned Array) 방식 레이다보다 훨씬 뛰어난 성능을 발휘한다.

한국도 이 분야에서 꾸준한 기술 자립을 이뤄내고 있다. 장보고-III 잠수함의 AESA 레이다 개발과 KF-21 한국형 전투기에 탑재되는 AESA 레이다는 국내 기술로 개발되었으며, 이를 통해 한국은 항공·해양·지상 방위체계에 필요한 고성능 센서 기술 기반을 다져가고 있다.

현재는 전통적인 레이다 기술을 뛰어넘는 차세대 개념들이 연구·개발되고 있다. 양자 얽힘을 기반으로 한 양자 레이다(Quantum Radar)는 스텔스기 탐지와 재밍 방어 가능성을 열어주며, AI 기반의 레이다 신호 처리 기술은 오경보를 줄이고 다중 표적을 실시간 분류·추적하는 차세대 자동화 탐지 능력을 확보하는 데 기여하고 있다.

이처럼 레이다는 단순한 탐지 기기를 넘어, 현대 전장의 감시, 탐지, 요격, 통제의 핵심을 이루는 탐지체계로 끊임없이 진화하고 있다.

5장

전투체계의 탄생 및 변천

전투체계는 군함에 탑재된 무장을 운용하는 체계이다. 노선 시대의 최초 무장은 적 노선을 들이받아 선체를 파손·침몰시키기 위해 노선의 선수에 설치한 충각(Ram)이었다.[271] 14세기 말~15세기 초, 범선에 돌덩이를 포탄으로 발사하는 사석포(Bombard)가 설치되면서 충각(Ram)이 사라졌다.[272] 19세기 초에는 작열탄을 발사할 수 있는 활강포 형태의 파익상 포(Paixhans gun)가 등장하여 전투 양식을 크게 바꿨다.[273]

19세기 범선 시대까지 함포 조준은 목측과 경험에 의존하여 포의 고저를 조절했고, 함의 롤링(좌우 흔들림)을 이용해 특정 각도에서 발사했다. 적함에 400~50m까지 근접하여 측면의 포문을 열고 일제히 순차 발사하는 일제사격(Broadside Fire) 방식이 표준이었다.[274]

I.
기계식 사격통제체계 개발

19세기 말부터 제1차 세계대전 종료 시까지 전함의 함포 사거리가 10km 이상으로 연장되면서, 자함과 표적(적함 및 항공기)의 위치, 속력, 침로, 방위를 기계적으로 입력해 표적의 상대 방위·속도를 계산하고, 이를 기반으로 탄도 계산 및 사격제원을 산출·전달하는 기계식 사격통제(FC; Fire Control) 체계가 개발되었다.[275]

이 체계는 기계식 거리측정기(Rangefinder), 수동식 탄도계산기(Fire Control Computer), 사격지휘탑(Fire Control Tower) 으로 구성되었다.[276]

기계식 거리측정기는 표적까지의 거리를 광학적으로 정확히 측정해 기계식 눈금으로 표시하고 이를 탄도계산기와 사격지휘탑에 전달하였다.

수동식 탄도계산기는 거리측정기 데이터를 기반으로 표적의 이동을 고려해 고각, 방위각, 선도각을 지속적으로 갱신하여 포탑 또는 사격지휘탑으로 전달하였다. 영국 해군의 드라이어 사격통제표(Dreyer Table), 미국 해군의 거리 유지판(Rangekeeper), 독일 해군의 기점판(Plotting Table) 등이 대표적이다.[277]

2.
제2차 세계대전 시 MK 37 사격통제체계

　1930년대 후반에 개발을 시작하여 제2차 세계대전 초반 완성된 MK 37 사격통제체계(GFCS: Gun Fire Control System)는 미국 해군의 전함, 순양함, 구축함에 탑재되었다.[278] 이는 기계식/전기식 아날로그 컴퓨터를 활용하여 고각, 방위각, 선도각을 자동으로 계산·전송하는 최초의 '전투체계'로 평가된다.[279]

　MK 37 체계는 다음과 같이 구성되었다.
- 기점실(Plotting Room)은 MK1/1A Rangekeeper 아날로그 탄도계산기를 통해 자함의 속력·침로·풍속과 표적의 거리·방위·속력을 바탕으로 탄도와 선도각을 자동 계산하여 포탑에 전달하였다.[280]
- 표적지시기(Gun Director)는 군함 상부 마스트/지시탑에 설치되어 광학 조준기 및 레이다와 연동하여 표적의 방위·고도·속도를 지속적으로 추적하여 기점실로 전달하였다.[281]
- 대공 사격지휘소(Air Defense Station)는 군함 상부에 설치되어 대공 표적을 초기에 탐지하고 추적·위협평가·사격을 지시하였다.

- 레이다(Mk 4, Mk 12/22)는 야간·악천후·연막 상황에서도 표적의 거리·방위를 탐지하여 사격제원을 제공하였다.[282]
- 표적지정 센터(Target Designation Center)는 표적 분류, 우선순위 지정, 사격 표적 배분을 하였다.
- 포탑(Gun Mount)은 기점실로부터 고각·방위각 데이터를 수신해 자동으로 포신을 조준하고 발사하였다.

미국 해군은 제2차 세계대전 중반부터 프레처(Fletcher)급 구축함에 전투정보실(CIC; Combat Information Center)을 최초로 설치하여 MK 37 사격통제체계와 연동하여 센서·통신·무장·전술 데이터를 통합 운영하였다.[283]

3.
이지스 전투체계의 개발과 변천

　제2차 세계대전 이후 고성능 레이다와 컴퓨터를 연동한 공중, 해상, 수중의 3차원 위협 대응 및 탄도탄 방어가 가능한 이지스(Aegis) 전투체계가 개발되었다.[284] '그리스 신화의 신의 방패'에서 이름을 딴 이 체계는 1983년 타이콘데로가급 순양함, 1991년 알레이버크급 구축함에 탑재되었다.[285]

전투체계 실무 경험

　필자는 1980년, 한국 해군이 최초로 건조한 호위함인 울산함의 전투 정보관(CIC Officer)으로 건조 사업에 참가하고 인수 요원으로서 포술장과 함께 네덜란드 Signaal사 에서 SEWACO(Sensor Weapon and Command) 전투체계 교육을 받았다.[286]

　SEWACO의 전술 자료 처리장비는 레이다와 연동되어 표적의 이동 방향·속력이 자동 계산되어 화면에 전시되었는데, 당시 한국 해군은 이들을 수동 계산하였다.

SEWACO와 연동된 Link 14 통신체계는 타자기와 연동되어 수신된 표적 정보가 자동으로 인쇄되어 출력되었고, 이를 전술 자료 처리장비에 입력하면 표적의 이동 정보가 자동으로 화면에 표시되었다.[287] 이는 수동 기록·계산 방식과 비교해 획기적인 개선이었다.

현재 한국 해군은 Link 11을 사용하여 표적 정보가 자동으로 전술 자료 처리장비에 입력되고, 표적의 이동 정보가 자동으로 전시된다. 추적 중인 표적 중 2개는 사격통제장비로 전달되어 사격통제레이다로 자동 추적·사격이 이루어지고, TV 추적 장비와도 연동되어 1개 표적을 추가로 추적하여 동시에 3개 표적에 대해 자동 추적 및 무장 발사가 가능했다.

전두환 대통령 울산함 사격 시범 참관 경험

울산함이 작전에 투입된 후 전두환 대통령이 진해에 있는 한국함대를 격려차 방문하고 거제도에 있는 대우조선소를 방문하는 일정이 있었다.[288] 한국함대 사령부는 전두환 대통령 앞에서 울산함의 최신 전투체계로 사격 시범을 하는 계획을 수립하였다.[289] 1986년 한국함대 사령부는 해군작전사령부로 개편하였다.[290]

울산함에 전두환 대통령이 승함하여 진해에서 거제도를 가는 항로상에서 한국함대 함정에 대해 해상사열을 하고 울산함이 실제 대공사격을 하는 시범이었다.

울산함의 대공사격 시범은 항공기가 표적을 예인하여 울산함 상공으로 접근하고 울산함에서 표적을 향해 실제 사격을 하는 것이었다. 항공기에서 예인하는 표적에는 미스 거리 측정기(Miss Distance Indicator: MDI)를 장착하여 울산함에서 사격하면 표적 주위를 지나가는 포탄까지의 거리를 측정하여 울산함 함교에 설치된 모니터에 명중률이 전시되었다.291 전두환 대통령과 이순자 여사는 울산함의 함교에 특별히 설치한 의자에 앉아서 사격의 명중률을 볼 수 있도록 하였고, 함교에는 각 군 참모총장을 비롯한 많은 고위급 인사들이 있었다.292

필자는 전투 정보관으로서 전술정보실에 있는 전술 자료처리 장비에 위치하여 표적을 예인하는 항공기를, 레이다를 추적하면서 항공기를 음성 통신으로 유도하고 있었다.

드디어 항공기가 인근 상공에 도착하였고, 레이다에 항공기와 표적이 탐지되었다. 필자는 항공기에 접근하라는 지시를 하였다.

사격하기 위해 사격통제레이다에서 표적을 탐지하여 추적을 시작하는데, 갑자기 함포의 포신이 심하게 흔들리기 시작하였다. 여태까지 한 번도 본 적이 없는 사고가 발생한 것이다. 이 상태에서는 사격할 수가 없었다. 무장관은 사격을 포기하였다. 필자는 함교에 있는 함장에게 보고하고 항공기를 돌려 다시 접근시키겠다고 하였다. 그리고 "조금 전 항공기 접근은 연습 접근이었다"라는 방송을 하였다. 항공기에게 다시 접근을 지시하고 유도하였다. 두 번째 접근 시에도 사격통제레이다를 작동하자 포신이 심하게 흔들리기 시작하였다. 이 상태에서 사격을 하면 보나마나 참담한 명중률이 대통령 앞에 있는 모니터에 전시될 것이 뻔했다. 무장관은 사격을 못 하겠다고 하였다. 함교에서는 난리가 났다. 해군 참모총장을 비롯한 고위 인사들은 대통령께서 참관하시는데 또다시 항공기를 돌리면 안 된다며 사격하라고 하였다.

함장에게 사격을 못 하겠다고 보고하고 항공기가 다시 접근하도록 유도하였다. "항공기 접근이 잘못되어 다시 접근한다"는 방송을 하였다.

세 번째 접근이었고 이제는 마지막이었다. 사격통제레이다로 표적을 추적하자 똑같은 현상이 발생하였다가 갑자기 흔들림이 멈추고 포신이 안정되었다. 함포에서 불을 뿜었다. 모두가 쌍안경으로 표적을 보고 있었는데 이순자 여사가 "아, 떨어지고 있어요."라고 크게 외쳤다. 표적이 명중되어 추락하는 광경을 이순자 여사가 제일 먼저 본 것이다. 모두가 환호하였다.

이게 어찌 된 일인가? 사격통제장비에서는 동시에 3개 표적에 대하여 사격을 할 수 있다. 2개 표적은 레이다 추적으로 1개 표적은 TV 추적으로 사격을 할 수 있다.[293] 연습 사격 시에는 항상 레이다 추적 시의 명중률이 높았기 때문에 이날도 레이다 추적을 하였는데, 심한 흔들림이 발생한 것이다. 마지막 세 번째에는 사격통제장비를 운용하는 부사관들의 책임자인 사통장이 계속 포신이 흔들리자 안 되겠다고 판단하여 임의로 TV 추적으로 변경하였는데, 갑자기 흔들림이 중단되고 안정을 찾은 것이었다.

왜 레이다 추적 시에는 포신이 흔들렸을까? 원인을 추적해 보니 전파간섭으로 인해 레이다 추적에 교란이 발생하였다. 행사 당일 울산함에 승함한 많은 경호원이 무선통신 장비를 사용하여 추적레이다와 전파간섭이 발생하여 레이다 추적에 교란이 발생하였고 포신이 흔들렸던 것이었다.[294]

4.
이지스 전투체계 개량

이지스 전투체계는 SEWACO를 뛰어넘는 성능을 보유하면서도 지속적으로 성능 개량 및 기술 진보를 이어가고 있다. 2024년 기준으로 Flight I, II, IIA, III로 개량 중이다.

세종대왕급 구축함: 이지스 Flight IIA.

정조대왕급 구축함: 이지스 Flight III.

Flight III의 SPY-6 AESA 레이다는 SPY-1 레이다 대비 탐지 정밀도가 30배 이상 향상되었으며, 극초음속 탄도 유도탄 요격 능력을 보유한다. 또한 오픈 아키텍처(Open Architecture)가 적용되어 차세대 무기(레이저, EMP) 탑재가 용이해 한국 해군의 전투체계 발전을 뒷받침하고 있다.

5.
한국형 전투체계 개발

　한국 해군은 1995년부터 미국의 해군 전술지휘통제체계(NTDS)를 도입하여 KDX-1(광개토대왕급) 및 초기 구축함에 운용하면서, 이를 기반으로 전술 상황도 구축, 표적 정보·센서 정보 통합, 함정 간 데이터 링크 및 공중/지상/해상을 연계란 통신을 하면서 해상 전투에서 전술 데이터 공유 및 합동/연합작전 수행을 위한 기반을 확보하여 한국 해군형 NTDS 현대화 및 표준화의 초석을 구축하였다.

　LIG넥스원, ADD(국방과학연구소)는 NTDS 운용을 통해 축적한 운용·유지 경험과 데이터 관리 노하우를 바탕으로 한국형 전투체계를 개발하여 KDX-II Batch-II, FFX Batch-II 이상 호위함에 탑재하여 적용하여 탐지-추적-식별-교전-사격통제-피격평가의 자동화 및 전술 상황도 구축 능력을 강화하고 있다.

에필로그

전투체계는 군함에 탑재된 무장을 운용하는 체계이다. 노선 시대의 최초 무장은 적 노선을 들이받아 선체를 파손·침몰시키기 위해 노선의 선수에 설치한 충각(Ram)이었다. 14세기 말~15세기 초, 범선에 돌덩이를 포탄으로 발사하는 사석포(Bombard)가 설치되면서 충각(Ram)이 사라졌다. 19세기 초에는 작열탄을 발사할 수 있는 활강포 형태의 파익상 포(Paixhans gun)가 등장하여 전투 양식을 크게 바꿨다.

19세기 말부터 제1차 세계대전 종료 시까지 전함의 함포 사거리가 10㎞ 이상으로 연장되면서, 자함과 표적(적함 및 항공기)의 위치, 속력, 침로, 방위를 기계적으로 입력해 표적의 상대 방위·속도를 계산하고, 이를 기반으로 탄도 계산 및 사격제원을 산출·전달하는 기계식 사격통제(FC; Fire Control) 체계가 개발되었다.

이 체계는 기계식 거리 측정기(Rangefinder), 수동식 탄도계산기(Fire Control Computer), 사격 지휘탑(Fire Control Tower)으로 구성되었다.

1930년대 후반에 개발을 시작하여 제2차 세계대전 초반 완성된 MK

37 사격통제체계(GFCS: Gun Fire Control System)는 미국 해군의 전함, 순양함, 구축함에 탑재되었다. 이는 기계식/전기식 아날로그 컴퓨터를 활용하여 고각, 방위각, 선도각을 자동으로 계산·전송하는 최초의 '전투체계'로 평가된다.

MK 37 체계는 기점실(Plotting Room), 표적지시기(Gun Director), 대공사격지휘소(Air Defense Station), 레이다(Mk 4, Mk 12/22), 표적 지정센터(Target Designation Center), 포탑(Gun Mount)으로 구성되었다.

미국 해군은 제2차 세계대전 중반부터 프레처(Fletcher)급 구축함에 전투정보실(CIC; Combat Information Center)을 최초로 설치하여 MK 37 사격통제체계와 연동하여 센서·통신·무장·전술 데이터를 통합 운영하였다.

제2차 세계대전 이후 고성능 레이다와 컴퓨터를 연동한 공중, 해상, 수중의 3차원 위협 대응 및 탄도탄 방어가 가능한 이지스(Aegis) 전투체계가 개발되었으며 '그리스 신화의 신의 방패'에서 이름을 딴 이 체계는 1983년 타이콘데로가급 순양함, 1991년 알레이버크급 구축함에 탑재되었다.

이지스 전투체계는 지속해서 성능 개량 및 기술 진보를 이어가고 있으며 2024년 기준으로 Flight I, II, IIA, III로 개량 중이고 세종대왕급 구축함은 Flight IIA, 정조대왕급 구축함은 이지스 Flight III를 탑재하고 있다.

한국 해군은 1995년부터 미국의 해군 전술지휘통제체계(NTDS)를 도입하여 KDX-1(광개토대왕급) 및 초기 구축함에 운용하면서, 이를 기반으로 한국 해군형 NTDS 현대화 및 표준화의 초석을 구축하고 한국형 전투체계를 개발하여 KDX-II Batch-II, FFX Batch-II 이상 호위함에 탑재하였다.

6장

역사를 바꾼 해전사와 승리 요인

1.
살라미스 해전
(Battle of Salamis)

　살라미스 해전(Battle of Salamis)은 역사에 기록된 최초의 대규모 해전이었다. 그리스를 침공한 페르시아 함대와 그리스 함대 사이에 일어났던 해전으로 그리스의 승리로 서구 문명의 토대를 이룬 역사가 꽃을 피웠다.

　기원전 499년 현재 터키의 서남부인 이오니아 지방의 도시 국가들이 페르시아 제국에 반기를 들었으며 그리스 도시 국가들이 지원하였다.[295]

　기원전 494년 페르시아의 왕 다리우스(Darius) 1세는 도시 국가들의 반란을 진압하고 페르시아를 전성기에 올려놓은 후 아테네를 병합하기 위한 원정을 계획하였다.

　기원전 492년 페르시아의 그리스에 대한 침공이 시작되었고 기원전 490년 마라톤 전투에서 아테네의 결정적인 승리로 끝났다.[296] 페르시아는 그리스에 대한 침공을 포기하지 않고 10년에 걸쳐 대규모 침공을 준비하였다.

기원전 480년 다리우스(Darius) 1세의 아들인 크세르크세스 1세는 약 18만 명의 병력과 1,300척에 달하는 갤리(Galley)로 구성된 대함대를 이끌고 다시 침공에 나섰다.[297]

해전의 전개

그리스 연합군은 육지에서는 테르모필레 전투에서 패배하였고, 아테네는 시민들은 대피하였으며, 아테네는 페르시아군에 점령되어 불에 타버렸다. 그러나 그리스에는 해상 전력이 남아 있었다. 아테네를 중심으로 한 그리스 함대는 약 500척의 갤리로 구성되어, 살라미스섬과 아티카 사이의 좁은 해협으로 철수하여 최후의 결전을 준비하였다.[298]

페르시아군은 전쟁 수행을 위한 해상 보급로를 확보하기 위해 그리스 함대를 반드시 섬멸해야만 하였다. 크세르크세스 1세는 함대를 살라미스 해협 동쪽 약 10km 지점의 펠레론 만(Phalerum Bay)에 진입시켰다. 이때 아테네의 지도자 테미스토클레스는 이중 첩자를 통해 페르시아군에 허위 정보를 흘렸다.[299] 그리스 함대가 곧 살라미스를 탈출할 예정이라는 정보였다. 이에 속은 크세르크세스 1세는 200척을 해협 서쪽 출구로 보내 탈출을 차단하고, 나머지 함대는 해협 동쪽에 진입하도록 하였고 이에 따라 기원전 480년 9월, 살라미스 해전이 시작되었다.

다음 날 새벽, 그리스 함대는 마치 도주하려는 듯 해협 동쪽으로 이동하였다. 페르시아 함대가 이를 추격하여 좁은 해협으로 진입하자, 그리스 갤리(Galley)들은 기민하게 역방향으로 회전하였다. 페르시아 갤리(Galley)로 전속으로 돌진하여 선수에 장착된 청동제 충각(Ram)으로 페르시아 갤리(Galley)를 정면으로 들이받았고 동시에 궁수들이 일

제히 화살을 퍼부으며 근접전에 돌입하였다.[300]

그리스 갤리(Galley)는 페르시아 갤리(Galley)보다 작고 기동성이 뛰어났으며, 노잡이들은 가족과 고향을 지키기 위해 사력을 다해 노를 저었다. 그리스 함대의 선두 갤리(Galley)들은 페르시아 함대 선두열의 갤리(Galley)들을 전속으로 충돌하여 격침했고, 뒤따르던 페르시아 갤리(Galley)들은 좁은 해협에서 서로 충돌하며 대혼란에 빠졌다. 두 번째, 세 번째 열의 갤리(Galley)들이 앞 열의 갤리(Galley)들을 덮쳐 함대 전체가 붕괴했고, 페르시아 함대의 전투력과 사기는 급격히 저하되었다. 결국 페르시아 함대는 괴멸적 패배를 당하였다.[301]

살라미스 해전(Battle of Salamis)의 패배로 페르시아 함대의 보급선인 해상교통로가 차단되자, 크세르크세스는 5만 명의 병력을 남기고 본국으로 철수하였다. 이듬해인 기원전 479년, 아테네 북서쪽 60여 km 지점의 플라타이아이(Plataea) 전투에서 페르시아의 잔여 지상군이 전멸당했고, 페르시아는 이후 더 이상 그리스를 침공하지 못하였다.[302]

살라미스 해전(Battle of Salamis)에서의 그리스 승리는 아테네의 황금기(Golden Age of Athens)를 가져왔고, 해상무역을 통해 번영을 구가하였으며 민주주의와 철학과 예술과 문학이 꽃을 피워 현대 서구 문명의 토대를 만들었으며 인류 문명의 방향을 바꿨다.[303]

살라미스 해전(Battle of Salamis)은 해상교통로가 전쟁의 승패를 좌우한다는 마한의 명언인 "Communications dominate war"를 실증한 대표적 사례가 되었다.[304]

승패 요인

① 해전 지형

살라미스 해협은 좁고 수심이 얕으며, 대규모 함대가 선회 및 기동

하기 어려워 페르시아의 대규모 갤리 기동은 좁은 해협에서 혼란과 충돌을 유발.[305]

② 전술·전법

테미스토클레스의 유인 전략으로 페르시아 대함대를 좁은 해협으로 끌어들이고, 그리스는 충각 돌격 및 기동성을 활용하여 적의 측면·선수를 타격하였음. 페르시아는 등선 백병전을 시도했지만, 좁은 해협에서 기동 불능으로 혼전 발생.[306]

③ 함선 성능 차이

그리스 트리리메는 가볍고 속도가 빠르며 선회력이 좋아 충각 공격에 최적화.

페르시아 갤리는 병력 수송과 등선 백병전에 유리하나, 좁은 해협에서는 무력화.[307]

그리스 갤리 vs 페르시아 갤리 비교

구분	그리스 갤리	페르시아 갤리
주력함	트리리메(Trireme)	이오니아·페니키아 갤리
길이	약 37m	유사하거나 다소 길고 무거움
폭	약 4~5m	유사
추진	노 + 돛	노 + 돛
핵심 전술	충각(Ram) 돌격, 기동전	백병전(등선 전투) 중심
기동성	기동력·선회력 우수, 속도 빠름	상대적으로 기동성 부족
방어	장갑 없음, 민첩한 회피 기동	무거움

2.
레판토 해전
(Battle of Lepanto)

1453년, 오스만 제국은 콘스탄티노플을 함락시키며 동로마 제국(비잔틴 제국)을 멸망시켰고, 시리아, 팔레스타인, 이집트, 북아프리카까지 점령하며 세력을 확장하였다. 발칸반도와 동유럽까지 진출한 오스만 제국은 지중해 동부를 장악한 뒤 서지중해로 영향력을 넓혀 나갔다.

1570년, 오스만 제국이 베네치아 공화국의 속령이었던 키프로스 섬을 침공하자, 이에 맞서기 위해 교황 비오 5세의 주도로 스페인, 베네치아, 교황령, 제노바, 사부아, 몰타 기사단 등이 연합한 신성 동맹이 결성되었다.[308]

당시 오스만 제국은 1538년 프레베자 해전(Battle of Preveza)에서 신성 동맹의 대함대(大艦隊)를 격파한 경험이 있었기에 자신감을 느끼고 있었다.[309]

1571년 10월, 그리스 코린트만 입구 인근의 레판토 해역에서 양측의 함대가 격돌하였다. 오스만 제국 함대는 갤리(Galley) 약 250척, 선원 50,000명, 보병 34,000명이었고, 이에 맞선 신성 동맹의 함대는 약 200

척의 갤리와 44,000명의 선원, 28,000명의 보병으로 구성되었다. 또한 베네치아는 신형 대형 범선인 갤리어스(Galleasses) 6척을 제공하였다.[310]

갤리어스는 기존 갤리보다 크고, 현측(side), 선수, 선미에 대형 함포를 장착한 강력한 함선이었다. 신성 동맹 함대에는 총 1,815문의 함포가 있었고, 오스만 함대는 750문이었다.[311]

해전의 전개

10월 7일 오전, 신성동맹은 중앙 전열 앞에 갤리어스 6척을 정박시켜 포진하였다. 이들은 오스만 함대가 돌진해 오자 강력한 포격을 퍼부어 70척 이상을 침몰 또는 무력화시키며 전열을 붕괴시켰다. 이는 신성 동맹의 반격 주도권 확보로 이어졌다.[312]

갤리어스는 접근 속도를 늦추고, 근접전에 돌입하려는 오스만 함대를 포격으로 혼란 상태에 빠뜨렸으며, 특히 오스만의 중앙 돌격 전술을 무력화하여 전투 양상을 전면적으로 바꾸었다.

오전 중, 오스만 제국 함대는 중앙 돌파를 시도했지만, 갤리어스의 포격으로 인해 70척 이상의 선박이 침몰 또는 무력화되었고, 전열이 흐트러지며 돌파 시도가 지연되었다. 이는 신성 동맹 함대가 반격의 주도권을 잡는 계기가 되었다.

갤리어스는 전열 앞에 배치되어 오스만 함대가 접근할 때 선제 포격을 가해 접근 속도를 늦추었으며 오스만 함대가 근접전을 시도하려 할 때 강력한 포격으로 혼란을 유발했고, 측방 및 전방에서 강력한 함포 사격을 통해 갤리의 접근을 저지하고 함선의 선체를 파괴하여 전열의 붕괴를 일으켰으며 오스만 함대 주력의 중앙 돌격 기동을 포격으로 차단하여 갤리의 근접 백병전 시도를 무력화하였다.

백병전과 지휘관들의 전투

양측 갤리는 모두 선수에 충각(Ram)을 장착하여 백병전에 최적화된 구조였다.

오스만 보병들은 얄디즈(곡검), 킬리크(장검), 창, 도끼, 곤봉, 단검, 활 등 다양한 냉병기를 사용하였고 신성 동맹 측은 화승총 및 머스킷총(과거 병사들이 쓰던 장총)으로 우위를 점했다.[313]

초반에는 신성 동맹의 함대가 화력 우세로 오스만 병력을 제압했으나, 전투는 곧 치열한 백병전으로 이어졌다.

오스만의 전대장 우르지 알리(Uluch Ali)는 중앙을 돌파해 신성 동맹 갤리 6척을 탈취하고 3척의 병력을 몰살시켰으며, 이 과정에서 베네치아 총독 바르바리고가 전사하고 성 요한 기사단 부기사단장 피에트로 귀스치니아니가 중상을 입었다.[314]

이후 치열한 백병전의 전세는 신성 동맹 쪽으로 기울었다. 오스만 총사령관 알리 파샤가 전사하고, 그의 머리가 창에 꽂혀 전장에 전시되자 오스만 군의 사기는 급격히 무너졌다. 오후 4시경, 해전은 신성 동맹의 결정적 승리로 끝났다.

전투 결과

오후 4시까지 계속된 해전은 신성 동맹 함대의 승리로 끝났으며 오스만 제국 함대의 갤리(Galley) 60척이 침몰하였고 다수의 함선이 탈취당했으며 30,000명이 사망하였으며, 신성 동맹 함대의 갤리(Galley) 12척이 침몰하였으며 7,700명이 사망하였다.

레판토만은 피로 물들었고, 지중해의 제해권은 신성 동맹에 일시적으로 넘어갔다.[315]

전투의 의의 및 영향

레판토 해전은 단순한 해상 전투를 넘어, 르네상스 시대 해전 전술의 전환점이었다. 특히 갤리어스의 화력 중심 전술은 기존의 백병전 위주 전투 개념을 종식했고, 이후 해전의 본질을 '기동·백병전'에서 '화포 중심의 원거리 전술'로 변화시키는 전환점이 되었다.[316]

이 승리로 기독교 세계는 오스만에 대한 정신적·도덕적 자신감을 회복했으며, 이후 오스만 및 북아프리카 해적 국가들의 위협은 크게 줄어들었다.

결론

레판토 해전은 기독교 연합 함대가 기술 혁신과 전술적 우위를 바탕으로 오스만 제국의 전력을 격파한 상징적인 승리였다. 특히 갤리어스의 역할은 전통적 해전 양상을 변화시키는 선례가 되었고, 해전의 향방을 결정짓는 핵심 전력이었다. 이 전투는 지중해 질서에 중대한 전환점을 남기며, 노선 시대의 기동 백병전 중심의 해전의 양상이 종언을 고하고 화포 화력 중심의 전쟁 양상으로 변하는 역사적 사건이었다.

신성 동맹 함대의 승리 요인은 기술적으로 신형 함선인 갤리어스(Galleass)의 강력한 선제 포격으로 오스만 함대의 접근과 중앙 돌격을 저지하는 혁신적인 역할을 수행하였고, 해전의 기존 전술인 '백병전'을 '화력 중심의 전술'로 변경하여 오스만 제국 함대의 전열을 혼란하게 만들어 해전의 전 단계에서 우위를 점하게 하였다.

갤리어스 vs 갤리 비교

구분	갤리어스(신성동맹)	갤리(오스만제국)
길이	46~50m	약 40~45m
폭	7~8m	약 5m
추진	노 + 돛 (3~4개의 큰 돛대)	노 + 돛 (2~3개의 돛대)
노잡이	300명 이상	약 150~200명
병력	300~400명(노잡이, 병사, 조총병 포함)	150~200명 (노잡이, 병사, 조총병 포함)
함포	선체 측면·전방·후방에 20~40문의 중·경량 화포	선수에 1~3문의 중구경 함포
특성	넓은 폭, 높은 갑판, 안정성, 높은 화포 배치 가능, 강력한 화력 제공, 기동성은 갤리보다 떨어지나 방어력·화력이 압도적	기동성 우수, 해상 돌격 및 등선 백병전에 최적화, 낮은 갑판과 가벼운 구조로 속도 빠름, 화력 부족, 낮은 갑판으로 화포 피격 시 쉽게 손상

3.
그라블린 해전
(Battle of Gravelines)

그라블린 해전(Battle of Gravelines)은 영국을 침공한 스페인의 무적함대(Armada Invencible)와 영국의 함대 간에 벌어진 해전으로, 그라블린 해전은 칼레 해전(Battle of Calais)이라고도 불린다.317

칼레(Calais) 프랑스 북부, 도버 해협과 가까운 항구 도시이며, 그라블린(Gravelines)은 칼레에서 서쪽으로 약 20㎞ 떨어진 해안 마을로 1588년 영국 함대와 스페인 무적함대 간의 결정적 전투가 벌어진 정확한 해전 장소이다.

영국 해군은 칼레에서 화공선(Fireship)으로 기습하여 스페인 함대를 흩어놓았고 결정적 해상의 함포전은 그라블린 해안 앞바다에서 벌어졌다.

1558년 엘리자베스 1세 여왕이 왕위에 오를 때 영국은 유럽의 강대국이 아니었다. 프랑스와의 백년전쟁에서 최종적으로 패배함에 따라 프랑스 북부에 있는 영국의 마지막 영토였던 칼레(Calais)마저 상실한 영국은 선조들이 수백 년 동안 가졌던 영토보다 작은 영토를 보유하고

있었다.[318]

이 시기 유럽의 대표적인 강국은 프랑스였고, 스페인은 레판토 해전(1571년)에서 오스만 제국을 격파한 무적함대를 보유하며 전 세계에 걸친 광대한 식민지를 보유한 강대한 제국(帝國)이었다.[319]

엘리자베스 1세는 국왕으로 즉위하자 바다의 중요성을 인식하고 해양을 통한 번영을 추구하였다. 엘리자베스 1세는 총신(寵臣)이자 시인이며 탐험가였던 월터 롤리(Walter Raleigh)의 "바다를 지배하는 자가 무역을 지배하고, 무역을 지배하는 자가 세계의 부를 지배하며, 결국 세계 자체를 지배한다(Whosoever commands the sea commands the trade; whosoever commands the trade of the world commands the riches of the world, and consequently the world itself)."라는 말에 공감하였다.[320]

엘리자베스 1세 여왕이 중상주의 정책을 펼 것이라는 풍문이 나돌자, 용기 있는 탐험가들이 나타났다. 이들은 새로운 항로 개척과 식민지 탐사를 위해 미지의 항해를 향해 돛을 올렸다.

- 윌로비(Willoughby)와 첸셀러(Chancellor)는 북동항로 개척을 위해,
- 호킨스(Hawkins)는 서인도제도를 향해,
- 드레이크(Drake)는 파나마로,
- 프로비셔(Frobisher)는 북서항로 개척을 위해,
- 길버트(Gilbert)는 뉴펀들랜드(Newfoundland)로
- 롤리(Raleigh)는 버지니아로 출항하였고
- 데이비스(Davis)는 프로비셔(Frobisher)가 개척한 항로를 따라 여러 차례 북극 항로를 탐사하였다.[321]

이들 가운데 특히 호킨스와 그의 사촌 드레이크는 스페인에 공포의 대상이었다. 사략선(私掠船) 선장이었던 호킨스는 신형 범선인 갤리온(Galleon)으로 카리브해의 제해권을 장악하고, 초기에는 스페인과 노예

무역을 벌이다가 이후에는 드레이크와 함께 스페인의 무역선과 해상 기지를 공격하여 막대한 부를 영국 왕실에 안겨주었다.[322]

1577년부터 1580년까지 드레이크는 '황금의 암사슴(Golden Hind)' 호를 타고 세계 일주에 성공하였다. 그는 항해 중 남아메리카와 인도네시아 등을 거치며 스페인의 금은보화를 탈취하여 귀국하였고, 엘리자베스 여왕은 직접 '황금의 암사슴(Golden Hind)' 호에 올라 선원 전원에게 기사 작위를 수여하였다.[323]

자기 자신을 「평범한 영국인」이라고 선언하기를 좋아했던 엘리자베스 1세 여왕은 해양과 해양력에 대한 통찰을 지닌 대영제국의 효시(嚆矢)였다. 당시 탐험가이자 작가였던 핵클루이트(Richard Hakluyt)는 "엘리자베스 1세 여왕 이전의 어느 왕 때 영국의 깃발을 카스피해에서 볼 수 있었던가? 언제 영국의 국민을 콘스탄티노플에서 본 적이 있는가? 언제 트리폴리, 알레포, 바빌론, 바스라에서 영국의 영사를 볼 수 있었는가? 언제 고아에서 영국인의 목소리를 들을 수 있었는가? 언제 영국의 배기 마젤란 해협을 지나간 적이 있는가? 언제 영국의 배가 태평양을 횡단했었는가? 어느 왕이 몰루카스의 여왕과 그리고 자바섬과 무역을 교류하였는가? 어느 왕 때에 영국의 배가 중국의 상품을 가득히 싣고 귀항하였는가?"라며 엘리자베스 1세 여왕을 칭송하였다.[324]

스페인의 펠리페 2세는 영국에게 드레이크의 체포 및 처형을 여러 차례 요청하였으나 영국의 엘리자베스 1세 여왕은 오히려 드레이크에게 기사 작위를 수여하였으며, 이는 사실상 국가 차원의 해적질이었다.[325]

영국과 스페인은 종교적 갈등도 겪었다. 스페인의 펠리페 2세는 열성적인 가톨릭 군주였으나, 영국은 엘리자베스 1세 여왕의 전임이었던 헨리 8세 때 가톨릭교회를 탈퇴하고 1534년에 수장령을 발표하면

서 영국 국교회를 수립하여 교황과 가톨릭 국가들의 반감을 일으키고 적대 상태를 유지하고 있었다.[326]

한편 스페인령 네덜란드에서는 신교 세력이 성장하면서 저항운동이 일어났고, 독립을 염두에 둔 반란으로까지 진전되고 있었으며 영국은 네덜란드의 독립 세력과 경제 및 군사 동맹을 체결하고 지원하였다.[327]

무적함대의 침공

펠리페 2세는 개신교의 확산, 네덜란드 반란 지원, 스페인 선박 약탈 등 일련의 사태를 명분으로 영국 침공을 결심하였다. 그는 130여 척의 군함과 30,000여 명의 병력으로 구성된 무적함대를 편성하고, 당시 네덜란드에 주둔하였던 파르마 공작의 육군과 해상에서 합류하여 영국 본토에 상륙하는 작전을 계획하였다.[328]

당시 무적함대는 130여 척의 범선 군함인 갤리온(Galleon)으로 함대를 편성하였고, 영국 함대는 총 197척의 갤리온(Galleon)을 보유하고 있었다.[329]

영국 함대는 1558년 엘리자베스 1세가 왕위에 즉위하기 약 10년 전인 1547년 헨리 8세가 사망할 당시 이미 보유하였던 함대였다.

헨리 8세는 프랑스와 스페인이 영국을 침공할 때 해상에서 격퇴하여 영국의 영토에서 전투가 일어나지 않게 하려고 강력한 함대를 건설하였다.[330]

헨리 8세는 스페인의 갤리온(Galleon)에 비해 크기가 작고 속도와 기동성이 우수한 갤리온(Galleon)을 건조하였고, 선수와 선미에 함포를 설치한 기존의 갤리온(Galleon)과는 달리 사거리가 긴 대형 함포인 컬베론(Culveron)을 현측에 많이 설치하여, 접근 후에 백병전을 수행하는

전술을 탈피하고 원거리에서 일제사격으로 적 함대를 제압하는 혁신적인 전술을 창안하였다.331

1588년 7월 19일 스페인 무적함대가 리자드 곶 근해로 진입하였다.

영국과 스페인 함선 및 함포

구분	함선 척수	함포			
		계	CULVERON	CANON	PERIER
영국	197	1,972	1,874	55	43
스페인	130	1,124	635	163	326

7월 21~27일 항구 도시 플리머스(Plymouth)와 와이트(Isle of Wight) 근해에서 무적함대와 영국 함대와의 간헐적인 교전이 일어났으며 무적함대는 북상하면서 파르마 공작과의 합류를 시도하였다.

그라블린 해전

7월 27일, 무적함대는 프랑스의 칼레에 정박하였으나 육군과의 합동작전은 실패하였다. 7월 28일 밤 영국 함대는 8척의 화공선(fire ships)을 칼레 정박지로 침투시켜 화공전으로 스페인 함대의 전열(Formation)을 붕괴시켰다.332

7월 29일부터 8월 7일까지 무적함대는 전투 대형(Formation)을 재정비하기 위해 북쪽으로 철수하였고 전열은 흐트러진 상태였다.

8월 8일 그라블린(Gravelines)에서 결정적인 해전이 벌어졌다. 영국 함대는 긴 사거리의 함포로 집중적인 포격을 가했고, 스페인 함대는 속수무책으로 무너졌다. 결국 무적함대는 침공을 포기하고 퇴각을 결정하였다.333

8월에서 9월 사이, 무적함대는 스코틀랜드와 아일랜드를 우회하여 귀환을 시도했으나, 폭풍으로 50여 척이 침몰하고 수천 명이 사망하였다.[334]

해전의 의의와 결과

그라블린 해전(또는 칼레 해전)은 세계 최초의 범선 함대 간의 대규모 해전이었으며, 단순한 국가 간 전쟁을 넘어 가톨릭과 개신교 진영 간의 종교 전쟁이기도 하였다.

영국 함대의 승리 요인은 영국은 빠르고 기동성 있는 갤리온, 장거리 함포, 화공전, 집중 포격 등 전략적 우위로 승리하였다.[335]

영국의 갤리온(Galleon)은 속도와 기동력 위주로 설계되어 기술적 우위에 있었고 백병전을 위한 병력은 승함하지 않았으며 오직 노잡이와 함포를 발사하는 포수만 승함시켜 포격전에 최적화한 편성을 하였고, 장거리 함포를 많이 탑재하여 포격전에 유리하였으며, 칼레에서 화공전을 감행하여 스페인 무적함대의 전투 대열을 붕괴시켰고, 이에 따라 혼란에 빠져 전투력이 급격히 저하된 무적함대를 집중적으로 공격하였다.

반면, 스페인은 백병전을 상정한 병력 중심의 구식 전술에 의존하여 전력상 우위를 살리지 못했다. 또한 파르마 공작의 육군과의 합동작전도 실현되지 못하였다.[336]

스페인 무적함대는 대형 갤리온(Galleon)을 중심으로 병력에 의한 백병전 중심의 전술을 준비하였으나 포격전으로 전투가 진행되어 영국 함선에 비해 함포의 사거리가 짧아 화력이 열세하였으며, 양측 함대는 각각 100,000발의 포탄을 발사하였는데 무적함대의 갤리온(Galleon)에서 발사한 포탄은 거의 성과가 없었다. 또한 네덜란드에 주둔하였던 파르마 공작의 육군과의 합동작전 계획이 실현되지 않았다.

결과적으로 이 해전은 스페인의 해상 패권에 큰 타격을 주었고, 영국이 해양 강국으로 부상하는 전환점이 되었다.[337]

그라블린 해전(또는 칼레 해전)으로 인해 스페인의 해상 패권은 타격을 입었으며, 펠리페 2세의 카톨릭 교회의 수호자라는 명성도 훼손되었으며, 영국은 해양 강국으로 부상하는 전환점을 맞게 되었다.[338]

4.
트라팔가르 해전 (Battle of Trafalgar)

　1805년 10월 21일, 나폴레옹 전쟁기 동안 벌어진 트라팔가르 해전 (Battle of Trafalgar)은 영국 함대가 프랑스-스페인 연합 함대를 궤멸시키며 영국의 제해권 확립을 결정지은 역사적 전투이다.[339]

　1797년, 프랑스는 스페인·네덜란드 연합과 함께 영국 침공을 모색했으나, 세인트 빈센트 해역과 캠퍼다운 해전에서 연이어 대패하며 해군력이 크게 약화하였다.[340]

　같은 해 10월에는 네덜란드 캠퍼다운(Camperdown) 해역에서 영국 함대와 네덜란드 함대 간 해전이 벌어졌고, 양측 모두 16척의 군함이 동원되었다. 이 전투에서 영국은 네덜란드 함선 10척을 나포하고 윈터(Winter) 제독을 포로로 잡는 등 완승하였다.

　잇따른 패전으로 프랑스 동맹군의 해군력이 약화하자, 프랑스 정부는 나폴레옹에게 직접 영국 침공 계획을 추진하라고 지시하였다. 이에 따라 나폴레옹은 1798년 5월 19일, 이집트와 인도 점령을 통해 통상로 장악을 노리고 병력 5만 명을 55척의 군함에 태워 툴롱(Toulon)항을 출항하여 이집트 원정을 시작하여 7월 22일 카이로를 점령하고 이집트를 평정하였다.

이에 대응하여 영국의 넬슨(Nelson) 제독은 프랑스 함대를 추격하였고, 1798년 8월 1일, 알렉산드리아 인근 아부키르만(Aboukir Bay)에서 프랑스 함대를 발견하자 즉각 공격에 나서 전력을 궤멸시켰다. 이 전투는 넬슨의 '나일 해전(Battle of the Nile)'으로 불리며, 지중해의 제해권을 영국이 장악하고 나폴레옹의 군대를 이집트에 고립시키는 성과를 거두었다.341

1799년 8월 9일, 나폴레옹은 자신의 군대를 이집트에 남겨둔 채 프리깃(frigate)을 이용해 프랑스로 귀환하였다. 이후 그는 쿠데타를 통해 정부를 전복시키고, 3인의 집정관 체제를 수립하여 실질적인 1인 통치자가 되었다. 그리고 1804년 5월 7일, 프랑스 황제로 즉위하였다.

영국은 윌리엄 피트(William Pitt the Younger)를 총리로 임명하고, 러시아·오스트리아·스웨덴과 함께 제3차 대프랑스 동맹을 결성하였다. 이들은 프랑스와 스페인의 주요 항구인 카디즈(Cadiz)와 카르타헤나(Cartagena)를 포함해 해상 봉쇄망을 확대하였다.

나폴레옹은 프랑스-스페인 연합 함대를 편성해 영국 함대를 남쪽으로 유인한 뒤, 해협을 확보하여 영국 침공을 시도하려 하였다. 그는 툴롱 함대 사령관 빌뇌브(Villeneuve) 제독에게 브레스트(Brest)로 이동해 그 항구를 봉쇄 중인 영국 함대를 공격하라고 명령하였다.

그러나 빌뇌브는 항해 도중 영국 군함의 마스트를 목격하고 항로를 변경하여 카디즈 항에 입항하였다. 이에 넬슨 제독은 카디즈 외해에서 연합 함대의 출항을 감시하며 대비하였다.

해전의 전개

1805년 10월 19일, 빌뇌브 제독은 지브롤터 해협을 통과하기 위해 카디즈를 출항하였고, 10월 21일 트라팔가르 해역에서 전투가 벌어졌다.[342]

넬슨 제독이 지휘한 영국 함대는 전열함(Ship of the Line) 27척으로 구성되었으며, 프랑스-스페인 연합 함대는 전열함 33척으로 구성되어 있었다. 기존 해전에서는 양측은 수평 대형을 유지한 채 평행하게 포격전을 벌였지만, 넬슨은 독창적인 '넬슨 터치(Nelson Touch)' 전술을 구사하였다.[343] 그는 함대를 두 개의 전대로 나누어 두 개의 종열진(column formation)을 형성하고, 적의 전열(The Line Of Battle) 중앙을 절단하는 방식으로 공격하였다.[344]

넬슨은 자신의 기함인 HMS Victory(함포 100문 탑재)함에 탑승해 한 전대를 직접 지휘하였으며, 다른 전대는 콜링우드(Collingwood) 제독이 HMS Royal Sovereign(함포 100문 탑재)함에서 지휘하였다.[345]

두 종열진은 중앙을 향해 돌파한 뒤, 상대 전열을 분리하고 각각 집중적으로 공격함으로써 전열 전투의 형식을 파괴했다.[346]

그 결과 프랑스-스페인 연합 함대는 1척이 침몰, 21척이 나포 또는 파괴되었고, 전사자 3,200명, 포로 7,000명이라는 막대한 피해를 보았다. 빌뇌브 제독 또한 포로로 잡혔다.[347]

영국 함대는 전사 400명, 부상자 1,200명의 피해를 보았으며, 이 전투에서 넬슨 제독은 저격받아 전사하였다.[348]

승리 요인 및 의의

영국 함대는 지속적인 봉쇄 전투 경험으로 사격 정확도와 속도에서 압도적인 우위에 있었고,[349] 넬슨은 전투 직전, 전체 전술을 요약 전달

하면서 각 함장의 자율성을 보장하는 방식으로 유연한 지휘 체계를 구축하였다.350

프랑스·스페인 연합 함대는 언어 및 명령 체계 부조화, 지휘 효과 미흡 등으로 전투력 집중에 실패하였다.351

전투 이후

전투 후 거센 폭풍이 몰아쳐 연합 함대의 선박 다수가 파손·침몰하였으며, 일부는 영국에 인도 또는 파괴되었다.352

트라팔가르 해전의 승리로 영국은 이후 100년 이상 제해권을 확립하게 되었고,353 나폴레옹의 영국 침공 야망은 완전히 좌절되었고,354 나폴레옹은 영국 침공을 포기하고 대륙 봉쇄령(Continental System)을 통해 경제적으로 영국을 고립시키는 전략으로 전환하였다.

넬슨의 유해는 1806년 1월 9일 런던 세인트폴 대성당에 안장되었으며, 이는 역사상 최대 규모의 국민적 장례식이었다.355

5.
리사(Lissa) 해전

리사(Lissa) 해전은 장갑함(철갑함) 간에 벌어진 최초의 해전이자, 고대 갤리선(Galley) 시대에 사용되었던 충각 공격(Ramming)이 실전에서 재현된 전투였으며 전술, 무장, 함정 설계 등 여러 면에서 해군사에 중요한 교훈을 남겼다.[356]

전쟁 배경과 정치적 맥락

1866년, 이탈리아는 오스트리아-헝가리 제국과의 제3차 이탈리아 독립전쟁 중에 있었다. 이 전쟁은 나폴레옹 몰락 이후 1814년 빈 회의에서 오스트리아에 할양된 베네치아 지역의 수복을 목표로 삼았다.[357]

이탈리아와 동맹을 맺은 프로이센은 독일 통일을, 이탈리아는 베네치아 탈환을 목적으로 하였으며, 해상에서의 결정적 승리를 통해 전후 협상에서 유리한 입지를 확보하려 했다.

당시 이탈리아는 세계에서 가장 강력한 해군력을 보유하고 있었다. 12척의 철갑선을 포함한 34척의 전열함을 보유하였고 대구경 암스트롱(Armstrong)포를 탑재하였다. 그러나 이탈리아 해군의 장병들은 훈련이 부족하였고, 장교들은 소극적이었으며 사령관인 페르사노(Persano) 제독은 해전에 관한 전문성이 부족했다.

오스트리아 함대는 7척의 철갑선을 포함한 27척의 전열함을 보유하였으며 화력에서는 거의 절반 수준이었다. 그러나 테겟호프(Tegetthoff) 제독은 공격적인 성향과 뛰어난 전술적 감각을 지닌 지휘관이었으며 장병들의 훈련 수준과 사기도 높았다.[358, 359, 360]

해전의 전개

1866년 7월, 이탈리아 해군은 리사(Lissa) 섬 탈환 작전을 개시하였다. 이틀 간의 상륙 시도는 섬의 해안포대로 인해 큰 피해를 보았고, 상당수의 사상자가 발생하였다.

한편, 오스트리아 함대는 165마일 북쪽의 폴라(Pola) 항에 정박 중이었다. 테겟호프 제독은 리사 섬이 공격당하고 있다는 보고를 받고 즉시 함대를 출항시켜 전속력으로 남하하였다.

7월 20일 오전, 이탈리아 함대는 상륙작전을 재개하던 중 페르사노 제독은 망루에 있는 견시(Lookouts)로부터 오스트리아 함대의 접근을 보고받았다.

이에 따라 페르사노 제독은 철갑함을 종렬진(Column)으로 편성해 접근하도록 지시하였다. 그러나 결정적 순간에 이해할 수 없는 일이 발생하였다. 페르사노 제독이 기함을 '레 디탈리아(Re d'Italia)'함에서 '아폰다토레(Affondatore)'함으로 전환하면서 통제력을 상실했고, 함대의 지휘 체계에 혼선이 발생하고, 전열이 붕괴했다.[361]

오스트리아의 전술과 승리

테겟호프 제독은 화력의 열세를 인식하고 함대를 세 개의 전대로 나누어 V자 진형으로 편성하여 그는 고대 전술인 충각 공격(Ramming)을 수행하기로 결심하였다.[362, 363]

혼란에 빠진 이탈리아 함대를 향해 오스트리아 함대가 돌진하였고, 양측 근함 간의 격렬한 충돌이 벌어졌다. 전투는 약 2시간 30분간 지속되었으며, 오스트리아 기함 '페르디난트 막시밀리안(Ferdinand Maximilian)함이 이탈리아 기함 '레 디탈리아(Re d'Italia)'함을 충각 공격(Ramming)으로 침몰시키자 해전이 종료되었다.[364, 365]

전투는 약 2시간 30분간 지속되었으며, 이탈리아는 2척의 철갑함을 잃고, 오스트리아는 피해 없이 승리를 거두었다.[366]

역사적 의의와 평가

리사 해전은 "철갑함 시대 최초의 대규모 해전으로, 충각 공격, 근접전, 전열 기동전이 핵심 전술로 실행된 마지막 해전"으로 기록되며,[367] 근접 교전 중심 해전의 종언과 화력 우위 전술의 부상을 알리는 전환점이 되었다.

오스트리아 함대의 승리 요인은 지휘관 테겟호프 제독의 통찰력과 과감한 결단과 V자 전대 편성을 통한 전술적 우위와 충분히 훈련된 장병의 우세한 실전 능력이었다.

이탈리아 함대의 패배 요인은 사령관의 판단 미숙과 지휘계통 혼란과 비효율적인 진형 운용과 장병들의 전투 준비 미비였다.

전쟁의 결과

이 전투에서 오스트리아 해군은 결정적 해전에서 승리했지만, 육상에서의 '쾨니히그레츠 전투'(Königgrätz)에서 프로이센에게 패배하여 베네치아는 이탈리아에 할양되었고, 해전의 전술적 승리는 전략적 성과로 이어지지 못했다.[368]

철갑함의 충각 활용은 이후 40여 년간 주요 해군 설계에 영향을 미쳤으며,[369] 리사 해전은 기술과 전술이 급변하던 과도기의 전형적 사례로, 해전의 승패는 장비가 아닌 지휘관의 전략적 판단과 병력의 훈련 수준에 의해 좌우된다는 사실을 명확히 보여주었다.

6.
황해해전(黃海海戰)

황해해전(黃海海戰)은 근대적인 장갑함이 실전에 처음 투입된 해전으로, 요루크만 해전(Battle of the Yalu River) 또는 압록강 해전이라고도 불린다. 이 해전은 1894년 9월 17일, 일본 제국 해군의 연합 함대와 청나라 북양함대 사이에 벌어졌으며, 동아시아의 패권 경쟁에서 중대한 전환점을 가져온 전투였다. 그 결과 청나라 해군은 막대한 피해를 입고 제해권을 상실하였으며, 실질적으로 무력화되었다.[370, 371]

역사적 배경

1894년 1월, 전라도 고부에서 동학교도와 농민들이 조선 정부의 수탈에 항거하여 농민 봉기를 일으켰다. 고종은 관군을 파견했으나 진압에 실패하였고, 5월 31일 농민군은 전주성을 점령하였다. 이에 당황한 조선 정부는 청나라에 군사적 지원을 요청하였고, 청나라는 이를 수락하여 군대를 파병하였다.

청나라는 1885년 체결된 텐진조약(Treaty of Tianjin)에 따라 일본에 파병 사실을 통보하였고, 일본 또한 병력을 조선에 급파하였다. 6월 9일, 청나라군 2,800명이 충청도 아산만에 상륙하였고, 일본군 8,000명은 조선 정부의 반대에도 불구하고 인천에 상륙하였다. 일본은 애초에 농민군 진압이 아닌 한성(서울)의 점령을 목표로 하고 있었다.

농민군은 청·일 양국의 병력이 조선에 들어오고 고종이 외세의 압박을 받는 상황을 인식하고, 조선 정부와 '전주화약(全州和約)'을 체결한 후 철수하였다. 민란이 진정되자 조선은 청과 일본 양국에 철군을 요구했으나, 일본은 이를 거부하고 7월 23일 경복궁을 기습 점령하였다. 조선군이 이에 저항하였으나 고종의 명령으로 무기를 버리고 해산하였다.

이후 조선에서의 영향력 확대를 둘러싸고 청일 간의 대립이 전면화되었다.

성환 전투와 평양 전투

성환 전투(成歡戰鬪)는 청일전쟁의 첫 지상전으로, 1894년 7월 28일 일본군이 충남 천안 성환읍에 주둔한 청군을 기습 공격하며 시작되었다. 이 전투는 아산 전투라고도 불리며, 다음 날 아침까지 계속되었다. 전투 결과 청군은 500여 명의 사상자를 내고 평양으로 후퇴하였으며, 일본군의 피해는 100여 명에 그쳤다.

청나라는 해상을 통한 병력 보충을 시도하였고, 이를 차단하기 위해 일본은 사세보 해군기지에서 함대를 출동시켰다. 9월 15일, 일본군은 평양성을 공격하였고 청군은 격렬히 저항했으나 항복하였으며, 다음 날인 9월 16일 일본군은 평양에 입성하였다. 청군은 1,000명이 전사하고 4,000명이 부상하였으며, 일본군은 500여 명의 사상자를 기록하였다. 이후 청군은 압록강 방면으로 패주하였다.

해전의 전개

1894년 9월 17일 오전 10시, 압록강 하구 인근 황해 해역에서 일본과 청나라 함대가 서로를 발견하고 접근하였다. 청나라 함대는 독일에서 건조된 12인치(305㎜) 대구경 함포를 장착한 철갑함 2척을 주축으로 총 10척으로 편성하였고, 일본 함대는 6인치(153㎜) 이하의 연발포를 장착한 고속 순양함 3척을 포함한 총 12척으로 편성하였다.[372]

청나라 함대는 단일 종렬진을 일본은 2개 종렬진을 형성하였다. 일본 함대는 속력이 빠른 순양함으로 청 함대를 포위하며 측면에서 집중 사격을 가했다. 일본군의 빠른 속력과 높은 발사율은 청군의 느린 기동성과 저조한 발사 속도를 압도하였다.

결과 및 분석

청나라 함대의 피해는 10척 중 5척이 침몰하였고 3척이 파손되었으며, 850명의 전사자와 500명의 부상자가 발생하였다.

일본 함대의 피해는 12척 중 4척이 파손되었으며, 90명의 전사자와 200명의 부상자가 발생하였다.

일본 해군의 승리 요인은 고속 기동력을 활용한 측면 공격 전술과 소형·중형 연발포를 이용한 연속 타격 능력과 철저한 사격계획과 사전 훈련 및 제국주의적 열망에 기반한 높은 사기였다.[373,374]

청나라 해군의 패인 요인은 속도가 느려 기동력이 열세하였으며, 대구경 함포의 발사 속도 저하 및 명중률이 떨어졌고 화재 진압에 실패하였으며, 지휘 체계 불안정 및 일부 군함의 독단적 행동으로 통합적 전술 운용이 미흡하였다.[375,376]

역사적 의의

황해해전은 당시 트라팔가르 해전, 리사 해전과 유사하게 다수 전열함의 단일 종렬진이 2개 종렬진에 의해 파괴된 대표적 사례로 꼽히며, 일본 해군이 후속 대한해협 해전의 기반을 닦는 계기가 되었다. 반면 청나라는 해전 패배 이후 시모노세키 조약 체결로 대만과 랴오둥반도를 상실하며 전략적 기반이 크게 흔들렸다.[377, 378]

이 해전의 결과로 일본 해군은 조선과 만주로의 해상 보급로를 완전히 장악하게 되었고, 국제사회에 강대국으로서의 존재감을 부각했으며, 일본 육군은 랴오둥반도와 청나라 본토로 진격할 수 있게 됐다.

7.
쓰시마 해전
(Battle of Tsushima)

개요

　쓰시마 해전은 1905년 5월 27일부터 28일까지 일본과 러시아 사이에 벌어진 해전으로, 러일전쟁의 결정적 승부처이자, 비서구 국가가 서구 열강을 해상에서 꺾은 첫 사례였다.[379] 전투는 한반도 남쪽의 대한해협, 특히 쓰시마 섬 남방 해역에서 벌어졌으며, 일본 해군이 러시아 제국의 발트 함대를 궤멸시키는 대승을 거두었다.[380] 이 승전은 일본의 대한제국에 대한 영향력 강화와 국제적 위상 도약, 나아가 포츠머스 조약 체결로 이어졌다.[381]

해전의 배경

　1895년 청일전쟁에서 승리한 일본은 시모노세키 조약을 통해 랴오둥반도를 할양받았으나, 러시아·독일·프랑스는 이를 동아시아 평화에 대한 위협으로 간주하며 삼국간섭을 통해 반환을 강요하였다.[382] 일본은 이를 수용하며 큰 굴욕을 경험하였다.

이후 러시아는 1897년 12월 여순(뤼순, Port Arthur)에 태평양 함대를 주둔시키고, 1898년 3월에는 청과의 조차 조약을 통해 여순과 다롄 지역을 25년간 조차하였다.[383]

1900년 의화단 운동 중 러시아는 동청철도 보호를 명분으로 20만 병력을 만주에 투입해 지역을 장악하였다.[384] 이후 여순과 다롄을 제외한 지역에서 철군하였으나, 한국에 대한 지배 의도를 노골화하며 일본과의 긴장이 고조되었다.

이에 일본은 1902년 영국과 영일동맹을 체결하였고, 1904년 2월 8일, 일본 해군은 여순항을 기습 공격함으로써 러일전쟁이 발발하였다.[385]

전쟁 초기 일본은 한반도 남쪽의 송전포 항을 점령하여 해군 전진기지로 삼고 연합 함대를 전개하여 러시아 발트 함대와의 전투에 대비하여 연합 함대 훈련을 집중적으로 강화하였다.

해전의 전개

러시아 해군은 전함 15척, 구축함 38척 등 강력한 전력을 보유하고 있었지만, 발트해, 흑해, 극동 등 세 개의 함대로 분산되어 있었다.[386] 흑해 함대는 런던 조약(1871)에 따라 다르다넬스 해협 통과가 불가하여 출동이 제한되었다.[387]

이에 러시아는 발트 함대를 극동으로 파견하기로 하였으나, 수에즈 운하를 이용할 수 없어 아프리카 희망봉을 우회하는 약 2만 9천km의 항로를 약 7개월간 항해하게 되었다.

1905년 5월 25일, 러시아 발트 함대는 대한해협 남단에 도달하였고, 통신을 끄고 등화관제 상태로 쓰시마 해협으로 접근하였다.[388] 그러나 27일 새벽 2시경, 러시아 병원선의 불빛이 일본 정찰함에 포착되었고,

오전 4시 "러시아 함대가 쓰시마 해협으로 진입 중"이라는 전보가 일본 연합 함대에 보고되었다.³⁸⁹

일본 연합 함대는 전함 4척(기함 미카사 포함), 장갑 순양함 8척, 순양함 15척, 구축함 21척, 어뢰정 27척으로 구성되어 있었으며, 러시아 함대는 전함 9척, 순양함 7척, 구축함 9척 등이었다.³⁹⁰

27일 오전 5시경, 도고 헤이하치로 제독이 이끄는 일본 함대는 진해만에서 출격하였고, 러시아 함대 전방을 가로지르는 'T자 기동(T-Crossing)'을 계속 성공적으로 수행하였다. 이는 일본 함대가 측면에서 화력을 집중할 수 있도록 하여 포격 효율을 극대화하였다.³⁹¹

오후 3시경, 러시아 기함 스보로프(Suvorov)가 대파되고, 로제스트벤스키(Rozhestvensky) 제독도 중상을 입으며 지휘력을 상실하였다. 격전은 28일 오전까지 이어졌고, 러시아 함대는 사실상 궤멸하였다.³⁹²

전투 결과

러시아 발트 함대는 전함 6척을 포함하여 16척이 침몰하였고 약 4,830명이 전사하였으며 약 6,106명이 포로가 되었고, 블라디보스토크에 도달한 군함은 순양함 1척과 구축함 2척이었다.³⁹³

일본 연합 함대는 어뢰정 3척이 침몰되었고, 117명이 전사하였다.³⁹⁴

승패 요인

일본 함대의 승리 요인

(1) 정보·정찰 우위

일본은 러시아 발트 함대의 이동 경로·속도·도착 시점을 정확히 파악하여 초계, 통신망, 해상 정찰로 접근 시점을 완벽히 포착하였다.³⁹⁵

(2) 전술적 우위

T자 전술을 하여 일본 함대가 러시아 함대의 진행 방향을 가로막아,[396] 러시아 함대 측면을 집중적으로 포격하였다.

(3) 지휘·통제 우위

도고 헤이하치로 제독의 안정된 지휘와 무선통신 활용으로 함대의 일사불란한 기동을 가능하게 하였다.[397]

(4) 훈련·사격 정확도

일본 함대는 사격 훈련 수준이 높았고, 탄약의 품질이 양호하였으며, 포사격 정확도가 우수하였다.[398]

(5) 일본의 최신예 전함 운용

일본 해군은 당시 전함 4척(미카사, 시키시마, 아사히, 후지)과 장갑 순양함 8척 등을 운용하였고 이들 신예 전함·장갑 순양함은 러시아 함대보다 속력·화력·포사격 정확도에서 우위였다.[399]

(6) 러시아 함대의 피로·정비 불량

러시아 발트 함대는 약 7개월간 항해로 선체·기관 상태가 노후화되고 장병들의 피로 누적과 보급 악화와 신형 전함과 구형 함정의 혼재 및 통신 불량과 사령관 중상으로 인해 지휘 체계가 붕괴하였다.[400]

전략적 영향

비서구 국가가 서구 열강의 해군을 격파한 첫 사례로, 일본의 군사적 위상과 일본 국민의 자존감이 고양되었으며 마한의 해양력(Sea Power) 이론을 실증한 사례로 평가되었다.[401]

러시아는 전쟁 지속이 어려워졌고, 미국의 중재로 포츠머스 조약이 체결되어 일본은 대한제국에 대한 지배권, 만주에 대한 일부 권익 확보, 남사할린 영유권을 확보하였다.[402]

해군 전술에 미친 영향

이 해전은 20세기 초 해군의 어뢰 운용, 야간 기습, 무선통신, 포격 집중화 등의 전술 발전에 결정적인 영향을 미쳤다. 독일·영국·미국 해군은 일본 전술을 연구하고 교범에 반영하였으며 1906년 쓰시마 해전을 참조하여 작성한 영국 해군의 「Admiralty Signal Book」은 독일, 러시아, 미국 해군에 영향을 미쳤다.[403]

8.
유틀란트 해전
(Battle of Jütland)

유틀란트 해전은 제1차 세계대전 중 1916년 5월 31일부터 6월 1일까지 북해 유틀란트반도 인근 해역에서 벌어진 대규모 해전이다. 드레드노트급 전함이 주력으로 참가한 역사상 유일한 해전으로, 총 250척 이상의 함정이 동원되었다. 전술적으로는 독일이, 전략적으로는 영국이 우위를 점한 전투였으며, 이 해전은 이후 해군 전략과 군함 설계의 전환점이 되었다.

해전의 배경: 해상 봉쇄와 각개격파 전략의 충돌

19세기 말, 영국은 '2개국 표준 해군력(Two-Power Standard)' 정책을 통해 제2·3위 해군력을 합친 전력보다 강한 해군을 유지했다. 그러나 독일을 중심으로 한 도전이 심화하자, 영국은 '2배 주의(Two Keels to One)' 전략으로 전환하며 해군 우위를 더욱 공고히 하였다.

한편, 독일은 빌헬름 2세의 세계정책(Weltpolitik) 하에 마한의 해군 이론에 심취하여, 해외 식민지 확보와 무역로 보호, 전략적 영향력 확대를 위해 대양해군(High Seas Fleet) 건설을 추진하였다.

해군법(German Naval Bills)을 통해 드레드노트급 전함 38척, 순양함 20척의 건조를 계획했지만, 전통적인 육군 중심 국가였던 독일은 영국과의 정량적 균형 확보에 실패하였다.

전쟁 발발 직후, 영국은 독일에 대한 해상 봉쇄를 본격화하며 오크니 제도의 스캐퍼플로와 도거뱅크 등 북해 입구를 통제하고, 기뢰 부설과 해상 순찰 강화로 독일의 해양 활동을 사실상 차단하였다. 이로 인해 독일은 경제적 압박과 민간 피해가 심화했고, 대양에서의 작전이 제한되었다.

이에 독일은 현존함대(Fleet in being) 전략을 채택하여 직접적인 큰 충돌을 피하고 영국 함대의 일부를 유인해 각개 격파하는 계획을 세우고 제한적인 해상 전개를 시도하였다. 이러한 맥락에서 도거뱅크 해전과 이후 유틀란트 해전이 벌어졌다.

도거뱅크 해전 (1915년 1월 24일)

도거뱅크 해전은 유틀란트 해전의 전초전으로, 독일 히퍼 제독은 순양전함 3척, 장갑 순양함 1척, 경순양함 6척, 구축함을 포함한 함대로 북해를 정찰하였다. 당시 영국은 러시아를 통해 입수한 독일 암호 해독 정보를 바탕으로 히퍼 함대의 출항을 감지하였고, 비티 제독이 지휘하는 순양전함 5척과 구축함을 출동시켰다.

러시아는 발트해에서 침몰한 독일 경순양함에서 독일의 암호문과 북해의 군사좌표가 기재된 해도를 입수하였다.

양측은 1월 24일 조우하였고, 독일은 수적 열세와 영국 함대의 화력 우위를 인지하여 후퇴를 시도하였으나, 추격전 끝에 독일은 장갑 순양함 블뤼허함이 침몰하고, 순양전함 1척이 대파되었으며, 954명이 전사했다. 영국은 경미한 피해를 입었으나, 독일 함대를 격멸하지 못한 점에서 아쉬움이 있었다. 이후 양국 해군은 지휘부 교체와 작전계획을 수정하였다.

유틀란트 해전의 전개

1916년 5월, 독일은 영국 주력함대의 일부를 유인하여 격파하려는 작전을 수행하였다. 히퍼 제독은 순양전함 5척, 경순양함 5척, 어뢰정 30척으로 구성된 함대를 먼저 출항시켰고, 뒤이어 대양함대(High Seas Fleet) 본대가 따라 출항하였다.

영국은 암호 해독을 통해 독일의 계획을 간파하였고, 비티 제독의 순양전함 함대(Battle cruiser Fleet)가 먼저 출동하고, 젤리코 제독의 주력 대함대(Grand Fleet)가 뒤따라 출항하였다. 이로써 양측은 유틀란트 반도 서쪽 해역에서 충돌하였다.

전력 비교

영국의 전력은 전함 28척, 순양전함 9척, 장갑 순양함 8척, 경순양함 26척, 구축함 78척, 총 151척이었다.

독일의 전력은 전함 16척, 순양전함 5척, 구형 전함 6척, 경순양함 11척, 어뢰정 61척, 총 99척이었다.

교전 과정

5월 31일 오후 2시경, 히퍼의 독일 순양 전대가 비티 제독의 영국 순양전함 함대와 조우하여 포격전을 벌였다. 이 과정에서 영국 순양전함 3척이 침몰했다. 오후 6시, 젤리코 제독의 영국 주력함대가 북쪽에서 진입, T자 진형을 구축하며 독일 함대를 측면에서 포격하는 유리한 진형을 확보하였다. 독일 함대는 불리한 상황을 타개하기 위해 야간 기동과 어뢰 공격을 감행하며 철수를 시도하였고, 6월 1일 새벽 교전이 종료되었다.

결과

영국 함대는 총 14척 (순양전함 3, 장갑 순양함 3, 구축함 8)이 침몰하였고 약 6,100명이 전사하였고, 독일 함대는 총 11척(순양전함 1, 전노급함 1, 경순양함 4, 어뢰정 5)이 침몰하였고 약 2,500명이 전사하였다.

독일은 전술적으로 손실이 적었으며 철수에 성공하였으나, 북해의 제해권을 확보하지 못한 점에서 전략적 성과는 제한적이었다. 영국은 더 큰 손실을 보았지만, 이후 독일 함대가 대규모 해전에 나서지 못하게 만들었다는 점에서 전략적 우위를 지켰다.

승패 요인 분석

영국의 전략적 승리의 요인은 수적 우세, 정보 우위(암호 해독), 젤리코 제독의 신중한 지휘로 인한 제해권 유지였으며, 독일의 전술적 성과는 전함의 견고한 방호력과 피해 복원력, 명중률 우위, 야간 기동 및 어뢰전의 효율적 활용과 영국 함대에 준 충격과 사기 고양이었다.

전략적 영향 및 군사사적 의의

해군 전략·전술 변화 측면에서 독일은 이후 비대칭 수단인 잠수함 전력에 주력하여 무제한 잠수함전을 전개하였으며 야간 전, 통신체계, 함대 기동 능력의 중요성이 부각되었다.

함정 설계의 변화 측면에서 영국 함대는 빠른 속력과 강력한 함포 능력에 집중한 결과 방호력이 취약하여 순양전함이 쉽게 침몰하는 결과를 낳았다. 이후 세계 해군은 '속도·화력·방호'의 균형을 갖춘 전함 설계(Balanced Battleship)를 지향하게 되었고, 대구경 주포와 중장갑, 장거리 작전 능력을 갖춘 전함 개발이 본격화되었다.

9.
미드웨이 해전
(Battle of Midway)

미드웨이 해전은 1942년 6월 4일부터 7일까지 태평양 미드웨이 환초(Atoll) 인근 해역에서 벌어진 제2차 세계대전의 결정적 해전이다.

일본 해군은 진주만 공격 이후에도 건재한 미국 항공모함 전력을 궤멸시키고 태평양의 전략적 주도권을 확보하고자 미드웨이를 공격했으나, 오히려 자국의 항공모함 4척을 모두 상실하는 참패를 당했다.

미국은 항공모함 3척 중 요크타운 1척을 잃었지만, 태평양 전쟁의 흐름을 완전히 역전시키는 데 성공하였다.

군사 역사학자 존 키건은 이 해전을 "해전 역사상 가장 놀랍고 결정적인 타격"이라 평했고,[404] 해군사 전문가 크레이그 사이먼즈는 "살라미스, 트라팔가르, 쓰시마 해전과 함께 세계사에서 가장 중대한 해전 중 하나"라고 평가하였다.[405]

배경

진주만 공습 이후에도 일본은 공세를 지속하며 미국 본토까지 위협하였다.

1942년 2월 24일, 일본 잠수함이 미국 캘리포니아주 산타바바라 엘우드 정유소를 포격하면서[406] 미국에 심리적 충격을 주었다. 이에 미국은 도쿄를 직접 폭격하는 '둘리틀 공습'을 계획하였다.

그 결과, 4월 18일 항공모함 호넷에서 출격한 육군 B-25 폭격기 16대가 도쿄, 오사카 등 주요 도시를 공습하였다.[407]

이에 따라 일본은 본토 방어의 불안을 느끼며, 미국의 항공모함 전력을 유인하여 격멸하고 미드웨이를 점령하려는 'MI 작전'을 수립하게 되었다.

야마모토 이소로쿠 연합 함대 사령관은 이 작전을 통해 미국 함대를 분산시키고 항모전과 전함 결전을 결합한 복합적 기만·포위 작전을 계획하였다.[408]

제1 항공모함 기동부대(나구모 제독)는 아카기, 카가, 소류, 히류 4척의 항공모함으로 편성되어 미드웨이 공습 및 미국 항공모함을 유인·격멸하는 임무를 부여받았다.

알류샨 작전부대(호소가야 제독)인 제2 항공모함 기동부대는 경항공모함 류조 및 개조 항공모함 준요로 편성되어 북방 알류샨 열도의 더치하버(Dutch Harbor) 공격을 통해 미국 함대의 시선을 분산시키는 임무를 부여받았다.

미드웨이 상륙부대는 수송선과 경항공모함 및 상륙군 5,000명을 수송하여 미드웨이를 점령하는 임무를 부여받았다.

연합 함대 본대(야마모토 직속)는 야마토 등 전함을 중심으로 편성되어 수백 km 후방에 배치하여 항공전을 거쳐 미국 함대와의 결정적 전함 결전을 준비하였다.[409]

하지만 이처럼 전력을 분산하고 항공모함과 전함을 분리 배치한 배진은 미국의 선제 대응을 막기에 부적절하였다.

한편, 미국은 일본 해군의 암호(JN-25)를 해독하여 작전 명령의 날짜와 위치, 목적까지 파악하고[410] 미드웨이 북동쪽 해역에 항공모함 전단을 은밀히 배치하였다.

해전의 전개

일본의 전력은 항공모함 4척, 경항공모함 1척, 개조 항공모함 1척, 전함 2척, 중순양함 2척, 구축함 12척, 잠수함 16척, 함재기 약 248대, 상륙군 5,000명이었으며, 미국의 전력은 항공모함 3척, 순양함 7척, 구축함 15척, 함재기 약 230대와 미드웨이 기지 항공기 약 100대였다.[411]

6월 4일 새벽, 일본 항공모함의 함재기 108대가 미드웨이를 공습하였고, 미군은 기지 항공기들을 출격시켜 반격하였으나 큰 피해를 보았다.

오전 7시경, 나구모 제독은 미국 항공모함과의 전투에 대비하여 함재기에 탑재한 대함용 무장을 미드웨이 2차 공습을 위해 지상 공격용 무장으로 변경하라는 지시를 내렸으나, 미국 항공모함을 발견했다는 보고를 받고 다시 대함용 무장으로 탑재하도록 지시하였다.[412]

이로 인해 함재기의 무장은 혼란에 빠지고 항공기 격납고에는 무장과 연료가 뒤섞인 매우 위험한 상태가 초래되었다.

오전 10시경, 미국 해군의 급강하 폭격기(SBD 돈틀리스 편대)가 일본 항모를 기습하여 항공모함 아카기, 카가, 소류를 거의 동시에 격침하였다.[413]

오후, 유일하게 남은 일본 항공모함 히류가 미국 항공모함 요크타운 함에 반격하여 큰 피해를 줬으나, 곧 히류도 격침당함으로써 일본 항공모함 4척 모두 침몰하였다.[414]

6월 5일, 퇴각 중인 요크타운함과 호위 구축함이 일본 잠수함 I-168의 어뢰 공격을 받아 침몰하였다.[415]

결과

일본 함대의 피해는 항공모함 4척과 순양함 1척이 침몰하였고 항공기 322대가 손실되었으며 약 3,500명이 전사하였으며, 미국 함대의 피해는 항공모함 1척과 구축함 1척이 침몰하였고 항공기 147대가 손실되었으며 307명이 전사하였고,[416] 일본은 미드웨이 상륙작전을 철회하고 전면 철수하였다.

승패 요인

미국의 승리 요인은 암호 해독을 통해 일본의 작전 시기·위치·의도를 사전에 파악하였고, 항공모함 전단을 매복 배치하여 유리한 위치에서 전투를 개시하였으며, 일본 항공모함의 무장 교체 시점을 포착하여 결정적 기습에 성공하였고 레이먼드 스프루언스 제독의 침착하고 과감한 전술 지휘였다.[417]

일본의 패인은 알류샨 작전 병행으로 전력을 분산하였으며 항공모함과 전함의 분리 배치로 상호 방호에 실패하였고, 지휘 체계의 경직성과 상황 변화에 대한 미흡한 대응과 항공기 무장 교체 중 격납고 혼란 상태에서 기습을 허용한 것이었다.[418]

전략적 영향

일본 해군의 공세 작전은 이 해전을 계기로 종료되었고, 이후 수세로 전환하였으며, 항공모함 4척과 숙련된 조종사의 손실로 회복 불가능한 전력을 상실하였다.[419]

이 해전은 태평양 전쟁의 전환점이 되었다. 미국 해군은 전략적 주도권을 확보하고 태평양에서의 반격을 시작하여 과달카날, 마리아나, 필리핀 해전 등에서 전면적인 공세를 펼치게 되었다. 미국 국민의 사기는 고양되었으며, 일본 국민의 전쟁에 대한 회의론이 확대되었다.[420]

일본 해군의 해전사상과 배진의 문제점

일본 해군은 미드웨이 해전 당시에도 여전히 전함 중심의 해전사상을 고수하였다. 마한(Mahan)의 '결정적 해전' 이론에 따라, 항공모함은 전함에 의한 함대 결전의 보조적 전력으로 간주하여 전력 배치는 항공모함이 최전선에서 단독 작전을 하고 전함은 후방에서 대기하는 배진이었다.[421]

결과적으로 일본의 항공모함은 방호가 없는 상태에서 적의 주요 공격을 받았으며, 전함 야마토가 속한 본대는 교전 기회조차 없이 철수하였다.

반면에 미국은 항공모함 중심의 전단 편성과 구축함, 순양함의 체계적 호위와 레이다 및 방공 시스템의 활용을 통해 효과적인 전투력을 발휘하였다.[422]

10.
레이테만 해전
(Battle of Leyte Gulf)

레이테만 해전은 1944년 10월 23일부터 26일까지 필리핀 중부 해역에서 벌어진 세계 역사상 최대 규모의 해전이었다.[423]

일본 제국 해군은 이 해전에서 남방 자원을 방어하기 위해 마지막 대규모 기동함대를 투입하였고, 미국은 맥아더 장군의 필리핀 탈환 작전을 지원하기 위해 강력한 함대를 운용하였다.[424]

이 해전은 크게 시부얀 해전, 수리가오 해협 해전, 사마르 해전, 카보 엔가뇨 해전의 네 개 해전으로 구성되었다.[425]

배경

1944년 중반, 미국은 '섬 건너뛰기(Island Hopping)' 전략을 통해 마리아나 제도와 팔라우 제도를 점령하고 일본군 거점을 우회·고립시켜 필리핀과 일본 본토로 진격 중이었다.

더글러스 맥아더 장군은 필리핀 탈환을 선언하고 10월 17일, 레이테만 입구의 섬들에 상륙을 개시하였으며 10월 20일에는 레이테 본섬에 상륙하였다.

이에 따라 일본 해군 연합 함대는 '쇼 작전(SHŌ-GO 1)'을 발동하여 미군의 상륙작전을 저지하고, 필리핀을 사수하여 남방 자원 확보선의 붕괴를 막고자 하였다. 당시 일본 해군 주력은 싱가포르 근해 링가 로드(Lingga Roads)와 일본 본토 근해에 각각 나뉘어 있었고, 필리핀이 함락되면 해상 보급망이 차단될 위기였다.

일본은 북방에서 기만 기동부대를 출격시켜 미 항공모함 기동부대를 유인하고, 중심 함대가 수리보노 해협을 통해 레이테만의 상륙군을 기습하는 전략을 구사하였다.[426]

그러나 미국 해군은 항공모함에서 출격한 함재기, 수상함대의 포격, 잠수함의 공격을 효과적으로 조화시켜 일본 함대를 격퇴했다.[427]

전력

일본 해군은 4개 함대를 동원하여 미군 기동함대와 상륙함대를 협공하는 작전을 펼쳤다.

1. 북방 함대(오즈와 제독)는 항공모함 4척, 순양함 3척, 구축함 9척의 기만 부대로서 북쪽에서 미 항모기동부대를 유인하는 임무를 수행하였다.
2. 중앙 함대(구르타 미치오 제독)는 전함 5척 (야마토, 무사시 포함), 순양함 12척, 구축함 15척의 결전 부대로서 시부얀 해와 산베르나르디노 해협을 통해 진격하였다.
3. 남방 제1함대(니시무라 쇼지 제독)는 전함 2척, 중순양함 1척, 구축함 4척으로 수리가오 해협을 통한 야간 침투 작전을 수행하였다.
4. 남방 제2함대(시마 기요히데 제독)는 중순양함 3척, 구축함 4척으로 제1함대를 후속 지원하는 임무를 수행하였으며, 총 전력은 함정

약 60척, 항공기 200여 대였다.

미국 해군은 2개 함대를 운용하여 일본 함대 격멸과 상륙작전 지원 임무를 수행하였다.

1. 제3함대(윌리엄 할시 제독)는 항공모함 17척, 전함 6척, 순양함 8척, 구축함 58척으로 필리핀 동부 해상에서 기동부대를 운용하였다.
2. 제7함대(토머스 키잉 제독)는 전함 6척, 항공모함·호위항모 18척, 구축함 86척으로 상륙작전 지원 및 방어 임무를 수행하였으며 총 전력은 함정 약 280척, 항공기 약 1,500대였다.

해전의 전개

(1) 시부얀해 해전 (10월 24일)

일본의 중앙 함대는 시부얀해에서 미 항공모함 전투기들의 집중 공습을 받아 무사시 전함이 침몰하고 전함 야마토, 나가토, 묘코가 큰 피해를 보았다. 그런데도 구르타 제독은 야간에 산베르나르디노 해협을 통과하는 데 성공하였다.

(2) 수리가오 해협 해전 (10월 25일 새벽)

니시무라 제독의 함대는 수리가오 해협을 통과 중 미국 7함대의 포위망에 걸려 전멸하였다. 올덴도르프 제독이 지휘하는 미국 전력은 전함 6척을 포함해 총 80여 척으로 구성되었고, 'T자 포위' 전술을 통해 일본 전함 2척을 포함한 7척을 격침했으며, 이는 역사상 마지막 전함 간의 포격전이었다.

(3) 사마르 해전 (10월 25일 오전)

중앙 함대는 미 제7함대 소속의 '타피(Taffy) 3' 호위 항공모함 부대를 기습하였다. 야마토함, 하루나함 등의 전함이 호위 항공모함 갬비어 베이 함을 격침해 '타피(Taffy) 3' 호위 항공모함 부대는 큰 피해를 보았지만, 구축함들의 과감한 어뢰 공격과 항공모함 함재기의 반격으로 인해 구르타 제독은 퇴각하였다. 사마르 해전에서 '티끌 같은 구축함들'이라 불린 호위 구축함과 호위 항공모함들이 일본의 전함과 순양함에 맞서 싸운 것은 이 해전의 상징적인 장면이었다.[428]

(4) 카보 엔가뇨 해전 (10월 25일)

북방 함대는 기만작전의 희생양이 되었다. 할시 제독의 기동부대는 일본 항공모함 4척 전부를 격침해 일본 해군의 항공모함 전력을 사실상 소멸시켰다.

결과

미국 함대는 항공모함 1척, 호위 항공모함 2척, 구축함 2척, 호위 구축함 1척, 잠수함 1척, 항공기 255대를 손실하고 사상자 약 3,000명의 피해를 보았다.

일본 함대는 항공모함 1척, 경항공모함 3척, 전함 3척, 순양함 10척, 구축함 11척 침몰, 항공기 300대를 손실하고 사상자 약 12,000명의 피해를 보았다.

결과적으로 일본 해군은 잔존 수상 전력과 항공모함 전력을 사실상 모두 상실하였으며, 미국의 레이테 상륙작전은 성공하였다.

승패 요인

미국 함대의 승리 요인은 압도적인 항공력과 레이다 기반 통제 시스템(CIC) 활용과 기동부대의 유연한 운용과 사마르 해전에서의 구축함 및 호위 항공모함의 필사적 저항과 상륙군 보호에 성공한 것이었다.

일본 함대의 패인은 전력의 분산 운용과 부대 간 통신 체계 미비와 항공모함을 기만용으로 사용하여 공세 능력이 약화했고 구르타 제독의 퇴각 결정과 조종사 숙련도 저하 및 함재기 부족이었다.

　미국 함대는 이 해전에서 전자전, 레이다 통제를 효과적으로 운용하여 야간 기동 및 사격에서 일본 해군을 압도하였다."⁴²⁹

전략적 영향

　일본은 항공모함 작전 능력을 완전히 상실하였으며, 미국은 필리핀 제도를 장악하고, 일본 본토 접근로와 남방 자원선 차단에 성공하였다. 이에 따라 일본의 산업 기반이 붕괴하기 시작하였다.

　레이테만 해전의 결과, 일본 해군은 사실상 해상 전투력을 상실했고, 이는 태평양 전쟁의 향후 전개에 결정적인 영향을 미쳤다.⁴³⁰

　미드웨이 해전은 항공모함 시대의 개막을, 레이테만 해전은 전함 시대의 종언을 의미하였다. 이후 일본은 가미카제 전술에 의존하게 되었다.

미국과 일본 함대의 레이다 운용

　레이테만 해전에서 양측의 레이다 운용은 전투에 지대한 영향을 미쳤다.

　미국 함대는 ① 전함, 항공모함, 구축함 등에 SC, SG, SK 계열 레이다를 장착하여 150~200㎞ 이상 거리의 적 항공기 탐지가 가능한 조기 탐지 시스템을 구축하여 야간 및 악천후 속에서도 정확한 목표 포착이 가능하였으며, ② 전투 정보 통제실(Combat Information Center: CIC)을 운용하여 레이다, 통신, 항공기 통제를 종합하여 실시간 전술 판단이 가능하게 했고, 항공모함에서는 공중 전투 관제 수행이 가능하게 했다. ③ 이에 따라 수리가오 해협에서의 야간 해전에서 레이다를 이용한 정확한 사격통제를 하였다.

이에 반해 일본 함대는 ① 탐지거리 30㎞ 수준의 기술 수준이 낙후된 레이다를 운용하였고 ② 전투 정보 통제실(CIC)과 같은 전술 통제 체계가 미비하였고 항공 요격도 시각에 의존하였으며 ③ 일부 전함과 항모 외에는 레이다를 탑재하지 않아 미군 함대의 접근과 공습을 레이다로 조기에 포착하지 못하였다.

11.
포클랜드 해전

　1982년 포클랜드 해전은 영국과 아르헨티나 간의 남대서양 영유권 분쟁에서 비롯된 전쟁으로, 특히 해상과 항공전의 양상을 뚜렷하게 보여준 대표적인 현대 해전이었다. 이 전쟁은 항모 전단 운용, 항공기 발진 통제, 미사일 대응체계와 원자력 잠수함의 전략적, 전술적 역할을 극명하게 보여 준 현대 해군의 총체적 역량이 시험된 전장이었다.

배경

　포클랜드섬은 1833년부터 영국이 실효 지배해 온 영국령 지역이었으며, 아르헨티나는 지속적으로 영유권을 주장하고 있었다. 1982년, 군부 독재 정권(갈티에리 장군)이 경제난과 정치 불안을 돌파하고 국민의 애국심을 고취하기 위해 포클랜드 제도를 기습 점령하였다.[431]

　4월 2일, 아르헨티나는 해병대 및 특수부대 등 약 4,000명의 병력을 투입하여 기습 상륙하였고, 포클랜드 수비 중이던 영국 해병대 100여 명은 소규모 교전을 벌였으나 수적 열세를 극복하지 못하고 항복하였다.

이에 영국의 대처 총리는 즉각적으로 포클랜드 탈환을 선언하였고, 불과 3일 후인 4월 5일, 영국은 기동함대(Task Force 317)를 편성하여 1만 3천㎞ 떨어진 포클랜드로 장거리 원정 작전을 감행하였다.[432]

전력 비교

영국 기동함대는 항공모함 HMS Hermes와 HMS Invincible을 중심으로 한 항모전단, 핵추진잠수함 3척, 구축함과 프리깃함 다수를 포함한 해상 전력과 해병대 상륙 전력을 투입하였다.[433]

반면 아르헨티나 해군은 경항공모함 ARA Veinticinco de Mayo, 순양함 ARA General Belgrano, 구축함, 프리깃함, 디젤 잠수함과 함께 Super Étendard 전투기 및 Exocet 대함미사일을 보유하고 있었다.[434]

해전의 전개[435]

영국 해군은 포클랜드섬을 중심으로 반경 200마일 해역에 해양 배타구역(Maritime Exclusion Zone, MEZ)을 선포하고 아르헨티나 선박의 진입을 차단하였고, 4월 22일 영국 기동함대가 해양 배타구역에 진입하였다.

아르헨티나는 TG 79.1, TG 79.2, TG 79.3, RG 79.4 등 4개 기동부대를 편성하여 4월 20일까지 해상 전개를 완료하였다.

4월 25일에는 영국 해군의 Sea King 대잠헬기가 아르헨티나 디젤 잠수함 산타페(Santa Fe)를 격침하며 남조지아섬을 탈환하였다.

5월 1일에는 아르헨티나 항공모함 중심의 TG 79.1, TG 79.2는 해양 배타구역 북쪽에서, 순양함 및 구축함으로 구성된 TG 79.3은 남서쪽에서, 호위함 3척으로 구성된 RG 79.4는 북서쪽에서 해양 배타구역을 향하여 접근하였다. 이에 맞서 영국은 원자력 잠수함 3척을 해양 배타구역의 북, 북서, 남서 해역에 전개하여 아르헨티나 함대를 감시하였다.

5월 2일, 해양 배타구역 남서쪽으로 접근한 아르헨티나 순양함 벨그라노(Belgrano)는 해양 배타구역의 저수심(Burwood Bank) 해역으로 진입하기 위해 지그재그(Zigzag) 회피 기동을 하고 있었다. 영국 원자력 잠수함 콘커러(Conqueror) 함장은 해양 배타구역의 밖에서의 교전 승인을 요청하였고, 대처 총리는 이를 즉각 승인하였다.

콘커러(Conqueror)함 함장은 원거리에서 발사할 수 있는 신형 선유도 어뢰를 보유하고 있었지만, 1,300m까지 접근하여 구형 직주어뢰(Fire and Forget Torpedo) 2발을 발사하여 순양함 벨그라노함을 격침하였다. 이로 인해 승조원 323명이 전사했으며, 아르헨티나 해군 주력은 이후 항구 내로 철수하였고 더 이상 작전에 나서지 못하였다.

영국은 해양 통제권을 완전히 장악한 후 5월 21일, 상륙군을 산카를로스 만에 상륙시켰으며, 6월 14일, 스탠리를 수비하던 아르헨티나군이 항복하면서 전쟁은 영국의 승리로 종결되었다.

영국은 구축함 2척과 수송선 등이 침몰하는 피해를 보았으나, 해양 및 공중 우위를 유지한 상태에서 전쟁을 승리로 이끌었다.

승패 요인

영국의 승리 요인은 아래와 같다.

1. 국가 지도자의 단호하고 신속한 기동함대 출동 및 신속한 교전규칙 변경 승인.
2. 현장 지휘관과 원자력 잠수함 함장의 공격 시기 및 위치 결단력과 적절한 판단.
3. 해상 기동 전력: 장거리 원정에도 불구하고 항모와 핵잠수함 중심

의 해상기동군을 적시에 투입한 점[436]

4. 항공 우세 확보: Sea Harrier의 전투기 성능과 공중조기경보의 결합으로 공중우세를 유지[437]

5. 전자전과 방공능력: 조기경보, 전파방해, ECM 체계 등의 운용으로 미사일 방어에 선방함[438]

6. 해상보급 및 전력 지속능력: 민간 상선을 포함한 해상보급 작전을 성공적으로 수행하며 원정 작전의 지속성을 확보[439]

7. 잠수함 전력의 결정적 기여: HMS Conqueror의 Belgrano 격침은 아르헨티나 해군의 해상 전개를 사실상 무력화함[440]

전략적 영향

포클랜드 해전은 현대 해전에서 항모의 중요성과 잠수함의 전략적 가치, 전자전과 대함미사일 방어 능력의 필요성을 명확히 보여주었다.[441]. 또한, 공군과 해군의 통합작전이 승패에 결정적 영향을 미칠 수 있음을 입증했다. 이 전쟁 이후 영국은 항공모함 전력 확대와 공중조기경보체계(AEW: Airborne Early Warning) 도입을 강화하였고, 아르헨티나는 해군의 역할 재정립과 공군 중심의 방어 전략으로 전환하였다.[442]

포클랜드 해전 교훈 및 현대 해군 전략 적용 시사점

1. 제해권·제공권 장악의 절대적 중요성

제해권 상실은 곧 전쟁의 패배로 직결됨을 재확인시킨 사례로, 해양 통제권 확보 없이는 지상 작전·공중 작전의 지속이 불가능함을 입증하였다. 현대 해군도 항공모함, 함재기, 이지스 체계, 원자력 잠수함 등을 결합하여 해상·공중 지배권을 확보·유지해야 한다.

2. 원자력 잠수함의 전략적 가치

원자력 잠수함은 은밀성과 지속 작전 능력을 활용하여 적의 해상 활동을 무력화하고 해양 거부(Sea Denial)를 실현할 수 있다. 한발의 어뢰 공격으로 적 해군의 전략 의도를 좌절시키는 '전략적 일격(Strategic Strike)'의 가치를 보여주었으며, 현대 해군은 원자력 잠수함 운용 능력과 이를 지원·통제할 수 있는 전략적·작전적 교리 구축이 필수적이다.

3. 항공 모함 및 함재기 운용의 가치

소형 경항공모함과 함재기를 활용한 기동 전력으로도 원정 작전이 가능함을 증명하였고 항공모함이 제공권·해상공격·대공방어·지상지원 임무에서 핵심적 역할을 수행하며, 원정 작전 및 해양통제의 핵심 플랫폼으로 지속 유지·발전할 필요가 있다.

4. 대함유도탄 위협에 대한 대비 필요

프랑스제 엑소셋 미사일이 영국 함정을 침몰시킴으로써 대함유도탄이 소규모 국가에도 강력한 해상 타격 능력을 제공할 수 있음을 입증하였으며, 현대 해군은 적의 대함유도탄에 대비한 전자전(EW), CIWS(근접방어무기체계), 소프트킬·하드킬 방어체계 강화가 필수적이다.

5. 해상보급 및 지속 작전 능력의 중요성

1만 3천㎞ 떨어진 지역에서의 장기 원정 작전을 가능케 한 것은 해상보급 및 함대의 지속 작전 능력이었으며 현대 해군도 유사시 원거리 작전을 수행하기 위해 보급함, 유류 보급, 해상 정비 체계, 연합군 협조 체계를 지속적으로 발전시켜야 한다.

6. 국가 지도자의 결단력과 전략적 판단

대처 총리의 즉각적인 기동함대 출동 및 교전규칙 변경 승인 등의 신속한 전략적 판단이 승리를 견인하였으며 현대 해군 전략에도 국가 지도부의 전략적 상황 인식과 결단이 필수 요소이며, 평시부터 비상 상황에 대비한 교전규칙(ROE) 유연화와 승인을 위한 절차 단축이 필요하다.

7. C3I(지휘·통제·통신·정보) 우위의 필요성

정보·통신·지휘통제 우위가 해상작전의 효율성을 높이고 전장 상황을 주도적으로 통제할 수 있음을 보여주었으며 현대 해군 전략에서도 위성·무인기·네트워크 중심전(NCW)을 통해 적시 정보 공유 및 상황 인식(SA)을 강화해야 한다.

시사점
1. 현대 해군 전략은 항공모함, 원자력 잠수함, 해상 보급 체계, 대함 유도탄 방어, C3I 체계를 통합한 종합 해양력 운용 능력 구축이 필수적이다.
2. 해양 통제권 확보가 없으면 어떠한 원정 작전, 국익 보호, 해상교통로 보호도 불가능하며, 이를 확보하기 위한 결단력 있는 국가 전략과 장기적 해군력 유지·발전 계획이 필요하다.
3. 포클랜드 해전은 유사시 해양 분쟁에 대비하여 '어떻게 제한된 자산으로 해상 및 공중 지배권을 효과적으로 장악하여 적의 전략적 의도를 차단할 것인가'에 대한 전략 교범적 사례로 평가되며, 해군력의 질적 우위와 지속 작전 능력의 중요성을 확인시킨 전쟁이었다.

한국 해군 전략 적용 관점

1. 원거리 전개 능력 확보

동중국해, 남중국해, 인도양 해역에서 원거리 해상교통로 보호 및 국익 수호를 위한 임무 수행 능력 구비가 필요며 이를 위해 KDX-III Batch-II, 원자력 잠수함 및 경항공모함 확보가 필요하다.

장거리 항해, 해상보급 능력, 함재기 운용 및 타국 항구 기항 협조 절차 구축이 필요하며 연합작전 시 미·일 해군과의 C4ISR 연동 및 협조 체계 구축 연습과 매년 실시 중인 원거리 항해 훈련을 해상 통제, 연합 합동 해상 기동훈련으로 고도화하여 실전성을 제고해야 한다.

2. 잠수함 전략 (Sea Denial 및 전략적 억지력 확보)

장보고-III Batch-II/III 디젤 잠수함에 SLBM 탑재로 전략 억지력 운용 체계를 확립하고, 원자력 잠수함을 조기에 확보하여 유사시 적 해군의 기동함대 및 상륙부대의 해상 접근 차단(Sea Denial) 임무에 투입할 수 있도록 해야 한다.

잠수함 전력을 수상함대의 원거리 작전과 연계하여 운영하며, 조기 탐지·조기 경보·조기 타격을 가능하게 해야 한다.

해상 상황 인식 공유체계(Underwater C4ISR) 및 전통적인 음향 기반 통신의 한계를 극복할 수 있는 '광 기반 수중통신(Blue Light Commuication)'을 구축하여 함대와의 통신 연동 운용의 실효성을 확보해야 한다.

3. 함대 방공 능력 강화

함대 방공 및 대유도탄 방어체계의 중요성을 고려하여 KDX-III Batch-II, KDDX의 SM-2, SM-6, ESSM Block 2 기반 계층형 방공

체계를 활용한 함대 방공망 구축해야 하며 근접방어무기체계(CIWS Block 1B, RAM, 근접 레이저 방어) 보완 및 다층 방공체계 통합 운영해야 한다.

전자전(EW) 및 소프트킬(채프, 플레어) 운용 훈련을 강화하여 미사일 회피 기동 및 대응 체계에 숙달해야 한다.

적 미사일 위협 탐지-식별-추적-요격의 Kill Chain 훈련 및 C4ISR 통합·분산 운용 숙달이 필요하다.

4. 해상 보급 및 장기 작전 지속 능력

청해부대, 아덴만, 호르무즈 해역과 같은 장거리 파견 작전 경험을 기반으로 해상 보급 연습을 실전 수준으로 상시 시행해야 하며 소양함, 화천함, 대형 수송함(LPH), 차기 대형상륙함(LSX) 등을 활용한 해상 보급·병력 보급·연료 보급 통합 훈련을 정례화해야 한다.

유사시 제주 남방, 동중국해, 말라카해협 및 인도양 해역에서 해상 보급 모함 전진 배치 및 회전 보급 체계 구축 연습이 필요하다.

연합작전 하에서 미 해군 및 우방국과의 해상보급 상호운용성 확보 훈련(KR-JP-US 연합 보급훈련 등)을 지속적으로 시행해야 한다.

결론적으로 한국 해군은 원거리 전개 능력과 SLBM 탑재 및 원자력 원자력 잠수함을 조기에 확보하여 잠수함 전략적 억지력을 구축해야 한다.

이지스 구축함 기반 계층형 방공망 + CIWS + 전자전 + Kill Chain 운용 능력을 구축하여 함대 방공 및 대유도탄 방어체계를 확보하고 실전 적용 훈련을 강화해야 한다.

12.
임진왜란 해전

배경

　임진왜란은 1592년(임진년)에 도요토미 히데요시가 전국시대를 평정하고 일본을 통일한 뒤, 내부 무사 계급과 지방 다이묘들을 통제하고 자신의 권력을 유지하기 위해 외부로 전쟁을 확대하면서 시작되었다.[443] 그는 조선에 명나라로 가는 길을 열어 달라며 사실상 침략을 선언하였다.

　1591년 초, 조선은 일본에 통신사를 파견하였다. 정사 황윤길은 귀국 후 "왜적이 틀림없이 침략할 것"이라 경고했으나, 부사 김성일은 "징조를 발견하지 못했다"라고 상반된 보고를 올렸다.[444] 선조는 김성일의 의견을 받아들여 적극적인 대비를 하지 않았다.

　결국 1592년 4월 13일, 일본군은 부산포에 상륙하며 임진왜란이 발발하였다. 조선은 의병과 수군의 저항, 명나라의 원군 파견으로 전세를 반전시켰고, 1593년 이후 전쟁은 교착 상태에 빠졌다. 그러나 1597년 일본은 다시 침략하여 정유재란이 발발했고, 1598년 도요토미 히

데요시가 사망하자 일본군은 철수하면서 전쟁은 종료되었다. 445

임진왜란 기간 대표적인 해전으로는 한산도 해전(1592년 7월), 칠천량 해전(1597년 7월), 명량 해전(1597년 10월), 노량 해전(1598년 11월이 있다.

한산도 해전(1592년 7월)

조선 수군은 판옥선 약 58척과 거북선 2척으로 구성된 이순신 함대가, 와키자카 야스하루가 이끄는 일본 수군 73척과 한산도 앞바다에서 맞붙었다. 446

이순신 장군은 옥포, 사천, 당포 등에서 연승을 거둔 후 왜군 주력을 한산도로 유인해 냈다. 이순신은 학익진 전술(학 날개 진형)으로 일본 함대를 포위하고 판옥선과 거북선의 화력으로 적의 기동력과 전투력을 무력화시켰다. 447 이 해전에서 조선 수군은 큰 피해 없이 왜선 59척을 격침하며 대승을 거두었다. 448

- 승리 요인

학익진 전술로 적 함대 포위 섬멸

판옥선·거북선의 강력한 화포 운용

일본군은 전술 부재, 보급선 보호에 집중해 적극적 반격을 하지 못함

칠천량 해전(1597년 7월)

정유재란 발발 후, 원균이 지휘하는 조선 수군(판옥선 약 160척, 거북선 3척)은 일본 수군 약 1,000척을 공격하기 위해 출동했다. 449 그러나 칠천량에서 일본 수군의 야간 기습을 받아 판옥선 140여 척과 거북선 3척이 침몰하고 1만여 명이 전사했다. 450 원균은 육지로 도주하다가 전사했고, 전라우수사 이억기와 충청수사 최호 등도 장렬히 전사했다.

일본군은 이 전투에서 약 8척만 잃었다. 칠천량 해전은 조선 수군 최대의 패전으로 기록된다.[451]

- 패배 요인

원균의 지휘력 부재, 전술 미흡

전투 준비·정찰 부족

좁은 해역에서 무리한 작전과 야간 기습 허용

명량 해전(1597년 10월)

칠천량 해전 이후 다시 삼도수군통제사로 복귀한 이순신은 남은 전력 판옥선 12척으로 일본 수군 133척과 맞섰다.[452] 이순신은 명량 해협의 조류를 활용해 적을 좁은 수로로 유인했고, 강한 조류와 협수로를 이용해 일본 함대 간 충돌과 혼란을 유발하며 각개 격파했다.[453] 이 해전에서 일본군 30여 척을 격침하고 조선 수군은 거의 피해가 없었다.

- 승리 요인

조류와 지형을 활용한 전술

좁은 해협에서 적의 수적 우세 무력화

이순신의 전술적 지휘력과 사기 진작

노량 해전(1598년 11월)

도요토미 히데요시 사망 후 철수하는 일본 함대를 삼도수군통제사 이순신과 명나라 수군 도독 진린이 지휘하는 조명 연합 함대가 추격했다.[454] 연합 함대는 전선 약 460척으로 노량 해협에서 일본 함대 570여 척을 기습 공격해 관음포로 몰아넣고 야간 해전을 벌였다. 이 전투에서 일본군은 약 200척이 격침되고 100척이 나포되었으며, 조명 연합

군은 피해가 극히 적었다. 이순신 장군은 이 해전에서 피격되어 장렬히 전사했다.[455]

- 승리 요인

조명 연합군의 협력 작전

노량 해협으로 적을 유인해 야간 기습 성공

이순신의 전사 직전까지 흔들림 없는 지휘

임진왜란 해전 평가

조선 수군은 제해권을 장악해 왜군의 해상 보급로를 차단하고 전쟁을 장기화시켜 일본의 대륙 진출을 저지했다.[456]

이순신 장군은 학익진, 조류·지형 활용 등 탁월한 전술과 화포 중심 전투로 해상 전투 혁신을 이루었다.[457]

한산도·명량·노량 해전의 승리 요인은 전술과 지휘, 함선 화력의 우위였다.

반면 칠천량 해전의 패인은 지휘 미숙과 정보 부족, 전술 부재였다.

조선 함선은 원거리 화포 전투와 방어에 최적화되어 일본 함선보다 해상 기동전에서 우위를 점했다.[458]

조선·일본 수군 전선 비교 표

구분	조선 수군	일본 수군
주력함	판옥선	아타케부네, 세키부네
전술 방식	화포 중심, 원거리 교전, 해상 기동전	백병전 중심, 근접 등선 전투
선체 구조	높고 넓은 갑판, 화포 탑재 최적화, 방어 우수	낮은 선수, 기동성 우수, 병력 운용 중심
승선 인원	전투원 60명, 함포병 120명	조총병 20명, 함포병 75명
장점	화포 화력 우위, 방어력	기동성, 근접 백병전 유리
단점	속도 느림	화포 화력 열세, 방어력 약함
해전영향	제해권 확보, 보급로 차단	초기 상륙 및 수송 지원, 해상 보급 시도

13.
제2차 세계대전 이후 유도탄에 의한 해전

제2차 세계대전 이후, 미국 해군은 해양통제 전략을 지속적으로 추진했지만, 소련은 미국 해군의 근해 접근을 차단하기 위한 해양 거부 전략을 채택하고 대함유도탄 개발에 주력하였다. 1956년 소련은 세계 최초의 실전용 대함유도탄인 P-15 스틱스(Styx)를 개발하여 1957년부터 60톤급 코마(Komár) 급 고속정에 탑재하고 20여 개국에 수출하였다.[459] 이집트는 코마 급 고속정 7척을 도입하였고 유도탄 실전 사용의 첫 사례를 남겼다.

이후 인도-파키스탄 전쟁, 포클랜드 전쟁, 스타크(Stark)함 피격 사건, 하니트(Hanit)함 피격 사건, 모스크바(Moskva)함 피격 사건 등에서 대함유도탄이 실전 사용되며 해전 양상에 중대한 변화를 가져왔다.[460]

1. 1967년 제3차 중동전쟁: 코마 급 고속정에 의한 유도탄 해전

1967년 10월 21일, 제3차 중동전쟁 중 이스라엘 해군 구축함인 에이라트(Eilat)함이 시나이반도 포트사이드(Port Said) 앞바다 27㎞ 해상

에서 경비 중, 항구에 정박 중이던 이집트 해군 코마급 고속정 2척이 각각 스틱스 유도탄 2발씩, 총 4발을 발사하였다. 에이라트함은 즉각 대공포로 대응했으나 효과가 없었고, 유도탄 4발 중 3발이 명중하여 2시간 후 침몰하였다.461 이는 유도탄이 구축함을 격침한 최초의 사례였다.

2. 1971년 인도-파키스탄 전쟁: 오사 급 고속정의 야간 기습

1971년 12월 4~5일, 인도-파키스탄 전쟁 중 인도 해군의 200톤급 오사(Osa) 급 고속정은 카라치항 앞바다에서 파키스탄 해군 구축함 카히바(Khaibar)함과 상선 2척을 향해 스틱스 유도탄 10발을 발사하여 구축함과 상선을 침몰시켰다.462 구축함 승조원 190명이 전사하였고 항만 유류 저장고에 화재가 발생하였다. 인도의 야간 기습으로 파키스탄 해군은 대응 사격 기회를 얻지 못했으며, 공중·해상 수색으로 반격을 시도했으나 이미 인도 고속정은 퇴각한 상태였다.

3. 1973년 제4차 중동전쟁: 최초의 유도탄 교전 및 전자전 대응 성공 사례

1973년 제4차 중동전쟁에서 이스라엘 해군 고속정 6척은 가브리엘(Gabriel) 유도탄을 탑재하고 스틱스 유도탄을 장비한 이집트·시리아 해군 고속정 4척을 공격하기 위해 고속으로 접근하였다. 이집트·시리아 해군은 스틱스 유도탄 12발을 먼저 발사했으나, 이스라엘 해군은 채프탄(Chaff)을 사용하여 레이다 교란 구역을 형성하고 침로를 변경하며 회피 기동을 실시하였다. 스틱스 유도탄은 채프 구름으로 유도되어 빗나갔고, 유도탄전에서 전자전 및 기만책의 효과가 입증된 사례로 기록되었다.

이후 이스라엘 고속정은 가브리엘 유도탄 15발을 발사해 이집트·시리아 고속정 3척을 격침했으며,[463] 이집트·시리아 해군은 유도탄 방어용 전자전 대응체계를 구비하지 못해 피해를 보았다.

4. 1982년 포클랜드 전쟁: HMS Sheffield 피격

1982년 5월 4일, 포클랜드 전쟁 중 아르헨티나 해군 초계기 P-2 넵튠(Neptune)이 영국 해군 구축함 셰필드(Sheffield)함을 탐지하여 위치 정보를 슈퍼 에텐달(Super Etendard) 공격기에 송신하였다. 슈퍼 에텐달(Super Etendard)은 저고도로 접근 후 고도를 상승하여 레이다로 셰필드(Sheffield)함을 식별하고 엑소셋(Exocet) 유도탄 2발을 발사하였다.

영국 해군은 자국이 운용 중인 엑소셋(Exocet) 유도탄의 전자파 신호를 위협 전자파로 입력하지 않아 ESM(전자전 지원 장비)이 작동하지 않았고, ECM(전자전 대응책) 및 채프탄(Chaff)도 작동되지 않았다.[464] 유도탄은 선체를 관통하였으며, 폭발하지는 않았으나 잔류 연료로 인한 화재로 셰필드 함은 침몰하였다.

5. 1987년 스타크함 피격 사건

1987년 5월 17일 페르시아만에서 이라크 공군 미라주(Mirage) 전투기가 저공으로 접근하여 미국 해군 호위함 스타크(USS Stark)함을 레이다로 탐지하고 엑소셋 공대함 유도탄 2발을 발사하였다. 유도탄은 선체에 명중 화재가 발생하여 승조원 37명이 전사하였으나 함정은 침몰하지 않았다. 당시 스타크함의 ESM(전자전 지원 장비)과 CIWS(근접방어무기체계)가 작동하지 않았으며, 미 해군은 이후 교전 규칙 유연성 부족과 위협 인식 지연이 피해로 이어졌다고 지적하였다.[465]

6. 프라잉 피쉬 사건(Flying Fish Incident)

1988년 7월 3일 미국 해군의 올리버 해저드 페리급 호위함인 사무엘 비 로버트(Samuel B. Roberts)함이 페르시아만에서 이란이 매설한 기뢰에 의해 심각한 피해를 보았다.

미국 해군은 이에 대한 응징 보복(미국 코드명: Flying Fish)으로 해저드 페리급 호위함인 심슨(Simpson)함에서 이란 해군의 초계함인 요산(Joshan)함에 하푼 유도탄을 발사하고 웨인라이트(Wainwright)함에서 SM-1 유도탄을 발사하여 격침했다.[466]

이 사건은 미국 해군이 대함 유도탄(SSM)을 실전 운용하여 전투에서 사용한 사례이며 이란 군함을 격침하여 미국의 해상 지배력을 과시하였다.

7. 2006년 하니트함 피격 사건

2006년 7월 14일, 레바논 베이루트 인근 해상에서 헤즈볼라는 은닉된 해안 발사대에서 이스라엘 해군 초계함인 하니트(Hanit)함에 중국 YJ-83 기반 이란제 누르(Noor) 대함유도탄 2발을 발사하였다. 유도탄은 좌현 헬기 갑판 하부에 명중하여 상부 구조물과 격납고에 화재가 발생, 승조원 4명이 전사하였다. 하니트함은 피격 후에 ECM(전자전 지원 장비) 및 CIWS(근접방어무기체계)를 작동시켰으나 이미 타격을 입은 상태였다. 이후 이스라엘 해군은 연안 작전 시 ECM(전자전 지원 장비) 및 CIWS(근접방어무기체계)의 상시 가동 방침을 채택하였다.[467]

8. 2022년 모스크바함 피격 사건

2022년 4월 13일, 우크라이나군은 흑해 오데사 인근 해상에서 작전 중이던 러시아 흑해 함대 순양함인 모스크바(Moskva)함에 자국에서 개발한 넵튠(Neptune) 대함유도탄 2발로 타격하였다. 무인기(드론)를 활용하여 모스크바(Moskva)함을 탐지하고 유도 지원이 이루어진 것으로 분석되며, 유도탄이 명중되어 모스크바(Moskva)함에 화재와 탄약고 폭발이 일어났고, 진화 및 예인 시도가 실패하여 모스크바(Moskva)함은 흑해에서 침몰하였다.[468]

  1967년 제3차 중동전쟁에서 발생한 소형 고속정의 대함유도탄 공격으로 구축함이 침몰한 사건 이후 선진국들은 대함유도탄 개발에 박차를 가하여 미국은 1977년 하푼(Harpoon) 대함유도탄을, 프랑스는 1979년 엑소셋(Exocet) 대함유도탄을 실전 배치하였으며, 유도탄 방어체계 구축은 해군의 필수 과제가 되었다.

에필로그

역사의 흐름을 바꾼 해전들은 전투를 넘어 전쟁의 판도, 국가의 흥망, 문명의 향방을 좌우한 결정적 전환점이었다.

대표적인 해전으로는 고대로부터 살라미스 해전, 레판토 해전, 그라블린 해전, 트라팔가르 해전, 리사 해전, 황해 해전, 쓰시마 해전, 유틀란트 해전, 미드웨이 해전, 레이테만 해전, 포클랜드 해전, 그리고 임진왜란의 한산도·명량·노량 해전을 꼽을 수 있다.

이 에필로그에서는 이 중 살라미스, 레판토, 그라블린, 트라팔가, 임진왜란의 한산도·명량·노량 해전을 중심으로 간략히 조망하였다. 이들 해전의 공통점은 군함의 변천에 따른 전쟁 양상의 변화와 전술 혁신을 주도한 측이 승리를 거두었다는 데 있다.

살라미스 해전(Battle of Salamis, 기원전 480년)

페르시아 제국의 크세르크세스 1세는 약 1,300척의 대함대를 이끌고 그리스를 침공하였으며, 그리스 연합군은 약 500척의 트리리메

(Trireme)로 구성된 함대를 살라미스 해협으로 철수시켜 결전을 준비하였다.

그리스는 좁은 해협으로 적을 유인하는 전략을 펼쳤고, 기동성과 속도가 우수한 트리리메를 이용하여 대형이자 둔중한 페르시아 갤리(Galley)를 좌초 및 충돌하게 하며 격파하였다. 이로써 페르시아는 해상 보급로를 상실하고 철수하였다.

레판토 해전(Battle of Lepanto, 1571년)

오스만 제국과 신성 동맹(Holy League) 간의 레판토 해전은 노선 갤리 시대의 종언을 고한 지중해 제해권의 분기점이었다.

오스만의 약 250척과 신성 동맹의 200척이 맞붙었으며, 특히 베네치아에서 건조한 신성 동맹의 갤리어스(Galleass) 6척은 전열의 최전방에서 강력한 포격전을 전개하여 적의 전열을 붕괴시켰다.

갤리어스는 선수·현측·선미에 대형 함포를 장착하여 백병전 일변도의 해전 양상을 화력 중심의 전쟁 양상으로 전환하였고, 이는 신성 동맹의 결정적 승리를 이끌었다.

그라블린 해전(Battle of Gravelines, 1588년)

스페인의 무적함대(Armada Invencible)는 130여 척과 병력 3만 명을 동원해 영국 본토 상륙을 시도하였으나 영국 해군은 속도와 기동성, 사거리에서 우위에 있던 갤리온(Galleon)을 앞세워 대응하였다.

특히 컬버린(Culverin)이라는 장거리 대형 함포를 대량 장착하고, 근접 백병전 대신 원거리 포격 중심 전술을 구사하였다.

1588년 8월 8일, 그라블린 해전에서 영국 함대는 정면 포격으로 스페인 함대를 무력화시켰고, 무적함대는 대패하며 침공을 포기하였다.

트라팔가르 해전(Battle of Trafalgar, 1805년)

나폴레옹 전쟁 중 벌어진 트라팔가르 해전에서 영국 넬슨 제독은 전열함 27척으로 프랑스-스페인 연합 함대 33척과 맞서 싸웠다. 그는 종래의 평행 포격전 전술을 깨고, 두 개의 종열(column)을 구성하여 적 전열을 절단하는 '넬슨 터치(Nelson Touch)' 전략을 구사하였다. 결과적으로 21척을 나포 또는 격침하는 압도적 승리를 거두었고, 영국은 해양 패권을 확립하였다. 넬슨 제독은 이 전투에서 적의 저격을 받고 장렬히 전사하였다.

임진왜란 해전

- 한산도 해전(1592년 7월)에서 이순신 장군은 판옥선 58척과 거북선 2척으로 와키자카 야스하루의 함선 73척을 한산도 앞바다에서 학익진 전술(학 날개 진형)으로 일본 함대를 포위하고 판옥선과 거북선의 화력으로 적의 기동력과 전투력을 무력화시켜 조선 수군은 큰 피해 없이 왜선 59척을 격침하며 대승을 거두었다.
- 명량 해전(1597년 10월)에서 이순신 장군은 판옥선 12척으로 일본 함선 133척을 명량 해협의 좁은 수로로 유인하여, 강한 조류와 협수로를 이용하여 일본 함선 간 충돌과 혼란을 유발하며 각개 격파하여 일본 함선 30여 척을 격침했고 조선 수군은 거의 피해가 없었다.
- 노량 해전(1598년 11월)에서 이순신 장군과 명나라 수군 도독 진린의 연합 함대 약 460척이 노량 해협에서 일본 함선 570여 척을 기습 공격하여 관음포로 몰아넣고 야간 해전을 벌였다. 이 해전에서 일본 함선 약 200척이 격침되고 100척이 나포되었으며, 조명 연합군은 피해가 극히 적었다. 이순신 장군은 이 해전에서 피격되어 장렬히 전사하였다.

7장

해양전략

19세기에 들어서면서 미국의 마한, 영국의 콜벳 등 해양 전략가들이 역사와 해전사를 기반으로 연구한 해양전략이 꽃을 피웠고, 20세기에는 소련 해군 참모총장 세르게이 고르시코프는 『국가의 해양력』을 저술하여 해양전략과 해군의 임무를 정립하였다. **469**

1.
마한의 해양전략

마한(Alfred Thayer Mahan)은 그의 저서 『해양력이 역사에 미친 영향(The Influence of Sea Power upon History)』을 통해 1660년경부터 1783년 미국혁명 종전까지 벌어진 30여 건의 해전을 분석하여 해양력이 유럽과 미국 역사에 미친 영향을 체계적으로 제시하였다.[470]

마한의 저서가 1890년 출간되자 세계 각국 해군 장교들과 군사학교로부터 찬사와 감사의 편지가 쇄도했다. 영국과 프랑스 국방대학교 학장들도 이를 높이 평가했고, 미국 시어도어 루스벨트 대통령은 마한에게 "쉬지 않고 읽었으며, 만약 이 책이 해군의 고전이 되지 않는다면 큰 실수일 것"이라는 찬사를 보냈다.[471] 독일 카이저 빌헬름 2세는 "이 책을 한 장씩 뜯어 먹듯 읽고 배우며, 함정에 비치해 장교들이 항상 인용하고 있다"고 언급했다.[472]

마한은 이 저서로 인해 하버드, 예일, 옥스퍼드, 케임브리지 대학 등에서 명예박사 학위를 받았으며 대통령 국방자문 합동위원회 의장으로 재직하였다.[473]

당시 미국은 먼로 독트린의 고립주의에 따라 유럽의 분쟁에 개입하지 않겠다는 기조를 유지해 왔으나, 마한의 저서는 미국인들에게 해양의 중요성을 각인시켰으며 미국의 시야를 대양으로 돌리게 하였고 이후 세계 강국으로의 도약을 이끌었다.[474]

15세기 대항해시대가 개막되자 유럽 국가들이 해양을 통해 신대륙과 아시아에 진출하여 제국으로 성장했듯, 미국 또한 해양을 통해 세계로 나가 최강국이 되었다.[475]

마한은 "해양의 사용과 통제가 국력을 증대시키는 핵심이다."라고 하면서, 해상교통로 보호가 해군력의 존재 이유이며 해군 전략의 궁극적 목적은 해군력을 건설하여 국민의 번영을 도모하는 데 있다고 주장했다.

그는 해양을 인류의 공동 자산이자 무역로로 정의하며, 해상 수송이 육상 수송보다 효율적이고 비용이 적게 들어 유럽 제국들이 이를 통해 부를 축적해 왔다고 지적했다.

마한은 1665년 로수토프트 해전부터 1676년 파사로 해전까지의 영국과 네덜란드와 스페인 간의 해전을 분석하여, 영국 해군력의 지속적 유지가 국가의 경제적 번영과 직결되었음을 보여주었다. 이 분석을 통해 마한은 해양력이 국가의 흥망을 좌우하는 핵심 요인임을 강조하였으며, 이는 이후 세계 해군 전략의 기본 원칙으로 자리 잡았다.

마한은 해양력의 6대 구성요소를 제시하면서 이 6대 요소의 종합이 국가의 해양력 수준과 한계를 결정한다고 보았으며, 해군력과 상업 보호가 조화를 이뤄야 해양력이 극대화된다고 강조하였다.

구분	내용 및 해설
지리적 위치 (Geographical Position)	해양에의 접근성, 해양 교통로 상 위치, 해상 무역의 용이성 등을 의미. 대륙 국가보다 해안선이 발달한 국가가 해양력에서 유리. 영국은 유럽과 가까우면서 섬으로 방어가 용이해 해양력 발전 유리.
지형 (Physical Conformation)	천연 항구, 해안선의 발달, 섬의 분포 등 지리적 특성이 해양력에 미치는 영향. 천연 항만이 많을수록 무역 및 해군 기지 구축이 용이.
영토의 크기 (Size of Territory)	국토의 크기보다 해안선 길이와 해양 접근성, 식민지 보유 여부가 해양력에 더 중요. 육상 국경 방어에 자원 낭비를 줄여 해군력 강화 가능.
인구(Population)	충분한 해상 인력을 제공하여 해군과 상업 해운을 유지할 수 있는 인구 기반 필요. 해양 활동에 친숙한 국민 기질도 중요
국민성 (National Character)	해양 무역, 항해, 해외 진출에 대한 국민적 기질과 모험심. 상업과 항해를 장려하는 국민 정신이 해양력의 기초
정부의 성격 (Character of the Government)	해군력 건설, 해상 무역 보호, 해군과 상업의 균형 발전을 위한 정책 의지. 정부의 의지가 해군 건설, 상업 보호, 식민지 개척에 결정적 영향.

마한의 해양전략은 다음 네 가지 축으로 구성된다.

1. 제해권(Command of the Sea) 장악: 해양에서 군사·경제적 통제력을 행사하는 것이며, 이는 국가 전략의 핵심이다.[476]
2. 통상 보호와 차단: 평시에는 자국 해상교통로를 보호해 번영을 도모하고, 전시에는 적의 해상교통로를 차단해 전쟁 지속능력을 약화한다.[477]
3. 주력함대 간의 결정적 해전(Decisive Battle): 적 주력함대와의 전투에서 승리하여 제해권을 확보한다.[478]
4. 지리적 요충지 및 기지 확보: 전략적 항구·해협·보급기지를 확보하여 해상작전 지속능력과 전략 기동성을 유지한다. 현대적 관점에서는 확고한 동맹 유지도 이에 포함된다.[479]

마한은 아래 표와 같이 『해양력이 역사에 미친 영향』의 서론부터 제 14장을 통하여 해양력이 상업, 식민지, 전쟁 수행, 경제 및 국가의 흥망을 결정한다고 주장하면서 육상에서의 전쟁보다 해상에서의 교통로 통제 및 제해권이 전쟁의 판도를 바꾼 사례를 구체적으로 분석하고 [480], 영국의 해양력 확보 과정과 해양력이 역사를 어떻게 주도해 왔는지 체계적으로 설명하며 해군력과 상업 보호, 국가 정책의 유기적 결합이 강력한 해양력으로 이어져야 함을 강조하였다.[481]

서론: 해양력의 본질과 요소	해양력(Sea Power)은 국가의 지리적 위치, 천연 자원, 국민의 성격, 정부의 정책 등에 의해 좌우되며, 해양력은 상업 보호, 해상교통로 통제, 제해권(制海權, Command of the Sea) 확보로 구체화되며, 국가의 번영과 힘은 육지가 아닌 바다를 통한 상업과 해군력 유지에 달려있음을 강조.
제1장: 영국 해양력 의 요소	지리적 위치(섬나라), 해안선, 천연 항구, 국민 성격, 상업 기질이 영국 해양력의 기초임을 강조하고 이러한 요소가 영국이 유럽 대륙과 상업, 군사적으로 연결되면서 해양 강국으로 성장하는 기반이 되었음을 분석.
제2장: 영국 해양력의 성장 (1660-1688)	영국 해군력 강화와 상업적 팽창의 상호작용을 분석하고 네덜란드와의 경쟁 및 '영국 항해법(Navigation Acts)'이 해상 교역에서 영국의 우위를 가져왔으며 해군이 상업 보호와 국가 이익 수호에 핵심 역할을 한 점을 강조.
제3장: 네덜란드 및 영국 해양력의 대결	네덜란드의 상업 우위가 해양력을 유지하지 못해 영국에 밀리게 된 배경을 분석하고 무역로 보호 실패와 해군력 유지 부족이 네덜란드 해양력 쇠퇴의 원인으로 지적하고 해상에서 제해권 상실이 결국 국가 경쟁력 상실로 이어졌음을 강조.
제4장: 해양력과 전쟁수행능력	해양력이 전쟁 수행에서 주도권을 가져오는 사례를 분석하고 육상에서의 전쟁의 승패보다 해상에서의 통제가 더 중요하다는 견해를 제시하고 해상 봉쇄(blockade), 해상 수송, 해군에 의한 적 해군 타격 등이 전쟁 양상을 결정짓는다고 분석.
제5장: 영국의 해양력과 루이 14세의 대외 정책	루이 14세 시기의 프랑스가 해군력을 간과하고 육군 중심으로 전력을 집중한 한계를 분석하고 영국이 해상 제해권을 장악함으로써 전쟁에서 유리한 위치를 점유하고 국가적 번영을 이어갈 수 있었음을 사례로 제시.
제6장: 1688~1697년의 해상 전쟁	9년 전쟁(1688~1697) 동안 해군력의 중요성이 명확해졌음을 분석하고 영국 해군이 프랑스 해군을 견제하며 상업 루트를 보호했고, 이를 통해 자국의 전쟁 수행과 재정 확보가 가능했음을 분석.

제7장: 1697~1713년 해양력과 전쟁(스페인 왕위 계승 전쟁)	영국 해군이 해상에서 프랑스 및 스페인 함대를 봉쇄하고 해상 교역과 식민지 공급로를 통제한 사례를 제시하고, 영국 해군의 존재가 육지 전장에서 영국과 동맹국의 작전을 유리하게 만들었음을 분석하고 해상 제해권 장악이 곧 전쟁의 승패로 이어진다는 주장을 구체적으로 설명
제8장: 해양력과 식민지 확장	해양력의 영향이 식민지 확장과 유지에서 어떻게 작동하는지를 분석하고 영국은 해상교통로 보호와 해군력을 바탕으로 아메리카, 인도, 서인도 등에서 식민지를 확보하고 무역을 확대하였음을 분석.
제9장: 해양력과 프랑스의 실패	프랑스가 식민지 및 해상 무역에서 패배한 원인을 분석하고 프랑스가 육군 중심 전략을 고수하고 해군과 상업 보호에 소홀하여 해양 강국으로 발전하지 못하고 해양력 부재가 국가 재정, 식민지, 전쟁에서의 전략적 실패로 이어진 사례 제시
제10장: 1739~1748년 해상 전쟁 (오스트리아 왕위 계승 전쟁)	영국 해군이 프랑스 및 스페인 해군을 분산 및 봉쇄하여 해상교통로와 무역로를 통제한 사례를 설명하고 해양 봉쇄와 수송로 보호의 전략적 중요성을 구체적으로 서술.
제11장: 1756~1763년 7년 전쟁과 해양력	영국 해군의 해상 지배가 7년 전쟁에서 결정적 역할을 했음을 강조하고 해상에서의 승리가 식민지 전쟁(북미, 인도 등)에서의 승리로 연결되었음을 설명하고 프랑스 해군이 해상에서 패배하면서 식민지 상실 및 해상 교역 붕괴가 이루어졌음을 분석.
제12장: 해양력의 경제적 영향	해양력이 국가의 재정 및 무역 활성화에 미치는 영향을 분석하고 상업 보호, 무역 확대, 식민지 개발, 재정 확충이 해양력의 직접적 이익임을 강조.
제13장: 1775~1783년 미국 독립전쟁과 해양력	미국 독립전쟁에서 해양력이 전쟁 전개 및 결과에 끼친 영향을 분석하고 영국 해군이 제해권을 상실하면서 전쟁 수행에 어려움을 겪었고, 프랑스 및 스페인이 해군력으로 미국을 지원하여 독립에 기여했음을 서술.
제14장: 요약 및 결론	해양력이 역사를 바꾸는 힘이라는 점을 사례로 재확인함. 해양력의 핵심 요소(상업, 해군력, 지리적 위치, 국민성, 정부 정책)가 국가 번영과 세계사의 전개를 좌우했음을 정리하고 해양력의 부재가 국가의 쇠퇴로 이어지며, 해양력을 갖춘 국가는 경제적·군사적으로 주도권을 확보한다는 결론을 제시.

2.
콜벳의 해양전략

콜벳(Julian S. Corbett)은 "클라우제비츠는 광범위하고 완전한 전쟁 이론 체계를 정립하였지만, 역사상 가장 불가사의한 현상 중 하나인 영국의 팽창의 신비를 보지 못했다"고 평가하며, 전쟁의 본질은 해양통제(Sea Control)를 통해 전승의 발판을 제공한다는 해양전략 이론을 정립하고 그의 저서『해양전략의 원칙(Some Principles of Maritime Strategy)』에서 구체화하였다.[482]

콜벳은 순수한 민간 출신의 해양 전략가로 법학을 전공했으나 역사 연구에 몰두하면서 전사(戰史)에서 전략과 전술을 추출하였고, 전쟁의 궁극적 목적은 육상에서 달성된다는 점에서 해군과 육군의 협동 작전을 강조하였다.[483]

그는 전쟁의 본질을 제한전쟁(Limited War)과 무제한전쟁(Unlimited War)으로 구분하며, "어떤 전쟁은 정치적 목적이 중대하여 최대 한계치까지 싸워야 하고, 어떤 전쟁은 정치적 목적이 덜 중요하여 제한된 범위 내에서 싸운다"라고 설명하였다.[484] 그러나 대륙에서 인접국 간 전쟁이 발발할 경우에는, 제한전쟁과 무제한전쟁의 구분은 모호해지고, 정치적 목적과 무관하게 전쟁은 무제한으로 확대되는 경향이 있다고 보았다.

반면, 해양이 개입되는 전쟁에서는 해양이라는 물리적 장애가 제한전쟁의 조건을 만들어낸다는 사실을 발견하였으며, 영국의 팽창은 해양에서의 제한전 수행을 통해 달성되었다고 분석하였고,[485] 콜벳은 전쟁의 본질을 대륙적 시각과 해양적 시각으로 구분하였다.

콜벳은 해전 이론을 정립하면서 해전의 목적을 제해권의 보장으로 보았다. 해양은 국가의 상업 및 군사적 생존을 위한 교통수단으로 기능하기 때문에, 제해권의 획득은 해상교통로를 통제하는 것 이상도 이하도 될 수 없다고 보았다.[486] 그리고 "제해권은 영구적·전면적으로 확보될 수 없으며, 안정되거나 불안정한 상태로 유지될 뿐이다."라고 강조하였다.[487]

제해권을 확보하는 수단으로는 함대에 의한 결전과 융통성 있는 세력의 집중을 제시하였다. 즉, 세력의 집중은 필수적이지만 전략적 후퇴도 가능해야 하며, 우리의 배치와 의도를 적이 알아채지 못하도록 해야 한다고 강조하였다.[488] 특히, 훌륭한 지휘관은 자신의 세력 집중이 뻗을 수 있는 한계를 정확히 판단할 수 있어야 한다고 주장하였다.

콜벳은 해전 수행의 원칙으로 '세력의 집중', '교통로의 통제', '노력의 집중'이라는 세 가지를 제시하였다.[489]

'세력의 집중' 측면에서 지상전은 우세한 세력이 적의 세력을 각개격파할 수 있으나, 해전은 적이 방어가 용이한 항구로 퇴각할 수 있어 지상전과 다른 제한 요인이 존재한다고 보았다.

'교통로의 통제' 측면에서도 지상에서는 적의 이동 방향을 어느 정도 예측할 수 있으나, 해상에서는 장애물이 없어 적의 이동 경로를 특정

하기 어렵다고 지적하였다.⁴⁹⁰

'노력의 집중' 측면에서는 지상전은 주공을 편향시킬 필요가 없지만, 해상에서는 적을 공격하면서 동시에 자국의 해상교통로를 방어해야 하므로 주력을 편향시킬 필요성이 존재한다고 설명하였다.⁴⁹¹

콜벳은 해군작전의 전형적인 형태를 '제해권 획득'과 '해상교통로 통제' 두 가지로 구분하였다.⁴⁹²

'제해권 획득'의 방법으로는 아국 세력이 우세할 경우 함대 결전 또는 봉쇄를 통해 안정적 제해권을 확보하고, 세력이 열세일 경우에는 현존함대(Fleet in Being) 전략이나 소규모 대응 공격을 통해 제해권을 분쟁적 상태로 유지해야 한다고 주장하였다.⁴⁹³

'해상교통로 통제'는 '적국의 해상교통로 차단'과 '아국 원정군의 해상교통로 보호'로 나누어 설명하였다.⁴⁹⁴

콜벳은 제해권 행사 방법으로 ① 적의 침공에 대한 방어, ② 해상교통로에 대한 공격과 방어, ③ 아국 원정군 보호를 제시하였다.⁴⁹⁵

먼저 적의 침공 방어는 최우선 과제로, 제해권을 확보하지 못한 침공은 반드시 실패했다고 지적하였다. 해상교통로의 공격 및 방어는 선박이 집결하는 지점에 대한 작전으로, 가장 강력한 형태는 적 선박의 출발지 및 목적지 항구를 봉쇄하여 달성된다고 분석하였다. 또한, 아국 원정군의 해상교통로 보호는 해상교통로 문제의 핵심으로, 지상군 수송선단의 안전 확보가 최우선 목표라고 강조하였다.

콜벳의 전략 이론에 따른 해군과 육군의 협동 개념

콜벳은 전쟁의 궁극적 목적은 육상에서 완수되며, 해군과 육군의 협동이 필수적이라고 강조하면서 해상에서의 승리가 의미 있는 것은 육상에서의 정치·군사적 성과로 연결될 때 비로소 전략적 가치가 완성된다고 하였다.

이와 관련한 대표적인 역사적 사례는 노르망디 상륙작전, 인천상륙작전, 포클랜드 전쟁, 걸프전이 있다.

노르망디 상륙작전(1944년)에서 해군의 상륙 해역에서 제해권 확보, 상륙 지원사격, 대공·대잠 방어, 수송 선단 호위를 통하여 육군이 해군(해병대)이 확보한 해상교두보를 통해 상륙 및 교두보를 확장하여 육상으로 진격하여 독일 점령지를 해방하였다.

인천상륙작전(1950)에서 해군의 기뢰 제거, 해상교통로 확보, 상륙부대 해상 수송, 상륙 지원사격을 통하여 육군이 상륙하여 인천 탈환, 서울 수복 및 북진 작전을 수행하였다.

포클랜드 전쟁(1982)에서 영국은 항공모함 및 구축함으로 해양통제를 획득하여 아르헨티나 해군을 봉쇄하여 영국 육군/해병대가 포클랜드섬을 상륙하여 스탠리를 점령하여 전쟁을 종결하였다.

걸프전(1991)에서 해군은 페르시아만 해상교통로 통제, 해상 봉쇄 및 해상에서의 이라크 지상 표적에 대한 미사일 공격을 수행하여 육군이 쿠웨이트를 해방하고 이라크군을 격퇴하였다.

콜벳은 『해양전략의 원칙』을 통해 해양전략은 육상 전략과 통합되어야 하며, 정치적 목표에 부합해야 하고 제해권은 바다의 사용 통제이며, 완전한 장악이 아니라 부분적/일시적 장악도 의미가 있음을 분석하였다.[496]

구분	주요 내용
Part I: Theory of War (전쟁의 이론)	Chapter 1: The Theory of War(전쟁의 이론) 전쟁은 정치의 연속이며, 전략은 군사적 목표와 정치 목표가 일치하도록 이끄는 역할을 하며 해양전략은 지상 전략과 구별되며, 해양력은 단독으로 전쟁을 결정하기보다 육지 작전과 연계되어야 함.
	Chapter 2: The Sea as a Field of Strategy(전략의 현장으로서의 해양) 해양은 영토처럼 점령할 수 없으며, 해양의 사용(use of the sea)을 통제하는 것이 해양전략의 본질이며 해양통제(Sea Control)가 작전의 자유와 적의 해상 사용 억지의 핵심임.
	Chapter 3: The Object of Naval Warfare(해전의 목표) 해전의 목표는 적 해군 격멸 자체가 아닌 해양 통제를 확보하는 것이며 해군력은 적의 해상 운송을 차단하고 자국의 해상교통로를 보호하기 위해 활용해야 함.
	Chapter 4: Command of the Sea(제해권) 제해권(Command of the Sea)은 해양통제를 의미하며 절대적, 일시적, 국지적 형태가 있으며 완전한 제해권은 드물며, 부분적/일시적 제해권도 전략적 가치를 가짐.
	Chapter 5: The Characteristics of Naval Action(해전의 특징) 해전은 고정된 전선을 가지지 않으며, 작전 범위가 넓고 기동전이 주가 되며 해군의 기동성과 신속한 집중이 해상 전략의 핵심임.
	Chapter 6: The General Object of Naval Strategy(해군 전략의 일반적 목적) 해양전략의 일반적 목적은 적의 해상 사용을 억지하고 자국의 해상 사용을 보장하며 육상 작전과 연계될 때 효과적임.
Part II: Theory of Naval Strategy (해양 전략의 이론)	Chapter 1: The Nature of Naval Strategy(해군 전략의 본질) 해양전략은 전쟁의 한 부분으로, 국가 전략의 일부로 이해해야 하며 지상 작전과 해상작전의 통합 및 상호작용이 필수임.
	Chapter 2: The Instruments of Naval Strategy(해군 전략의 수단) 해양전략의 수단은 전투함대, 상륙작전, 해상 봉쇄(Blockade), 통상 파괴임.
	Chapter 3: The Determination of Naval Strategy(해군 전략의 수립) 해양전략 수립은 적의 해군력, 자국의 지리적 조건, 정치적 목표를 종합적으로 고려해야 하며 해상작전은 육상 작전과 분리되어 독립적으로 결정되어서는 안 되며, 정치-군사 목적과 긴밀히 연계되어야 함
Part III: The Conduct of Naval War (해상 전쟁의 수행)	Chapter 1: The Offensive with a Fleet in Being(현존함대로 공격) 현존함대(Fleet in Being)를 유지하며 위협으로 활용해 적의 행동을 제한하고 전투를 회피하면서도 전략적 영향력을 발휘해야 함.

Part III: The Conduct of Naval War (해상 전쟁의 수행)	Chapter 2: The Defensive with a Fleet in Being(현존함대로 방어) 방어 전략으로서 현존함대(Fleet in Being) 보유하고 활용해야 하며 적극적 방어로 해양에서 적의 행동을 제약하며 시간을 벌고 상황 전환 기회를 탐색해야 함.
	Chapter 3: The Control of Maritime Communications(해상교통로 통제) 해상교통로의 통제가 해양전략의 핵심이며 상업로 보호 및 적의 해상교통 차단이 해군력의 주된 역할임.
	Chapter 4: Minor Operations and Joint Operations(소규모 합동작전) 소규모 해상작전 및 육해군 합동작전의 중요성을 강조하고 상륙작전, 해안 폭격, 육군과의 협동을 통해 전략 목표를 달성해야 함.

　콜벳은 전쟁의 최종 목표는 육상에서 달성되지만, 육군의 목표를 달성하기 위해서는 해군이 제해권을 확보하고 해상교통로를 보호하며 상륙작전을 지원해야 한다는 것이 역사와 현재 모두에서 유효한 원칙이라고 주장하였다.[497] 이러한 해·육군 협동은 현대 한국 해군의 해상교통로(SLOC) 확보, 상륙작전 지원, 한미 연합작전 수행 및 연안 방어 작전에서 실질적으로 적용되고 있으며, 전략적 수준에서 해양력과 지상력의 융합이 전쟁 목표 달성의 핵심 조건임을 보여주고 있다.

3.
고르스코프 해양전략

　세르게이 고르스코프(Sergey Gorshkov)는 1956년부터 1985년까지 소련 해군 원수 및 해군 총사령관으로 재직하며 소련 해군의 현대화를 주도하였다. 그는 소련 해군 전략의 체계화와 해양력이 국가 발전에 기여하는 논리를 정립하기 위해 1976년 『국가의 해양력』을 출간하였으며, 이를 1979년 영어와 프랑스어로 번역해 세계에 전파하였다.[498]
　서방의 해양 전략가들이 해전사와 전쟁사를 분석하여 보편적인 해양전략 및 해군력 이론을 도출한 반면, 고르스코프는 사회주의 국가의 국익을 보호하기 위한 해양전략과 해양력, 해군력의 역할을 강조하였다.[499] 그는 마르크스·레닌주의 사상을 해양전략의 상위 개념으로 표방하면서, 해양력의 궁극적 역할은 공산주의 건설을 위한 세계 해양의 효과적 활용이라고 규정하고, 해양은 인류의 진화와 함께 경제적·군사적으로 핵심 무대가 되었으며, 우주 시대에도 그 중요성은 지속된다고 주장하였다.[500]
　고르스코프는 해양력을 다음과 같이 구성하였다:

- 해군력
- 상선 및 해상교통로 통제력
- 해양 경제력
- 과학기술 기반
- 그리고 이를 국가의 정치, 경제, 과학기술, 해운, 수산, 해양탐사 등 해양 활동 전반의 힘을 아우르는 개념으로 규정하였다.[501]

그는 해양전략의 핵심 요소로 ① 해양통제 및 해상교통로 보호, ② 해양력과 국가의 안보·정치력, ③ 전략적 억지력으로서의 해군, ④ 해양전략의 전 지구적 범위를 강조하며, 소련 해군이 대서양·태평양·인도양 등 세계 해역에서 미국 해군의 전략적 통제에 대응하기 위한 활동을 수행해야 한다고 주장하였다.[502]

1. 해양통제 및 해상교통로 보호

해양은 군사력과 무역·자원 수송을 위한 교통로로, 해양통제는 국가 생존과 직결된다. 해양통제의 궁극적 목표는 적의 해양 활동을 억지·차단하고 자국의 해양 활동을 보장하는 것이라 규정하였다.[503]

2. 해양력과 국가 안보·정치력

해양력은 단순 군사력이 아니라 국가의 대외정책, 정치적 영향력 확대, 전략적 균형 유지 수단으로 작용한다. 해양력을 통한 정치·군사적 압박은 육상 전쟁보다 덜 위험하면서도 효과적이며 지속적이라고 강조하였다.[504]

3. 전략적 억지력으로서의 해군

원자력 잠수함과 수상함 기반의 전략 억지력을 중시하며, 해군은 단순 방어가 아닌 적의 전략 기지를 타격하고 세계적 해양 통제를 가능하게 하는 공격적 도구로서 기능한다고 주장하면서 과학기술의 발전은 잠수함을 가장 완벽한 현대 무기체계로 발전시켰다고 평가하였다.[505]

4. 해양전략의 전 지구적 범위

고르스코프는 해양전략은 특정 해역에 국한되지 않으며, 전 지구적 범위에서 해양통제를 추구해야 한다고 강조하면서 해군력 발전의 방향으로 ① 과학기술 기반, ② 다기능적 해군력 구성, ③ 전략적 임무 수행을 제시하였다.[506]

① 과학기술 기반

해군력은 핵 추진, 유도탄, 전자전, 해양탐사 등 과학 기술력 발전 없이는 유지될 수 없으며, 해군의 현대화는 국가 과학기술 발전과 직결된다고 주장하였다.[507]

② 다기능적 해군력 구성

원자력 잠수함, 유도탄 순양함, 항공모함, 해상초계기, 상륙부대 등 다양한 임무 수행이 가능한 해군력을 보유해야 하며, 전면전 대비는 물론 평시 분쟁·국지전·해상 차단·상륙작전 수행할 수 있어야 한다고 강조하였다.[508]

③ 해군의 전략적 임무

해군의 임무로는 적 함대 및 해상교통로 차단, 핵·디젤 타격을 통한 전략 억지, 연안·도서 방어, 해상교통로 보호, 상륙·원정 작전 지원 등을 제시하면서 해양전략의 주요 특징을 다음과 같이 정리하였다:

광의적 해양력 개념: 해군력, 해상교통로 통제, 해양 경제력, 과학기술력을 포함.

전 지구적 해양전략: 특정 해역이 아닌 전 세계 해양 통제를 지향.

해군의 전략적 억지력: 원자력 잠수함·수상함 기반의 핵 및 디젤 억지력.

국가 발전과의 연계성: 해양력은 국가 경제·정치·과학기술 발전과 직결.

공격적 해양전략: 방어에 그치지 않고 세계적 영향력 확대의 수단으로 해군을 활용.[509]

결론적으로 고르시코프는 그의 저서『국가의 해양력』을 통해 해양력을 단순한 군사력 개념이 아닌 국가의 전반적 성장과 대외 전략 수행을 위한 종합적 수단으로 규정하고 해군은 해양통제 및 국가 방어뿐 아니라 전략 억지력, 원해 작전, 정치·군사적 영향력 확대 수단으로 기능해야 한다고 강조하였다.[510]

구분	주요 내용
1장: 대양과 국가의 해양 세력	- 해양이 지닌 전략적, 경제적 가치를 강조하며, 대양의 지배력이 곧 국가의 힘과 번영으로 직결됨을 주장. - 핵기술 발전과 산업화, 해상 교통의 확대가 국가의 해양력 필요성을 높였음. - 국가의 해양력은 해군력, 상업 해운, 해양 자원 개발 및 과학기술, 해양 정책, 해외 군사·경제적 활동의 총합으로 구성됨을 명시. - 해양력은 육상력의 보완 수단이 아니라 국가 안보와 경제적 경쟁력의 핵심 수단으로 자리 잡아야 함을 강조. - 특히 냉전기 대양의 전략적 가치가 높아지며, 대양을 통한 핵 억지, 해상 통제, 원양 투사 능력 확보의 필요성을 역설
2장: 해군 역사의 한 장	해군력 발전의 역사적 변천사 개괄: - 범선 시대의 해상 패권 경쟁(영국의 제해권), - 증기함·철갑함의 등장, - 제1차 세계대전에서의 해상 봉쇄, 잠수함 작전 확대, - 제2차 세계대전에서 항공모함과 잠수함의 역할 증대. - 역사적으로 해군은 국가의 생존과 번영, 전쟁 수행에서 결정적 역할을 담당해 왔음을 강조. - 해군력의 발전은 단순히 기술적 진보가 아니라 국가 전략·경제와 결합해 발전해 왔음을 지적. - 영국 해군의 제해권 유지 사례, 미국 해군의 태평양 전략 등을 분석하여 해군의 역사적 교훈을 도출.

3장: 제2차 세계 대전 이후 해군력의 발전	- 제2차 세계대전 후 해군력 발전의 핵심 동인은 핵무기와 유도탄 기술의 발전임을 지적. - 항공모함 전력, 전략 원자력 잠수함(SSBN) 및 핵 추진 잠수함(SSN), 해상 기반 유도탄 전력이 해군력의 중심으로 부상. - 냉전 구조 속에서 해군력은 단순한 해상 방어가 아니라 전략적 억지력과 원양 작전 능력으로 발전. - 해군력의 발전이 해상교통로 방어, 해상 봉쇄, 상륙작전, 원양 작전, 전략 핵 억지라는 다층적 임무로 확대. - 소련 해군도 해상 전략 억지력과 원양 작전 능력을 갖춘 해군으로 발전해 나가야 함을 강조.

4장:
해군술의
제문제
	1. 해군술의 정의와 역할
	- 해군술(Naval Tactics)은 해양전략(Sea Strategy)의 하위 개념으로, 해군 전력을 구체적으로 운용·활용하는 기술과 방법론.
	- 전략적 목표(해상교통로 보호, 제해권 확보, 상륙 지원, 핵 억지 등)를 실제 작전에서 실현하기 위한 수단.
	2. 해군술 발전의 방향
	- 해군술은 기술 발전(유도탄, 핵무기, 항공, 전자전, C4ISR, 위성)과 결합해 지속적으로 진화.
	- 현대 해군술은 단순 전열 형성 시대에서 벗어나,
	  기동전(Maneuver Warfare)
	  타격전(Strike Warfare)
	  정보전(Information Warfare)
	  전자전(Electronic Warfare)
	  심리전(Psychological Warfare) 등이 복합적으로 결합된 형태로 발전해야 함.
	3. 해군술의 주요 요소
	- 함대 편성 및 운용: 임무에 맞는 함대·전단 구성, 유연한 임무 전환 가능.
	- 해상 기동과 집중: 광역 해역에서 기동력을 활용해 적을 분산시키고, 결정적 시점에 전력 집중.
	해상 타격력: 유도탄·항공·잠수함을 활용한 타격 능력 극대화.
	- 해상 봉쇄 및 교통로 보호: 적의 해상교통 차단 및 아군의 해상 보급선 유지.
	- 상륙작전 및 합동작전: 해군 단독 작전 한계를 극복하기 위해 육해공군 및 해병대와의 연계 작전.
	4. 핵 억지 및 디젤 작전의 병행
	- 해군력은 핵 억지력과 디젤 작전을 동시에 수행할 수 있어야 하며,
	- 특히 전략 원자력 잠수함(SSBN)의 운용과 순항유도탄 잠수함(SSGN), 해상 기반 전략 무기의 전개는 해군술 발전에 핵심.
	5. 정보·정찰·통신(C4ISR)의 중요성
	- 현대 해군술은 정보 우세 확보가 승패를 좌우.
	- 위성, 해상초계기, 무인정찰기, 수중 센서망 등을 활용하여 정보·정찰 능력을 강화하고,
	- 실시간 전장 관리 및 정밀 타격이 가능하도록 지휘·통제·통신 체계 구축 필요.
	6. 통합적 해군술의 지향
	- 해군술은 더 이상 해군 단독의 기술이 아닌, 국가 해양력의 실현을 위한 종합적, 체계적 기술로 발전해야 함.
	- 정치·경제·군사 전략과 연계되며, 특히 해군 전략과 해군술의 일체적 발전이 필요함을 강조.

결론 및 시사점

고르스코프는 『국가의 해양력』을 통하여 해양력을 단순한 군사력 개념이 아닌 국가의 전반적 성장과 대외 전략 수행을 위한 종합적 수단으로 규정하였다. 해군은 해양통제 및 국가 방어뿐 아니라 전략 억지력, 원해 작전, 정치·군사적 영향력 확대 수단으로 기능한다.[511] 현대 중국 해군의 원해 해군 전략(Blue Water Navy)과 해양통제 확대 전략은 고르스코프의 해양전략에서 강한 영향을 받았다.[512] 특히 해상교통로 보호, 전략적 억지력 확보, 과학기술 기반 해군력 구축 등의 전략은 한국 해군의 해양전략 및 해군력 건설에도 시사점을 제공할 수 있다.[513]

마한, 콜벳, 고르스코프 해양전략 비교표

구분	마한	콜벳	고르스코프
시대 배경	19세기 말~20세기 초 미국 신흥 해양국	19~20세기 초 영국 해양국	냉전기(1956~85) 소련 해군 현대화
주 저작	『해양력이 역사에 미친 영향』(1890)	『해양전략의 원칙』(1911)	『국가의 해양력』(1976, 1979)
핵심 개념	해양력=함대력 중심, 제해권 장악	해양력=통상 교통로 통제 중심, 해양전략은 국가 전략의 일부	해양력=국가 발전·전략 억지력 도구, 전 지구적 해양통제
해양력 구성	상선+상업+항만+함대력	함대력+해상교통로 통제	해군력+상선+해상교통로 통제+해양 경제력+과학기술 기반
전략의 범위	원해 해군, 결정적 해전 추구	제한전·해상교통로 통제, 결정적 해전 회피 가능	전 지구적 해양전략, 공격적 해양전략
군사력과 해상교통로	함대력으로 제해권 장악 → 통상로 보호	해상교통로 통제 우선 → 함대력은 보조 수단	해상교통로 통제+전략적 억지력(핵잠+유도탄)
국가 발전과의 관계	해양력이 국가 번영의 핵심	해양전략은 국가 전체 전략의 일부	해양력이 국가 경제·과학기술·정치 발전과 직결
시사점	해양력 강화 통한 세계 강국 도약	해양전략과 국가 전략의 연계	해양력은 단순 군사력 아닌 국가종합력, 현대 중국 해군 전략에 영향

4.
고르스코프 해양전략과 현대 중국 해군 전략의 연계

중국 해군 전략 개요

원해 해군 전략(Blue Water Navy): 연안 방어(근해 방어)에서 탈피, 태평양·인도양 등으로 작전 범위를 확장해 원해에서 작전 가능한 해군력 건설. 해양통제 확대 전략: 남중국해, 동중국해, 서태평양 해역에서 지속적 해상 통제 및 분쟁 대응 능력 확보.[514]

해상교통로 보호: 말라카해협, 인도양, 아프리카 동부 해역 등 중국의 해상 물류·에너지 수송로 보호.[515]

핵·전략 억지력 확보: 전략 원자력 잠수함(SSBN) 및 항모전단 보유로 미국 해군 견제 및 전략 억지력 강화.[516]

과학기술 기반 해군력: 자국산 최신 함정, 함재기, 유도탄 개발 및 위성·네트워크 기반 해상 작전능력 고도화.[517]

고르스코프 해양전략과 중국 해군 전략과의 연계

전 지구적 해양전략: 중국은 태평양, 인도양, 아프리카 해역까지 해

군 전개, 전 지구적 작전 능력 확대 추구.[518]

공격적 해양전략: 중국 해군의 항모, 원해 작전, 해외 기지(지부티, 파키스탄) 확보로 세계적 영향력 확대.[519]

해상교통로 통제 및 보호: 말라카해협, 인도양 해상교통로 보호를 위한 지속적 해군 파견 및 기지화.[520]

전략적 억지력(원자력 잠수함, 유도탄): 094형/096형 전략 원자력 잠수함 SSBN, DF-21D/DF-26 배치로 전략 억지 및 해상 통제.[521]

해양력과 국가 발전 연계: 해양력 강화를 통해 해상물류 안전, 에너지 수송과 일대일로 해상 실크로드 전략 연계.[522]

과학기술 기반 해군력: 자국산 항모, 055형 구축함, 최신 함재기, 무인기, 위성 기반 통합 해상작전체계 구축.[523]

시사점

고르스코프의 해양전략은 현대 중국 해군 전략의 사상적·실천적 토대 중 하나로 작용하며, 중국은 해양력=국가종합력 강화 수단이라는 관점을 실질적으로 적용하여 해군을 단순 방어가 아닌 세계적 영향력 확대 및 전략 억지의 도구로 사용 중이다.[524]

한국 해군 전략에서도 해상교통로 보호, 전략 억지력 확보, 과학기술 기반 해군력 구축은 고르스코프 전략 및 현대 중국 해군 전략의 공통된 교훈으로 적용이 필요하며 특히 원해 해군 전략으로의 단계적 발전은 한국 해군의 미래 비전(한반도 방어 → 동북아 방어 → 원해 작전 능력 보유) 수립 시 비교·참조해야 할 필요가 있다.[525]

5.
마한·콜벳·고르스코프 전략의
한국 해군 적용 로드맵

구분	마한 전략 적용	콜벳전략 적용	고르스코프 전략 적용
핵심 전략	제해권 장악, 주력 함대 중심, 원해 해군 추구	해상교통로 통제, 국가 전략 연계	전략 억지력, 전 지구적 해양전략, 해양력=국가 종합력
적용 가능 요소	독도/이어도/한일 EEZ·해양권 수호 주력함대(구축함·잠수함·해상초계기) 중심 제해권 유지 전방위 연안 방어	동북아 및 한반도 해상교통로 보호 수송·물류·에너지 해상로 통제 능력 확보 국가 안보 전략과 연계된 해양전략 수립	원해 작전 능력 단계적 확보 SLBM·원자력 잠수함 기반 억지력 강화 과학기술 기반 해군력 발전 (KDDX, 잠수함, 해상전력 무인화 등)
한국 해군 적용 로드맵	1단계: 연안 방어 제해권 완비 2단계: 원해 작전 훈련 및 파병 확대 3단계: 동북아 해상권 유지 및 방어	1단계: 제주 해군기지 기반 SLOC 방어 2단계: 해상교통로 위기 관리 능력 강화 3단계: 국지적 해상 분쟁 억지·관리	1단계: SLBM/핵추진 잠수함 단계 도입 2단계: 원해 작전단(경항모+구축함) 전개 능력 구축 3단계: 해양력과 국가 과학기술·안보 연계 강화
기대 효과	유사시 해상 전투 주도권 유지	평시 에너지·물류 수송 보호 및 분쟁 예방	전략 억지력 기반 전쟁 억지 및 영향력 확대

6. 중국 해군 현대화 전략과 한국 해군 전략 비교

구분	중국 해군 현대화 전략	한국 해군 전략
핵심 전략	원해 해군 전략, 해양통제 확대, 전략 억지력 강화	연안 방어에서 원해 작전 단계적 전환, 해상교통로 보호, 억지력 강화
주력 전력	항공모함(001·002·003형), 055형 구축함, 094/096 SSBN, F-21D/26 탄도유도탄, J-15/J-35 함재기	KDX-III Batch-II, 3천톤급 잠수함, SLBM 개발, P-8급 해상초계기, (원자력 잠수함, 경항모)
전략적 억지력	전략 원자력 잠수함 및 SLBM, 대함탄도유도탄 기반 억지	잠수함·SLBM·해상타격전력 기반 억지 능력 확보
원해 작전 능력	태평양·인도양 해군 전개, 해외 기지 건설(지부티, 파키스탄)	원해 훈련, 국제 연합훈련 참여, 장기적으로 경항모+구축함 원해 전개
해상교통로 전략	말라카 해협·인도양 해상로 보호 및 통제	제주해군기지 기반 SLOC 보호, 인도태평양 해상로 위기관리 훈련
과학기술 기반 해군력	국산 항모, 스텔스 함재기, 극초음속 무기, 위성 기반 C4ISR	국내 개발 무인 수상·수중체계, 극초음속 유도탄 개발, KDDX 기반 C4ISR 고도화
공격/방어 성향	공격적 해양전략, 해양 영향력 확대	억지 기반 방어·관리 전략, 단계적 영향력 확대
위협 대응 전략	미 해군 견제 및 서태평양 영향력 확대	유사시 중국 해군 활동 견제 및 연합 해상작전 대비

에필로그

19세기에 들어서면서 미국의 마한(Alfred T. Mahan)과 영국의 콜벳(Julian S. Corbett) 등 해양 전략가들이 역사와 해전사를 기반으로 한 체계적인 해양전략 이론을 정립하였다. 20세기에는 소련 해군 참모총장 세르게이 고르시코프(Sergey Gorshkov)가 『국가의 해양력』을 통해 냉전 시기의 해양전략과 해군력의 역할을 새롭게 정의하였다.

마한의 해양전략

마한은 1660년부터 1783년 미국 독립전쟁 종전까지 벌어진 30여 건의 해전을 분석하여, 『해양력이 역사에 미친 영향(The Influence of Sea Power upon History)』을 저술하였다.

당시 미국은 먼로 독트린(Monroe Doctrine)에 따라 고립주의 외교 노선을 견지하고 있었으나, 마한의 저서는 미국 국민에게 해양의 중요성을 각인시켰고, 미국의 전략적 시야를 대양으로 확장하는 데 결정적 역할을 하였다.

그는 "해양의 사용과 통제가 국력을 증대시키는 핵심"이라 강조하며, 해상교통로 보호가 해군력의 존재 이유이고, 해군 전략의 궁극적 목적은 해양력을 통해 국민의 번영을 실현하는 것이라 보았다.

마한은 제해권 장악과 해상교통로 통제가 전쟁의 판도를 바꾸는 핵심 요소라고 보고, 영국의 해양력 확보 과정, 국가 정책과 상업 보호의 결합, 지리적 요충지 확보 등을 전략적으로 분석하였다. 이러한 마한의 해양전략 개념은 이후 세계 해군 전략의 보편적 원칙으로 자리 잡았다.

콜벳의 해양전략

콜벳은 클라우제비츠의 전쟁론을 비판하며, "그는 광범위하고 완전한 전쟁이론을 정립했으나, 영국의 해양적 팽창이라는 불가사의한 현상을 보지 못했다"라는 지적과 함께 자신의 해양전략 이론을 정립하였다. 그는 『해양전략의 원칙(Some Principles of Maritime Strategy)』에서 전쟁의 본질은 해양통제(Sea Control)를 통해 전승의 발판을 마련하는 것이라고 보았다.

그는 전쟁을 무제한전쟁과 제한전쟁으로 구분하였으며, 해양은 물리적 장벽으로서 제한전 수행을 가능하게 하는 전략 공간임을 강조하였다. 즉, 해양에서의 전쟁은 대륙에서의 전쟁보다 정치적 목표에 따라 유연하게 조절될 수 있으며, 이는 영국의 해양 중심 팽창 전략의 핵심이었다.

또한 콜벳은 전쟁의 궁극적 목적은 육상에서 완수되는 것이며, 해군력은 육군과의 협동을 통해 전략적 효과를 극대화할 수 있다고 주장하였다. 해상에서의 승리는 육상에서 정치·군사적 성과로 연결될 때 비로소 완성된 전략적 가치를 가진다고 보았다.

고르시코프의 해양전략

고르시코프는 사회주의 국가의 국익 수호와 전 지구적 해양전략 수행을 위한 해양전략을 정립하였다. 그는 마르크스·레닌주의 사상을 해양전략의 상위 개념으로 제시하며, 해양력의 목적은 단순한 국방을 넘어 공산주의 건설을 위한 세계 해양의 효과적 활용에 있다고 규정하였다.

그는 해양력을 ▲해군력, ▲상선 및 해상교통 통제력, ▲해양 경제력, ▲과학기술력 등으로 구성되는 국가 종합 해양 역량으로 규정하고, 이를 정치·경제·과학·수산·탐사 등 해양 활동 전반과 결합한 통합 개념으로 보았다.

고르시코프는 해양통제, 해상교통로 보호, 전략적 억지 수단으로서의 해군의 역할, 그리고 해양전략의 전 지구적 범위를 강조하고 소련 해군이 미국 해군의 전략적 통제에 대응하여 세계 전 해역에서 활동할 것을 주장하였다.

결론적으로 그는 해양력이 단순한 국가 방어를 넘어서 전략적 억지력, 원해 작전 수행 능력, 정치·군사적 영향력 확대 수단으로 기능해야 한다고 역설하였다.

결론

마한, 콜벳, 고르시코프는 각기 다른 시대와 이념, 전략적 환경 속에서 해양전략을 정립하였지만, 그들의 공통된 인식은 해양은 국가의 생존과 번영을 결정짓는 전략적 공간이며, 해군력은 그 해양 공간을 통제하고 활용하는 국가 역량의 핵심 수단이라는 점이다.

현대 해양전략은 이들 고전 전략가들의 이론적 기반 위에 서 있으며, 변화하는 국제질서 속에서도 여전히 유효한 방향타 역할을 수행하고 있으며 한국, 미국, 중국 해군 전략과의 연계는 다음 표와 같다.

구분	전략 방향	마한 전략 연계	쿨벳 전략 연계	고르스코프 전략 연계
한국	- 연안방어 → 원해 기동 확장 - 3축 체계 구축 (킬체인, KAMD, KMPR) - 전략잠수함 확보	- 해상교통로 보호 중심의 해양이익 보호 - 평시 해양역량 강화 중심	- 해양·육상 협동작전 강조 (제주기지, 상륙함 운영 등)	- 장보고-III SSBN 등 전략 억지력 확보로 연계
미국	- 해양 패권 지속 - 전방 배치 - 글로벌 기지망 유지 - 항모전단 중심의 억지	- 항모기동부대와 제해권 확보 - 해상교통로 통제 전략	- 지상전 지원을 위한 해양기동작전 (예: 이라크전 상륙 지원)	- 부분적 대응 전략으로 인식 - 자체 적용은 미미
중국	- 근해 방어 → 원해 기동(원양해군화) - A2/AD(반접근/지역거부) - 해상 실크로드	- 해상교통로 확보 - 해외기지 건설(함항, 지부티 등)	- 제한전/비대칭 전략으로 해양 통제 영역 확보 시도	-고르스코프 전략의 계승 (전략적 억지력 강조, SLBM 탑재 SSBN)

8장

주변국 해군력

I.
중국의 해군력 및 해군 전략

제2차 세계대전 시기

제2차 세계대전 시기 중국 해군은 미약한 수준의 해군력이었으며, 2,500~5,200톤급 순양함 3척, 1,300톤급 구축함 2척, 슬루프 1척, 초계함 1척, 경비함 13척, 소해함 4척을 보유하였다.

『제인 해군연감(Jane's Fighting Ships)』에 따르면[526]

- 2,500톤 핑하이(Ping Hai) 급 순양함 2척은 1933년 일본에서 장비·무장을 도입하여 건조하였고,
- 5,200톤 닝하이(Ning Hai) 급 순양함 1척은 1947년 영국에서 도입하였으며,
- 1,300톤 타이강(Tai Kang) 급 구축함 2척은 1946년 미국에서 인수하였고
- 기타 함정들은 자체 건조 및 미국 도입으로 확보하였다.

1950~1970년대: 연안 방어 해군

1949년 4월 23일 '중국인민해방군 해군'을 창설한 중국은 주로 연안 방어 및 해상 밀수 단속 임무를 수행하였다. 1952년 소련군이 다롄에서 철수하면서 소련 해군 함정을 인수하고, 1954년에 소련으로부터 로미오급 잠수함과 6607형 구축함을 구매하여 전력을 보강하였다.

1950년대 말에는 안샨 급 구축함 4척과 잠수함 15척을 포함해 100척 이상의 함대를 보유했지만, 자체 조선 능력의 한계로 인해 노후화된 함정이 주력이었다.

1980~1990년대: 제한적 근해 방어 해군

덩샤오핑의 개혁개방 이후 경제성장과 함께 해군 현대화의 필요성이 대두되었다. 1985년 국방전략을 "적극적 방어"와 '근해 방어' 전략으로 전환하며 Type 051 구축함, Type 035 잠수함 등을 자체 건조했고, 1990년대에는 러시아로부터 소브레멘니 급 구축함과 킬로급 잠수함을 도입, 유도탄 전력을 강화하기 시작하였다.

대만해협 위기 (1995~1996)

1996년 3월 23일 대만의 첫 직선제 총통 선거에 리덩후이가 출마하자 중국은 이를 저지하기 위해 대만 인근 해역에 유도탄을 발사하며 무력시위를 감행하여 대만해협의 해상 및 항공 운송이 마비되었다.

이에 대응하여 미국은 항공모함 전단과 강습상륙함을 대만 인근 해역에 전개하였고, 리덩후이가 압도적 표 차로 당선되었다. 이 사건은 중국이 해군 현대화의 필요성을 절감하게 된 계기가 되었다.[527]

2000년대: 근해 방어에서 원해 작전으로

2004년 중국은 국방백서를 통해 "원해 방어(遠海防衛)" 개념을 공식화하고 항공모함 개발을 본격 추진하였다.[528] Type 052B/C 구축함, Type 054A 호위함 등의 신형 함정을 건조하고, 킬로급 잠수함을 추가 도입하며 디젤 및 원자력 잠수함 개발을 병행하였다.

2010년대: 원해 해군(Blue Water Navy) 기반 구축

2012년 9월 25일, 러시아의 쿠즈네초프급 항공모함을 개조해 '랴오닝'으로 명명하고 취역시켰으며 Type 052D 구축함, 12,000톤급 Type 055 대형 구축함, Type 093/094 원자력 잠수함을 건조하여 원해 작전 능력을 확대하였다.

2020년대: 본격적 원해 해군 완성 단계 진입

2019년에 Type 002 항공모함 '산둥함'을 건조하여 취역하였고 2022년에는 Type 003 항공모함 '푸젠함'(캐터펄트 발진 시스템 탑재) 건조하였고, Type 055 구축함, Type 075 대형 상륙 강습함(헬리콥터 운용)을 건조하였으며, 극초음속 유도탄 DF-21D, DF-26의 해상 운용을 확대하고 Type 096 전략 원자력 잠수함을 개발하여 중국 해군은 "연안 방어 → 근해 방어 → 원해 해군"으로 발전하며, 고르스코프의 '해양력=국가 종합력' 및 '전 지구적 해양전략'과 유사한 노선을 추구하였다.[529] 또한 중동의 '지부티', 파키스탄의 '구와다르' 등 해외 기지를 활용하여 "해상 실크로드" 전략과 연계한 해상교통로 확보 전략을 전개하였다.

2025년 기준 중국 해군 전력

중국 해군은 호위함급 이상 전투함 기준으로,

- 항공모함은 2척(랴오닝, 산둥) 보유, 2척(푸젠) 건조 중,
- 상륙 강습함은 3척 보유, 1척 건조 중,
- 대형 수송함은 8척 보유,
- 구축함은 52척 보유, 15척 건조 중, 이중 이지스급 구축함은 39척,
- 호위함은 80척 보유, 8척 건조 중이다.

중국 해군의 함정 탑재 전투체계

중국 해군은 위상배열레이다와 통합 전투체계를 적용한 중국형 이지스급 전투체계를 구축함에 탑재하였다.

- Type 052C 구축함에는 4면 고정 S-band AESA 레이다와 독자 개발한 ZJK-5 전투체계 탑재
- Type 052D 구축함에는 개량형 AESA 레이다와 개량현 ZJK-5 전투체계 탑재
- Type 055 구축함에는 L-band AESA 레이다 추가 및 최신 ZJK-5 전투체계 탑재
- 구축함 39척에 중국판 이지스급 체계 탑재 및 건조 중인 구축함 17척에 중국판 이지스급 전투체계 탑재 예정

중국 해군의 함정 탑재 유도탄

구축함에 탑재된 대공유도탄(SAM)의 종류는
- HHQ-9/9B/9C: 사거리 150~200㎞, 장거리 대공유도탄,
- HHQ-16: 사거리 50~70㎞, 중거리 대공유도탄,
- HHQ-10: 근접 방어 단거리 대공유도탄이 있다.

구축함에 탑재된 대함 유도탄(ASM)의 종류는
- YJ-62: 사거리 400㎞ 대함 유도탄,

- YJ-83: 사거리 180㎞ 대함 유도탄,
- YJ-12: 사거리 400㎞ 이상 초음속 대함 유도탄,
- YJ-18: 사거리 500㎞ 이상, 종말 초음속 돌입 유도탄이 있다.

구축함에 탑재된 대지 순항유도탄(LACM)의 종류는
- CJ-10 해상형: 사거리 1,500㎞ 이상 대지 순항유도탄이 있다.

구축함에 탑재된 대잠유도탄(ASROC형)의 종류는
- CY-5/6: Yu-7/Yu-11 경어뢰 투하형 대잠유도탄(ASROC형)이 있다.

호위함에 탑재된 주요 무장은
- HHQ-16 중거리 대공유도탄,
- Yu-7 대잠유도탄이 있으며
- AESA 레이다를 탑재하고 있다.

YJ-18, HHQ-9 등 유도탄 운용은 ONI 보고서와 국방백서에 정리되어 있다.[530]

제2차 세계대전 시 미약하였던 중국의 해군력은
- 연안 방어 → 근해 방어 → 원해 해군으로 단계적으로 발전하여 세계 2위 수준의 군함 보유량과 중국판 이지스급 전투체계와 수직발사대(VLS) 및 극초음속 대함·대지 유도탄 운용 체계를 갖춘 해군 강국으로 부상하였으며
- 중국 해군은 원해 해군으로의 전환을 통해 해상 실크로드 전략 및 해상교통로 보호를 실현하고 있다.[531]

중국 해군 vs 한국 해군력 비교 분석

한, 중 해군력 비교

구분	한국	중국
잠수함	SS 23척 보유 (장보고-1, 장보고-2, 장보고-3)	총 76척 보유 (SSBN 6척, SSN 13척 포함)
항공모함	0	2척 보유, 2척 건조 중
헬기모함 상륙강습함	독도급 2척 보유	상륙강습함 3척 보유, 1척 건조 중 대형수송함 8척 보유
구축함	12척 보유 (이지스급 3척 포함)	52척 보유, 15척 건조 중 (이지스급 39척 포함)
호위함	17척 보유	80척 보유 8척 건조 중
유도탄	현무-2/3, 해궁, 해성, SM-2, 잠대지 SLBM	DF-21D, YJ-18, CJ-10, HHQ-9/16/10
해군 전략	연안방어 + 기동함대	원해 해군화, 항모기동부대

중국 해군은 원해 작전과 항모전단 중심의 해양력으로 확대하면서 해상교통로(SLOC)를 장악하고 해상 실크로드 보호와 함께 원해 작전을 수행하고 있다.

한국 해군은 주변 해역을 방어하면서 일부 해상교통로(SLOC)를 보호하고 유사시 주변 해역의 제해권을 확보하고 부분적 원해 작전 능력을 단계적으로 구축 중이다.

2.
러시아의 해군력 및 해양전략

 러시아 해군은 1696년 표트르 1세(표트르 대제) 시기에 창설되어 본격적으로 해군력을 육성해 왔다.**532** 1904년 러일전쟁 직전, 러시아는 프리 드레드노트(Pre-Dreadnought) 전함 19척을 보유하여 40척의 영국, 22척의 프랑스에 이어 세계 3위 해군력을 보유하고 있었다.**533**

 프리 드레드노트 전함은 12인치(305㎜) 주포 4문, 6인치(152mm) 부포 10-16문과 소형 함포 수십 문을 탑재한 대형 군함으로, 1906년 영국 해군이 건조한 '드레드노트(Dreadnought, "두려움 없음"이라는 의미)' 전함과 함께 거함거포주의의 상징이었다.

러일전쟁 시 (1904년)

 러시아 해군은 발트 함대, 흑해 함대, 극동함대(태평양 함대)를 편성하였다.
 발트 함대: 전함 7척, 순양함 6척, 구축함 20여 척
 흑해 함대: 전함 7척, 순양함 4척, 소형순양함 2척, 구축함·어뢰정 40

척 이상

극동 함대(태평양 함대): 전함 7척, 순양함 6척, 구축함 24척

제1차 세계대전 시 (1914-1918)

러일전쟁 이후 드레드노트 및 프리 드레드노트 전함, 순양함, 구축함을 증강하였다.

발트 함대: 드레드노트급 전함 4척, 프리 드레드노트급 전함 4척, 순양함 10여 척, 구축함 60여 척

흑해 함대: 프리 드레드노트급 전함 7척, 순양함 4척, 구축함 20여 척

극동 함대(태평양 함대): 러일전쟁의 손실로 소형 군함 위주로 편제

영국 해군의 드레드노트 전함 개념은 '올-빅-건(All-Big-Gun Ship)' 개념으로, 12인치 주포만 탑재해 원거리 집중 사격으로 적 군함을 격침하는 영국 HMS Dreadnought에 기반한 전함 혁신이었다.[534]

제2차 세계대전 시 (1939-1945)

전략의 중심은 구축함과 잠수함 중심의 근해 방어였다.[535]

발트 함대: 경순양함 2척, 구축함 30여 척, 잠수함 60여 척

흑해 함대: 경순양함 2척, 구축함 15척, 잠수함 45척

극동 함대(태평양 함대): 경순양함 2척, 구축함 10척, 잠수함 90척

북방 함대(노던 함대): 구축함 15척, 잠수함 25척, 북극 항로 방어 및 바렌츠 해·노르웨이 해 작전 수행

제2차 세계대전 직후 (1945-1950년경)

전후 연합군 승리로 일본 해군 일부 함정을 인수하고 잠수함 전력을 확충하면서 지상군 지원 중심에서 원해 작전 중심 해군으로 전환 준비

를 시작하였으며 이는 미·소 해양패권 경쟁의 연장선이었다.[536]

발트 함대: 경순양함 2척, 구축함 20척, 잠수함 60척

흑해 함대: 경순양함 2척, 구축함 12척, 잠수함 40척

극동 함대(태평양 함대): 경순양함 2척, 구축함 15척, 잠수함 80척

2025년 기준 러시아 해군력

러시아 해군은 미국의 해양통제 전략에 대응하여 해양 거부(A2/AD) 전략을 수립하고 있으며, A2(Anti-Access, 접근 거부)와 AD(Area Denial, 지역 거부)를 통해 적 함대의 자국 해역 진입 및 자유 작전을 저지하는 전략을 추진하고 있다.

A2/AD 전략은 미국의 해양통제 전략에 대응하여 발전한 러시아 해군의 핵심 전략이다.[537] 북방 함대는 전략 원자력 잠수함(SLBM)에 의한 전략적 억지를 위한 핵심 함대로 평가된다.[538]

- 발트 함대: 호위함 2척, 초계함 8척, 디젤 잠수함 3척
- 흑해 함대: 호위함 3척, 초계함 7척, 디젤 잠수함 6척
- 극동 함대(태평양 함대): 구축함 4~6척, 호위함 4~6척, 디젤 잠수함 12척, 원자력 공격 잠수함(SSN) 3척, 전략 원자력 잠수함(SSBN) 3척
- 북방 함대(노던 함대): 항모 1척, 순양함 2척, 구축함 6척, 호위함 1척, 원자력 공격 잠수함 12척 이상, 전략 원자력 잠수함 7척 이상

  (대서양 진출, SLBM 전략 핵 억지 임무)
- 카스피 전단: 호위함 2척, 초계함 5척 (카스피 해안 방어 및 영향력 유지)

러시아 군함 탑재 전투체계

러시아 해군의 구축함 및 주요 전투함에는 AESA 레이다에 기반 한 수평선 너머 표적을 탐지하고 대함 유도탄 유도를 지원하는

Mineral-M 레이다와 공중·수상 표적 탐지 및 해상작전 통제를 위한 Pal-N, MR-710 Fregat, MR-320 Topaz 레이다와 Glonass 사격통제 장비와 연동한 Poliment-Redut 전투체계를 탑재하고 있다. Poliment-Redut 전투체계는 모듈형 장거리 방공체계로, 미 해군의 이지스 전투체계에 비해 동시처리 능력은 낮지만 비교되며 극초음속 유도탄과 연계한 통합 방어가 가능하다.[539]

러시아 군함 탑재 유도탄

P-800 오닉스(Oniks): 마하 2.5, 사거리 300~600㎞, 초음속 대함유도탄

3M-54 칼리브르(Kalibr): 마하 0.82500㎞, 저피탐 비행 가능, 대함·대지 타격용

Kh-35 Uran: 사거리 130~260㎞, 아음속 대함유도탄

Tsirkon(지르콘): 마하 8, 사거리 1,000㎞ 이상, 극초음속 대함유도탄(시험 운용 단계)

Shtil-1, Poliment-Redut: 중·장거리 함대공 유도탄

Pantsir-M: 근접 방어(CIWS)

RBU 시리즈: 대잠 로켓 발사기

칼리브르(Kalibr) 및 지르콘(Zircon) 유도탄은 러시아 해군의 장거리 정밀타격 역량을 상징한다.[540]

러시아 해군 전략

러시아 해군은 해양 거부(A2/AD) 전략을 기반으로 원해 전략 억지와 근해 방어 및 지역 우위를 확보하며, 전략 원자력 잠수함(SSBN) 운용으로 제1격(선제 타격)을 억지하고 제2격(보복 타격) 능력을 보장하는 핵 억지 전략을 병행한다.

A2/AD와 SSBN 전략은 대서양, 북극해, 극동 해역에서 동시에 운용된다.[541]
- 극동 함대(태평양 함대): 대미·대중 억지, 해상 거부, 시베리아 해안 방어
- 발트 함대: NATO 대응, 칼리닌그라드 보호
- 흑해 함대: 크림반도 방어, 흑해 통제, 지중해 진출 교두보 확보
- 북방 함대(노던 함대): 북극 항로 통제, 전략 핵 억지 및 대서양 진출

2025년 기준 한국과 중국과 러시아 극동함대의 해군력은 아래 표와 같다.

한, 중, 러(극동함대) 해군력 비교표

구분	한국	중국	러시아 극동함대
잠수함	SS 23척 보유 (장보고, 214, 장보고-3)	총 76척 보유 (SSBN 6척, SSN 13척 포함)	총 18척 보유 (SSBN 3척, SSN 3척, SS 12척)
항공모함	0	2척 보유, 2척 건조 중	0
헬기모함 상륙 강습함	독도급 2척 보유	상륙 강습함 3척 보유, 1척 건조 중 대형수송함 8척 보유	0
구축함	12척 보유 (이지스급 3척 포함)	52척 보유, 15척 건조 중 (이지스급 39척 포함)	4~6척 보유 (이지스급 없음)
호위함	17척 보유	80척 보유 8척 건조 중	4~6척 보유
해군 전략	연안방어 + 기동함대	원해 해군화, 항모기동부대	원해 함대 유지, 방어적 기동

3.
일본의 해군력 및 해군 전략

근대 일본 해군력의 태동

　1853년 7월 8일, 미국 동인도 함대 사령관 페리 제독이 증기선 4척 (흑선)을 이끌고 일본 에도만에 입항하자, 목선만 보아왔던 일본인에게는 충격이었으며, 검은 연기를 뿜어내는 미국 군함을 "흑선"으로 불렀다. 페리 제독의 에도만 입항은 일본 막부 체제의 균열을 촉발하여 1868년 메이지 유신으로 이어졌다.[542] 일본의 지식인들은 '탈아론'을 주창하며 서구 문명과 기술을 빠르게 받아들였고, 아시아 최초로 근대 해군력을 육성해 나갔다. 그 결과 1905년 5월, 쓰시마 해전에서 러시아 발트 함대를 격파하여 일본은 해군 강국으로 도약하였다.[543]

제1차 세계대전 시 일본 해군력(1914-1918)

　메이지 유신 이후 일본은 영국 해군을 모델로 한 '8·8함대 계획'(전함 8척, 순양전함 8척)을 추진하며 아시아 최강 해군으로 성장하였다.[544] 제1차 세계대전 제인 연감에 따르면 당시 일본 해군력은 영국, 독일, 미국

에 이어 세계 4위 수준으로,
- 전함 6척,
- 순양전함 2척,
- 장갑 순양함 13척,
- 경순양함 12척,
- 구축함 50여 척을 보유하며 아시아·태평양에서 영향력을 확대하였다.

제2차 세계대전 시 일본 해군력(1939-1945)

제1차 세계대전에 연합국으로 참전하였던 일본은 승전 이후 국제사회에서의 위상을 높이고 동아시아에서의 패권을 강화하고 군사력을 증강하였다. 1921년과 1922년 워싱턴 해군 군축조약 이후 해군력 증강이 제한되었지만, 1937년 중일전쟁 발발 후 군비 확장을 재개하였다. 제2차 세계대전 당시 일본 해군은 세계 3위, 태평양 지역에서는 최강 해군력을 보유하였다.

1941년 기준 일본 해군은 태평양에서 미국 해군을 능가하는 함대 전력을 보유하고 있었으며, 진주만 기습과 말레이 해전 등에서 강력한 항공력 기반의 해전 개념을 실증하였다.[545]

1941년 일본 해군의 전력은
- 전함 12척,
- 항공모함 10척,
- 중순양함 18척,
- 경순양함 20척,
- 구축함 113척,
- 잠수함 64척이었다.

제2차 세계대전 이후 해상자위대 창설과 발전

일본은 제2차 세계대전 패전 후 군사력 보유가 금지되면서 해군은 해체되었으나, 1955년 냉전의 심화 속에서 해양 방위와 자위권 차원에서 해상자위대 (JMSDF) 가 창설되었으며 미국과의 동맹을 기반으로 해양통제와 대잠전 능력을 중시하는 전략으로 발전하였다.[546]

2025년 기준 일본 해군력

1970년대 이후 오키나와~홋카이도 라인의 해협에서 소련 태평양 함대의 남하를 차단하기 위해 미국 해군과 연계한 대잠·대함 능력을 강화하였고 1990년대 이후에는 해외 파병(소말리아 해적 퇴치, 중동 유조선 호위)을 통해 원해 작전 능력을 축적하였으며, 헬기 구축함과 잠수함을 지속적으로 도입하였다.

2020년대 이후 이즈모급의 경항모함, 마야급 이지스 구축함의 BMD 능력 등은 일본 해군의 전략적 영향력 확대 의지를 보여준다.[547]

2025년 기준 일본 해상자위대 해군력

2025년 기준 일본 해상자위대의 주요 전투함은 다음과 같다.
- 경항모(헬기항모, DDH) 4척,
- 이지스 구축함(DDG) 8척,
- 다목적 구축함(DD) 26척,
- 디젤 잠수함 22척

일본 해상자위대 전투체계 및 유도탄

이지스 구축함은 AN/SPY-1D(V) 이지스 전투체계를 탑재하였고,

AN/SPQ-9B, OPS-50, OPS-24, OPS-48 위상배열 레이다 및 OQQ-102/103/104 소나체계, 자체 개발한 전투 관리 체계(ATECS, OYQ 시리즈)와 연동하여 마야급 이지스 구축함은 탄도탄 요격(BMD) 능력을 보유하고 있다.

다목적 구축함은 OYQ-9/10 기반의 자체 개발한 전투 처리 체계(CDS)를 탑재하여 대공·대함·대잠 작전을 통합적으로 수행하고 있다.

대함유도탄은 마하 0.8, 사거리 150~200㎞ 대함유도탄 Type-90과 마하 0.8, 사거리 250㎞ 이상 스텔스형 대함유도탄 Type-17을 보유하고 있다.

대공유도탄은 마하 3.5, 사거리 74~167㎞ 시스패로우(Sea Sparrow) 개량형 유도탄 ESSM과 마하 3.5, 사거리 70~170㎞ RIM-66 SM-2 대공유도탄과 마하 8.8, 사거리 500~900㎞ 이상 SM-3, SM-6 탄도탄 요격 유도탄 등으로 다층 유도탄 방어 및 공격 능력을 확보하고 있다.[548]

대지 타격용 JASSM-ER(장거리 스텔스 유도무기) 도입을 검토 중이며 극초음속 유도탄 개발을 진행 중이다.

일본의 해군 전략

일본의 해군 전략은 헌법상 '방위적 성격의 해양 방위 전략'으로 설정되어 있으나, 유사시 '시레이토 라인'(홋카이도-혼슈-규슈-오키나와 라인) 방어 및 해양 통제를 수행하며, 미국 해군 제7함대 및 미·일 동맹과 연계한 연합 작전과 탄도탄 요격 및 해상 거부(A2/AD)와 주변 해양 분쟁 대응 및 원해 원해 해군 전략을 실질적으로 실행 중이다.[549]

일본 해상자위대의 핵심 임무는 북한 및 중국의 탄도유도탄 대응 및 해상 차단, 동중국해 및 센카쿠 열도(댜오위다오) 방위, 남서도서 방위(오키나와·미야코·요나구니), 남중국해 및 인도양 해상 초계·해적 대응, 미국 해군과의 공동 탄도유도탄 요격(BMD) 작전 수행으로, 일본 해상자위대는 원해 작전 및 해상교통로 보호, 탄도유도탄 요격 임무를 강화하며 태평양 및 인도양에서 전략적 영향력 확대를 추구하고 있다.

4.
북한의 해군력 및 해양전략

북한 해군 창설과 6·25 전쟁 초기

　북한 해군은 1946년 6월 5일 해안경비대를 모태로 창설되었으며, 1947년 8월 '조선인민군 해군'으로 확대 개편되었다. 해군력은 어뢰정, 소형 경비정, 소해정 등으로 편성된 미약한 전력으로, 6·25 전쟁 발발 당시 약 50척의 소형 함정을 보유하고 있었다.[550]

　전쟁 발발 직후인 1950년 6월 26일, 북한 해군은 기관총을 탑재한 1,000톤급 수송선에 제766 독립 보병연대 병력 600명을 탑승시켜 부산 인근 해안에 상륙하기 위해 기습 투입하였으나, 한국 해군 백두산함(국민 성금으로 1949년 10월 미국에서 구매한 450톤급 구잠함)이 포착, 격침하여 한국 해군의 전술적 전과로 평가되었다.[551]

　만약 이 수송선이 격침되지 않고 북한군의 후방 침투가 허용되었다면, 부산 교두보가 심각한 피해를 보아 미군과 연합군의 증원과 반격에 치명적인 차질이 발생했을 것이다.

　실제 서울이 함락된 1950년 6월 28일, 일본에 주둔한 미국 육군 제

24사단 21연대 1대대(스미스 특수임무부대)와 총포탄 300만 발을 적재한 탄약 수송선이 사세보항을 출발해 7월 1일 아무런 제한을 받지 않고 부산에 입항했고, 이어 제34연대, 제21포병대대 등이 부산항을 통해 낙동강 전선에 투입될 수 있었다.

6·25 전쟁 이후 ~ 1960년대

한반도 적화에 실패한 김일성은 연합군의 해상교통로 차단 실패를 반면교사 삼아 해상 전력, 특히 잠수함 확보에 주력하여 소련과 중국의 지원으로 잠수함 중심의 해군 전력을 확충하였다.[552]

김일성은 "해상교통로가 전쟁을 지배한다"라는 마한의 해양 전략적 통찰을 몰랐던 셈이었다. 이후 북한은 소련·중국의 지원으로 위스키급 및 로미오급 잠수함, 소형 경비정, 어뢰정 등을 도입·건조하여 특수부대 침투, 연안 방어, 기뢰 부설 및 남한 침투 작전 능력을 강화해 나갔다.

1970~1980년대

북한은 로미오급(1,830톤) 중형 디젤 잠수함 건조를 지속하며 해상 침투·타격 능력을 강화했고, 소련의 오사(OSA) 급, 코마(KOMAR) 급 유도탄 고속정, 기습상륙용 고속상륙정, 해상침투용 잠수정을 도입·건조하여 근해 방어 및 국지 도발 전력을 구축하였다.

또한 1960년대 말부터 1970년대 초까지 소련 리가급(Project 50) 호위함을 기반으로 1,500톤급 압록 급 호위함 2척을 자체 건조하여 연안 방어 중심의 해군 능력을 구축하였다.[553]

1990~2000년대

이 시기에는 기습 공격용 공기부양정, 유도탄 고속정, 어뢰정, 상어급(370톤) 소형 잠수함, 연어급(130톤) 잠수정, 유고급(90톤) 잠수정, 반잠수정 등을 통해 해상 비대칭 전력과 특수요원 침투 능력을 지속적으로 강화하였다.[554]

연평해전(1999, 2002), 대청해전(2009) 등 서해 북방한계선(NLL) 인근 해역에서 국지 충돌을 지속하며 해상 도발을 이어갔다.

2025년 현재 북한 해군력

북한 해군은 근해·연안 방어 및 비대칭 침투 능력을 중심으로 동해·서해 2개 함대를 운용하며 총 450척 규모의 해상전력으로 대남 도발 및 해양거부전략(A2/AD)을 채택하였다.[555]

보유 전력은
- 잠수함·잠수정 로미오급(1,830톤), 상어급(370톤), 연어급(130톤), 유고급(90톤) 등 약 90척,
- 압록급 호위함(1500톤) 2척,
- 유도탄 고속정 오사(OSA)급 약 30척,
- 어뢰정 및 고속정 약 120척,
- 연안 초계정·경비정 약 100척,
- 공기부양정 약 100척,
- 기뢰부설정 10척 이상으로 총 450여 척을 보유하고 있다.

5,000톤급 구축함 건조

2025년 4월 25일, 북한은 5,000톤급 구축함 '최현함'을 진수하였다. 4면 배열 위상배열 레이다(AESA)와 사격통제 레이다와 연동한 전투

체계를 탑재한 것으로 추정되며, 총 74기의 VLS(수직발사관)를 탑재하여 함대함·함대공·함대지 유도탄, 화성-1 파생 탄도탄, 초음속 순항유도탄 등을 운용한다고 주장하고, 4월 29일에는 초음속 순항유도탄, 전략 순항유도탄, 대공유도탄, 127㎜ 함포의 시험발사 영상을 공개하였다.556

북한의 127㎜ 함포는 이탈리아 오토멜라라 함포 기반으로 자체 생산한 것으로 보이며, 근접방어무기체계(CIWS)는 러시아 판치르 근접방어무기체계(CIWS) 기반으로 자체 생산한 것으로 보인다.

군함 건조는 개념설계-기본설계-상세설계 등 6년 이상의 설계 기간이 소요되고 설계 일정에 맞추어 해당 무장과 전투체계가 생산되어야 하는 점을 고려하면 북한은 오래전부터 러시아·중국 기술을 기반으로 자체 생산 능력을 축적하였을 것으로 보인다.

1번 함과 2번 함이 거의 동시에 진수된 점으로 미루어볼 때, 북한은 해군력 현대화를 신속히 추진 중임을 시사하고 있다.

북한의 반잠수정 설계, 저소음 프로펠러 기술, 자체 사격통제장치 개발 사례는 북한의 해군 건조·개발 기술을 과소평가해서는 안 됨을 보여준다.

또한 북한은 1963년 개교한 국방종합대학(2016년 김정은 국방종합대학으로 개명)에 수재를 선발하여 입학시키고 군사 과학기술 전문가를 체계적으로 양성하며 무기체계 생산을 위한 기술적 기반을 확보해 왔다.

해군 전략 및 임무

북한 해군의 전략은 연안 방어와 비대칭 전력을 바탕으로 서해 북방한계선(NLL) 인근 해양에서 기습공격 및 국지 도발, 기뢰 부설, 해상 봉쇄, 특수부대 해상 침투, 해양 거부(A2/AD) 전략을 전개하며,

5,000톤급 구축함으로 한국 기동함대 견제 및 해상교통로 차단 능력을 확보하는 것이다.

주요 임무는 아래와 같다.
- 반잠수정, 잠수정, 잠수함을 통한 해상 침투, 기습 공격, 후방 교란 및 항만 봉쇄
- 100여 척의 공기부양정을 활용하여 특수부대 4,000명 이상을 단시간 내 상륙시켜 주요 시설 점령·교두보 확보
- 해안의 대함유도탄 기지 및 차량형 대함유도탄을 연계 운용하여 한·미 연합 해군력 대응
- 이지스급 구축함을 통한 한·미 기동함대 견제 및 대응 타격

최현함급 구축함 기술 분석 및 전략적 평가

레이다 및 전투체계와 관련하여 L-band 및 S-band 레이다를 혼합 운용하는 고정형 위상배열(AESA) 레이다는 러시아·중국 기술 기반의 국산화 가능성이 높으며, 전투체계는 사격통제레이다(FC radar)와 연동된 북한판 이지스급 전투체계로 추정되나 처리 속도·신뢰성·전자전 대응 능력에 한계가 있을 것으로 추정된다.

무장 체계는 수직발사대(VLS) 74기 및 장거리 대공유도탄, 대함·대지·순항유도탄, 극초음속 순항유도탄 및 화성-1 파생 단거리탄도탄을 탑재하고 시험 사격을 실시한 영상 공개를 하여 최현함의 무장 능력을 과시하였으며, 2021년 10월 평양에서 개최된 국방 발전 전람회 내용에 따르면 북한은 함정과 해안포를 타격하는 함정 발사용 스파이크급 정밀유도무기를 개발한 것으로 추정된다.

127㎜ 함포는 이탈리아 오토멜라라 127㎜ 기반의 국산화 모델로서 대함·대지 정밀사격이 가능한 것으로 추정된다.

근접방어무기체계(CIWS)는 러시아 판치르 근접방어무기체계(CIWS) 기반의 국산화 모델로 추정된다.

북한의 전투체계 및 무장체계 기술은 상당한 수준에 도달한 것으로 추정되나 전력화 단계를 거치지 않아 신뢰성에는 의문이 제기된다.

추진 및 항해 능력은 디젤 혹은 CODAD 방식으로 추정되며 고속 기동(30노트 이상)으로 장거리 항해능력은 한계가 있어 원해 작전보다는 연안 및 근해 방어 임무 중심의 운용이 예상된다.

최현함 건조를 계기로 북한 해군은 전통적인 소형 함정 및 근해 중심 해군 전략을 유지하면서 한·미 기동함대 견제, 연안 해상교통로 차단, 중거리 방공·대함·대지 타격 플랫폼으로 북한의 해양 거부(A2/AD) 전략의 심화 도구로 활용하고 서해·동해 연안 해역에서 한·미 해상작전 시 전술적 부담 요소로 작용할 수 있다.

북한 해군은 C4ISR 및 전장 관리에 한계가 있으며 한·미 연합 해군력과 비교하여 통합작전 및 표적 정보 공유·지속추적 능력이 부족하고 연료 및 추진체계 한계로 원해 작전은 불가할 것이며 근해·연안 작전에 제한될 것이다.

북한의 잠수함 작전 능력

북한의 잠수함 전력은
- 로미오급(2,050톤) 17~20척(실전 운용 가능 약 12척)
- 유고급(90톤) 20척
- 상어급(370톤) 35~40척
- 연어급(130톤) 10~12척, 총 90여 척으로 세계 최다 수준의 잠수함 전력을 보유하고 있다.

제2차 세계대전 당시 독일 해군 잠수함 7C급 U-boat(700톤급)가 대서양 및 미국 연안까지 원해작전을 수행한 사례를 고려할 때, 북한 잠수함도 한반도 주변(800해리 내외)에서 기습공격 및 해상교통로 차단 작전 수행이 가능하다.

또한 북한은 잠수함 작전을 위해 초저주파(VLF, 3~30kHz) 통신을 활용한 잠수함 단방향 명령 송신 체계를 보유하였다. 신포·원산·청진 일대에 VLF 송신 안테나를 설치하여 잠수함과 지상 지휘부 간 단문 암호 지령 송신이 가능하다.[557]

해군 전략 및 임무

북한 해군은 연안 기습과 해상 도발 중심의 해양거부(A2/AD) 전략을 통해 한국 기동 함대 및 SLOC에 대한 위협을 강화하고 있다.[558]

5.
미국의 해군력 및 해군 전략

미국의 제1차 세계대전 참전 배경

　1914년 제1차 세계대전이 발발했을 당시, 미국은 제5대 대통령 제임스 먼로의 고립주의 원칙을 유지하며 유럽 전쟁에 참전하지 않았다. 이 고립주의는 초대 대통령 조지 워싱턴이 제창한 '유럽 문제 불개입 원칙'과 '영구 동맹 회피' 노선의 연장선으로, 미국은 유럽의 패권 경쟁에서 벗어나 서반구에서 영향력을 확대하고 국내 산업·경제력 성장에 집중하고자 하였다.

　제1차 세계대전이 전개되던 1915년 5월 7일, 아일랜드 인근 해상에서 영국의 여객선 루시타니아(Lusitania, 31,550톤)호가 독일 잠수함 U-20의 어뢰 공격으로 침몰해 승객과 승무원 약 1,959명 중 1,198명이 사망하였으며, 이 중 미국인 128명이 포함되었다. 독일은 루시타니아호가 군수물자를 은닉해 운송 중이었기 때문에 공격이 정당하다고 주장했지만, 미국 내 여론은 격앙되었고, 언론은 "독일의 야만 행위"로 규정하며 반독 감정을 확산시켰다.

당시 대통령 우드로 윌슨은 중립 정책을 유지하면서 독일에 공식 항의와 손해 배상을 요구했고, 독일은 일부 배상과 잠수함 무제한 공격 제한을 약속하여 미국의 즉각적인 참전으로 이어지지는 않았다. 이후 1917년 2월, 독일이 다시 무제한 잠수함 작전을 재개했고, 같은 해 3월 치머만 전보 사건(Zimmermann Telegram)으로 독일이 멕시코에 미국과 전쟁 시 참전을 제안하며 뉴멕시코·텍사스·애리조나를 반환하겠다는 내용이 발각되면서 미국 내 전쟁 여론은 급격히 고조되어 참전하게 되었다.[559]

결국 1917년 4월 6일, 미국은 독일에 선전포고하고 제1차 세계대전에 참전하였다. 윌슨 대통령은 참전을 통해 고립주의에서 탈피하여 '민주주의 수호'와 '국제연맹 구상'을 내세운 국제주의로 전환하며, 해군력 확대의 필요성을 인식하고 대서양과 유럽 방면 해상 통제의 중요성을 재확인하였다.

제1차 세계대전 직전(1914년) 미국 해군력

미국 해군은 드레드노트급 전함 20척을 보유하여 영국·독일에 이어 세계 3위의 해군력을 보유하고 있었으며, 대서양 방어 중심에서 대양 해군으로 전환 중이었다.

제1차 세계대전 직후(1919년) 미국 해군력

미국 해군은 드레드노트급 전함 35척 이상, 순양함 약 30척, 구축함 300척 이상을 보유하여 영국(전함 43척, 순양함 60,340척)에 이어 세계 2위의 해군력을 보유하고 있었으며,[560] 이를 바탕으로 전 세계 원정 작전 및 해상 보급 능력을 확대하였다.

미국의 제2차 세계대전 참전 배경

제1차 세계대전 이후, 미국은 다시는 외국의 분쟁에 휘말리지 않기 위해 중립법(Neutrality Acts)을 1935·1936·1937·1939년에 연속적으로 제정하면서 고립주의·불간섭주의 정서를 강화하였다. 1939년 독일이 폴란드를 침공하며 제2차 세계대전이 발발했을 때에도 미국은 참전하지 않았다.

그러나 1941년 12월 7일, 일본의 진주만 공격으로 미국 내 여론은 급격히 전환되었고, 프랭클린 루스벨트 대통령은 일본에 선전포고하며 제2차 세계대전에 참전하였다. 미국의 참전은 고립주의의 종말을 의미했으며, 태평양·대서양 전장에서 해군력의 역할이 전쟁의 승패를 좌우하게 되었다. 미국 해군은 해양력과 항공력을 결합한 항공모함 중심 작전으로 세계 해양 패권을 확립하였고, 미국은 세계 안보를 주도하는 해양 강국으로 부상하였다.[561]

제2차 세계대전 직전(1939년) 미국 해군력

미국 해군은 전함 17척, 항공모함 7척, 순양함 37척, 구축함 171척, 잠수함 112척을 보유하여, 전함 15척, 항공모함 7척, 순양함 60척, 구축함 184척, 잠수함 70척을 보유한 영국에 이어 세계 제2위의 해군력을 보유하고 있었다.

진주만 공격(1941년 12월 7일)

일본의 진주만 공격으로 미국은 전함 8척 중 4척 침몰, 구축함 3척, 순양함 3척 손상, 항공기 188대 파괴, 인명 피해 약 2,400명 전사라는 큰 피해를 보았으나, 항공모함은 피해를 입지 않아 이후 항공모함 중심 해전이 가능하였다.

제2차 세계대전 직후(1945년) 미국 해군력

미국 해군은 압도적인 산업 생산력을 바탕으로 군함 건조를 가속하여 항공모함 100척(경항모 포함), 전함 23척, 구축함 377척, 잠수함 232척을 보유하고 태평양·대서양의 제해권을 완전히 장악하며 세계 최대 해군력으로 자리매김하였다.[562]

제2차 세계대전 이후 냉전기~현대 미국 해군력 발전

- 1945~1950년대에는 냉전의 시작으로 항공모함 중심 원해작전, 소련 해군 견제, 원자력 잠수함 개발, 핵무장 해군으로 발전.
- 1960년대에는 잠수함 발사 탄도유도탄(SLBM)을 탑재한 전략 원자력 잠수함(SSBN), 개발 및 베트남전 해상 지원.
- 1970~80년대 레이건 행정부는 '600척 해군'을 추진하고 해양통제 전략 수립 및 이지스 전투체계 개발·배치.[563]
- 1990년대에는 소련 해체 이후 단극 해양 패권 유지, 걸프전 해상 타격작전, 구축함·순양함 현대화.
- 2000년대에는 테러와의 전쟁, 글로벌 작전 전개, 항공모함·이지스 구축함 중심 기동 타격력 강화.
- 2010년대에는 대중국 견제, 인도·태평양 전략 전개, 연안전투함(LCS), 포드급 항모, 무인체계 도입.
- 2020년대에는 극초음속 무기, 통합해상전장관리체계, 분산해상작전(DMO) 개념 강화 및 레이저/전자기 무기 시험 배치.

2025년 기준 미국 해군력

미국 해군이 보유한 주요 전투함 전력은
- 항공모함 11척 (포드급, 니미츠급),

- 이지스 구축함(알레이버크급) 70척 이상,
- 이지스 순양함(타이콘데로가급) 17척,
- 핵 추진 공격 잠수함(버지니아·로스앤젤레스급) 50척 이상,
- 핵 추진 탄도유도탄 잠수함(오하이오급) 14척,
- 연안전투함(LCS), 상륙 강습함 등을 보유하고 있다.

미국 해군은 항공모함 전단, 우주 위성 통신, 정찰, GPS, 유도탄 경보 등 글로벌 전장 연결 체계로 전구 지휘 체계를 구축하였고, 800개 해외 기지와 상륙/공중 수송력으로 전 세계에 작전할 수 있는 군수·물자 보급 체계를 구축하여 단독으로 글로벌 투사 능력(Global Force Projection)을 갖춘 유일한 해군이며, 국제 안보 질서를 유지할 수 있는 능력을 보유하고 있다.

미국 해군 이지스 전투체계 및 유도탄 운용

이지스(AEGIS) 전투체계는 적 항공기, 유도탄, 함정 탐지·추적·교전·파괴를 자동 처리하는 통합 전투체계(C4ISR+무장 통제)이며, AN/SPY-1 시리즈 위상배열 레이다 기반에서 최신 AN/SPY-6 AESA 레이다로 발전하였다. SM-2, SM-3, SM-6, ESSM, Tomahawk 등의 유도탄을 수직 발사대(MK 41 VLS)를 통해 통합 운용하며 다층 방어·공격 능력을 갖춘 글로벌 전투체계이다.[564]

2025년 현재 이지스 전투체계는 Baseline 0/1에서 Baseline 10까지 개량되었다.

미국 해군 이지스 전투체계 개량 현황

구분	특징	탑재 함정
Baseline 0/1	초기형, SPY-1A 레이다, 탄도탄 요격 불가	초기 Ticonderoga 급
Baseline 2	SPY-1B 레이다, 다수 목표 동시 교전	초기 Arleigh Burke Flight I
Baseline 3	개발 계획만 존재, 실제 운용은 하지 않았음	
Baseline 4/5	SPY-1D 레이다, TBMD(탄도탄 방어) 초기 대응	Burke Flight II
Baseline 6	CEC(협동교전능력) 탑재, BMD(탄도유도탄방어) 능력 개량	Burke Flight IIA
Baseline 7/8	BMD/SM-3 Block IA/IB 통합, BMD 4.0/5.0	Burke Flight IIA, 일부 Ticonderoga 급 개량
Baseline 9 (9.C/9.D)	Multi-Mission Signal Processor (MMSP), 다중 임무(BMD+대공) 동시 수행, SPY-1D(V) 레이다	Burke Flight IIA 개량, 일부 Flight IIA 신조
Baseline 10	최신 SPY-6(V) AESA 레이다, SM-3/SM-6 통합, BMD+대공+대함 다기능 통합 완전 구현	Burke Flight III

AN/SPY-6 AESA 레이다 (Flight III 특징)

최신 SPY-6 AESA 레이다는 질화칼륨(GaN) 기반 AESA 레이다로 SPY-1D(V)에 대비하여 탐지거리 및 다수 목표 동시 추적이 능력 2배 이상 향상된 레이다이며 탄도탄·극초음속무기·스텔스 목표물을 동시 탐지 및 요격 유도와 BMD(탄도탄 방어), 대공, 대함 임무 통합 수행이 가능하다.

미국 해군 이지스함 탑재 유도탄

대공유도탄, 탄도탄 요격 유도탄, 대함유도탄, 대지 유도탄을 탑재하고 있다.

미국 해군 이지스 구축함 탑재 유도탄

구분		사거리	속도	특징
대공유도탄	SM-2 Block III/IV	~167 km	마하 3+	표준 중거리 함대공, CEC(협동교전능력) 연동 가능
	SM-6 (RIM-174)	~370 km	마하 3.5+	장거리 대공/대함/대지/극초음속 요격 가능, 능동 유도
	ESSM (RIM-162)	~50 km	마하 4	단거리 고기동 대공, 4셀 1패키지 VLS 탑재 가능
	RAM (RIM-116)	~10-12 km	마하 2+	근접 방어용, Rolling Airframe Missile
탄도탄 요격유도탄	SM-3 Block IA/IB/IIA	~700-2500 km (Exo-atmospheric)	마하 10+	해상 기반 탄도탄요격, 대기권 외 요격
대함유도탄	SM-6 (대함모드)	~370 km	마하 3.5+	장거리 대함 유도 가능
	Tomahawk-Block V (MST)	~1600 km	Subsonic (아음속)	장거리 지상/표적 타격, 해상이동표적 타격(MST) 가능
	Harpoon Block II	~124 km	마하 0.85	전통적 대함유도탄, 일부 이지스함 탑재
대지유도탄	Tomahawk Block IV/V	~1600 km	Subsonic (아음속)	GPS/INS 유도, 종말 단계 영상대조 유도 가능, 해상이동표적타격(MST) 가능

미국 해군의 해군 전략 및 임무

미국 해군은 항모 전단, 핵잠수함, 위성통신, 해외기지를 통해 지구적 전략 투사력을 유지하며, 인도-태평양 중심 전략과 분산 해상작전(DMO)을 강화하고 있다.[565]

- 항공모함 중심 기동타격부대, 이지스 구축함, 원자력 잠수함을 지속적으로 전개하면서 '인도-태평양 전략'을 중심으로 대중국 견제와 서태평양, 남중국해, 동중국해, 한국·일본 인근에서 해상 패권을 유지하고, 중동, 인도양, 지중해, 아프리카 해역까지 영향력을 행사하면서 글로벌 해상교통로(SLOC)를 보호한다.
- 해적 퇴치 및 분쟁지역 해상 차단 임무를 수행한다.
- 분산 해상작전(DMO) 강화를 위해 기동부대를 분산 배치하여 다축·다영역(Multi-Domain) 전투를 수행한다.
- 유무인 복합 작전(UxV 결합)과 전자전·사이버전을 통합하고 극초음속·레이저 무기와 극초음속 유도탄(Conventional Prompt Strike: CPS) 탑재를 추진하고 해군용 고에너지 레이저(HEL) 및 전자기 레일건 실험·시험 배치를 추진한다.
- 동맹·파트너십 강화를 위해 한·일, 호주, 필리핀, 인도 및 나토 해군과 유럽 연합 훈련 및 작전을 실시한다.
- 핵전쟁 억지를 위하여 전략 원자력 잠수함(SSBN)을 통한 반격 보복 능력 유지한다.

6.
한국의 해군력 및 해군 전략

해방 이후~6·25 전쟁 직전 (1945~1950년): 해군 창설과 초기 해군력

1945년 8월 21일, 중국과 독일에서 항해학을 수학한 손원일과 일본에서 일등기관사로 근무한 정긍모가 중심이 되어 해사대(海事隊)를 결성하였고 이후 '해사협회(海事協會)'로 명칭을 변경하였다.

같은 해 11월 11일, 해사협회는 미군정청에 한국 해군 창설 의사를 전달하였고, 미군정 해사국장으로부터 해안 경비, 밀수 단속, 조난선 구조 임무를 부여받아 해방병단(海防兵團) 창설 인가를 받았다.[566]

해방병단은 진해로 이동하여 1946년 1월 17일 해군병 학교(해군사관학교의 전신)를 창설하여 초급 장교 교육을 시작하였고, 2월 15일에는 부사관과 병 교육을 시작하였다. 같은 해 6월 7일부터 진해 근해에서 해상 경비 임무를 개시하였고, 6월 15일에는 미군정청의 군정법령 제86호 공포에 따라 조선해안경비대(Korean Coast Guard)로 개칭되었다.[567]

1948년 9월 5일 대한민국 정부 수립과 함께 조선해안경비대는 대한민국 해군으로 공식 창설하였다.

초기 전력으로는 일본군이 남긴 경비정, 소해정, 모터보트 등 30여 척을 인수하여 운용했으며, 1949년 10월 국민 성금으로 미국에서 도입한 백두산함(PC-701, 450톤급 구잠함)이 의미 있는 전투함이었다.[568] 백두산함은 3인치 함포 1문, 40㎜ 및 20㎜ 함포, 폭뢰 등을 장비하고 있었다.

6·25 전쟁 기간(1950~1953년): 연안 해상 통제 및 상륙작전 지원

1950년 6·25 전쟁 발발 직후, 미국은 한국 해군의 수송 능력 강화를 위해 7월 17일, 2,100톤급 상륙함(LST) 3척과 다수의 상륙주정(LCVP)을 차관·원조 형식으로 제공했다. 이 전력은 인천상륙작전, 흥남철수작전 등 상륙작전과 병력·물자 수송, 군수지원 임무에 투입되었다.[569]

1950년 9월 15일 인천상륙작전에서 한국 해군은 유격대를 투입하여 인천·월미도 일대 정찰, 해안 표지 설치, 팔미도 등대 점등 임무를 수행하였고, 상륙작전 직전 월미도를 점령하였으며, 백두산함(PC-701)은 월미도와 인천 해안으로 접근하여 함포사격으로 상륙부대의 해안 진입로를 확보하였고, 한국 해군 상륙함(LST) 및 상륙주정이 상륙부대의 병력과 장비, 물자를 수송·지원하며 작전 성공에 기여하였다.[570]

6·25 전쟁 이후: 해군력 발전

6·25 전쟁 이후 미국의 군사원조(MAP)를 통해 상륙함, 구축함, 소해정, 초계정을 인수하여 연안 방어 능력을 강화하였다.[571]

1960~1970년대에는 호위구축함, 초계함, 상륙함 등 미국 해군의 중고 함정을 추가로 인수하여, 연안 경비 해군에서 근해 방어 해군으로 전력 체계를 확장하였다.

1980~1990년대에는 호위함(FF)과 초계함(PCC)을 자체 건조하며 중형 전투함을 확보하였고, 잠수함 전력 강화를 위해 장보고-I급(1,200톤, 독일 U-209 면허생산) 잠수함을 도입하여 잠수함 부대를 창설하였다.572

1990년대 초에는 한국형 구축함 사업(KDX 사업)을 추진하여 KDX-I(광개토대왕급, 3,800톤), KDX-II(충무공이순신급, 4,400톤) 구축함과 고준봉급 상륙함을 건조하였으며, 한국 해군은 연안 방어 중심에서 근해 기동 전력 체계로 전환하였다.573

2000년대 이후: 대양 해군 도약

2000년대 이후 한국 해군은 대양 해군(Blue-water Navy)으로의 도약을 목표로 KDX-III(세종대왕급, 7,600톤 이지스 구축함)을 전력화하고 SPY-1D 다기능 위상배열레이다 및 SM-2 운용으로 탄도탄 탐지·추적 능력을 확보하였다.574

또한 독도함(LPH, 대형 상륙 강습함)을 전력화하고, 손원일급(1,800톤, 장보고-II) 및 도산 안창호급(3,000톤, 장보고-III Batch-I) 잠수함을 건조하여 연안에서 대양으로 작전 반경을 확대하였고, 해상기동 타격전단을 창설하여 청해부대 등 해외 파병 및 연합훈련을 통해 글로벌 작전 능력을 확보하였다.575

2025년 기준 한국 해군력

- 잠수함 전력: 장보고급(1,200톤), 손원일급(1,800톤), 도산 안창호급(3,000톤) 20척 이상 운용 중이며, 이봉창급(장보고-III Batch-II) 건조 중.576

- 구축함 전력: 세종대왕급 이지스 구축함 3척, 광개토대왕급 구축함 3척, 충무공이순신급 구축함 6척 운용, 정조대왕급 이지스 구축함

(3척) 건조 중.
- 호위함/초계함: 울산급, 인천급, 대구급(FFX) 등 20척 이상 보유.
- 상륙함 전력: 독도급 LPH 2척, LST-II 고준봉급 4척 운용, LST-III 차기 상륙함 확보 중.
- 전투체계: KDX-III Batch-II 사업으로 SPY-6급 AESA 레이다, SM-3/SM-6 탄도탄 요격능력 확보.[577]
- 미래 유도무기: SLBM(잠수함발사탄도유도탄) 개발 완료, 극초음속 유도탄 개발 중.[578]

한국 해군력 발전 단계

구분	해군력 발전 내용
해방 이후~6·25 직전	해사대 창설, 해군 발족, 연안 경비 수준
6·25 전쟁 기간	백두산함 중심 연안 해상 통제, 인천상륙작전 지원
6·25 이후~1980년대	미국 원조 함정, 연안 경비 → 근해 방어 전환
1990~2000년대	잠수함, 구축함 전력 강화, 독도함(상륙함) 확보
2025년 기준	이지스 구축함, 잠수함 전력, 대형 수송함(LPH) 독도함 운용, 잠수함발사탄도유도탄(SLBM)/극초음속 유도탄 확보 및 추진, 인태 전략 연계, 대양 해군 전환 추진

한국 해군 전략

한국 해군은 제해권 확보와 해상교통로 보호를 목표로 해상 감시·초계 및 타격 능력을 고도화하고 있으며, 미국·일본과의 연합작전, 원자력 잠수함 및 항공모함급 전력 확보, SLBM·극초음속 유도탄 확보, 무인체계 전력화를 통해 대양 해군으로 변천 중이다.[579]

이를 위해
- 미국·일본과 연합훈련 및 인도-태평양 전략 연계,

- 원자력 잠수함, 항공모함급 전력(경항공모함 사업) 확보 추진,
- 유무인 복합 전력(MUSV: Medium Unmanned Surface Vehicle, UUV: Unmanned Underwater Vehicles) 개발, 극초음속 유도탄 및 잠수함발사탄도 유도탄(SLBM) 타격 능력 확보,
- 지휘, 통제, 통신, 정보, 감시, 정찰(C4ISR) 체계 강화를 통해 대양 해군 완성을 목표로 글로벌 연합작전 및 해외 파병(청해부대 등)을 지속하며, 한국 해군의 전략적 억지력과 기동 타격 능력을 단계적으로 확장해 나가고 있다.

에필로그

중국의 해군력 및 해군 전략

제2차 세계대전 당시 중국 해군은 미약한 해군이었다. 1970년대에는 연안 방어 해군으로 성장하였고, 1980~1990년대에는 덩샤오핑의 개혁개방과 함께 제한적 근해 방어 해군으로 발전하였으며, 2000년대에는 근해 방어 전략에서 원해 작전(Blue Water Operation)으로 전략 전환이 시작되었고, 2010년대에는 항공모함과 대형 구축함을 기반으로 원해 해군 체제를 구축하였으며, 2020년대에 접어들며 본격적인 원해 해군 완성 단계에 진입하였다.

2025년 기준 중국 해군은 다음과 같은 전력을 보유하고 있다.

항공모함 2척(랴오닝, 산둥) + 푸젠함 1척 진수(1척 추가 건조 중)

상륙 강습함 3척 + 1척 건조 중

대형 수송함 8척

구축함 52척(15척 추가 건조 중), 이 중 이지스급(055형 등) 39척

호위함 80척(8척 건조 중)

전체 전력 규모는 미국 해군에 이어 세계 2위 수준의 해군력으로 평가받는다.

러시아의 해군력 및 해군 전략

러시아(구 제정 러시아)는 1904년 러일전쟁 직전 세계 3위 해군력을 보유하고 있었으며, 2025년 현재는 해양 거부(A2/AD) 전략을 채택하여 적의 해역 접근 차단 및 자유 작전 저지를 핵심 전략으로 운용하고 있다.

현재 러시아 해군은 5개 주요 함대(북방, 극동, 흑해, 발트, 카스피 전단)**를 운용 중이며, 이 중 북방함대는 전략 핵잠수함 전력을 기반으로 한 전략 억지의 중심 전력이다.

각 함대 전력은 다음과 같다:

발트 함대: 호위함 2척, 초계함 8척, 디젤 잠수함 3척

흑해 함대: 호위함 3척, 초계함 7척, 디젤 잠수함 6척

극동 함대(태평양 함대): 구축함 46척, 디젤 잠수함 12척, SSN 3척, SSBN 3척

북방 함대(노던 함대): 항모 1척, 순양함 2척, 구축함 6척, 호위함 1척, SSN 12척 이상, SSBN 7척 이상

카스피 전단: 호위함 2척, 초계함 5척

일본의 해군력 및 해군 전략

일본은 1868년 메이지 유신 이후 서구 해군력을 빠르게 수용하여, 1905년 쓰시마 해전에서 러시아 발트 함대를 격파하며 해군 강국으로 도약하였다.

제2차 세계대전 당시 진주만 기습을 통해 미국 함대를 타격할 정도

로 태평양 해군 전력의 정점에 있었으나, 패전 이후 군사력 보유가 금지되며 해군은 해체되었다.

1955년 해상자위대(JMSDF) 창설 이후 미국과의 안보동맹을 기반으로 해양통제 및 대잠 능력 중심의 방어형 해군력으로 재편되었다.

1970년대부터는 홋카이도~오키나와 해협 차단 전략을 수립해 소련 태평양함대의 남하를 억지하였고, 1990년대 이후에는 원해 작전 및 해외 파병 경험을 통해 해군력을 실전화하고 다변화하였다.

2025년 기준 주요 전력은 다음과 같다:

헬기항모(DDH) 4척

이지스 구축함(DDG) 8척

다목적 구축함(DD) 26척

디젤 잠수함 22척

북한의 해군력 및 해양 전략

북한은 1946년 6월 5일 해군을 창설하였으며, 6·25 전쟁 발발 당시 약 50척의 소형 함정을 보유한 미약한 수준이었다.

전쟁 이후 연합군의 해상 봉쇄 실패를 교훈 삼아 잠수함 중심의 비대칭 전력 강화에 집중하였다.

1970~80년대에는 유도탄 고속정, 고속 상륙정, 잠수정을 다수 건조하며 근해 방어 및 기습 전력을 확보하였고, 1990년대 이후에는 공기부양정, 특수부대 침투 능력 강화에 집중하였다.

2025년 기준 주요 전력은 다음과 같다:

잠수함 및 잠수정 약 90척

압록급 호위함(1,500톤) 2척

유도탄 고속정(오사급) 30척

어뢰정 및 고속정 120척

연안 초계정·경비정 약 100척

공기부양정 약 100척

기뢰부설정 10척 이상

5,000톤급 구축함 2척

전체 함정은 450여 척 규모로, 수량 중심의 비대칭 해군 전력 체계를 유지하고 있다.

미국의 해군력 및 해군 전략

미국은 제1차 세계대전 직전(1914년) 세계 3위, 제1차 대전 직후(1919년) 및 제2차 대전 직전(1939년)에는 세계 2위 해군력을 보유하였고, 제2차 세계대전 직후(1945년)에는 세계 최강의 해군 국가가 되었다.

당시 항공모함 100척(경항모 포함), 전함 23척, 구축함 377척, 잠수함 232척을 보유하고 있었다.

이후 냉전기에는 SLBM 기반 전략 잠수함, 이지스 전투체계, 원자력 추진 구축함 등 해양 패권을 유지하기 위한 기술개발과 전력 확충에 집중하였다.

21세기에는 대테러 작전, 글로벌 분쟁 개입, 항모 중심 기동 타격력, 그리고 중국 견제를 위한 인도-태평양 전략에 중점을 두고 있다.

2025년 기준 전력은 다음과 같다:

항공모함 11척

이지스 구축함(알레이버크급) 70척 이상

이지스 순양함(타이콘데로가급) 17척

원자력 공격잠수함(SSN, 버지니아·LA급) 50척 이상

전략 원자력 잠수함(SSBN, 오하이오급) 14척

연안전투함(LCS), 상륙 강습함 등 다수 보유

미국은 세계 유일의 글로벌 해양통제 능력 보유국으로, 전방 배치 해군력과 전략 기동 전단 중심의 패권 전략을 지속하고 있다.

한국의 해군력 및 해군 전략

대한민국 해군은 1948년 9월 창설되었으며, 일본군이 남긴 경비정·소해정 30여 척을 인수하여 초기 기반을 마련하였다.

1949년에는 국민 성금으로 450톤급 구잠함인 백두산함을 미국에서 도입하였다.

6·25 전쟁 이후에는 미국의 군사원조(MAP)를 통해 상륙함, 구축함, 소해정, 초계정 등을 확보하고, 미국 해군의 중고 함정을 인수하며 근해 방어 해군으로 체계를 정립하였다.

1980~1990년대에는 호위함(FF), 초계함(PCC) 자체 건조 및 장보고-I급 디젤 잠수함 도입으로 국산 전투함과 잠수함 전력 기반을 구축하였다.

1990년대 이후에는 KDX-I, KDX-II 구축함, 고준봉급 상륙함 건조에 이어, 2000년대에는 이지스함(KDX-III)을 전력화하였다.

2025년 기준 주요 전력은 다음과 같다:

잠수함 20척 이상 (장보고-I/II/III급 포함)

이지스 구축함 3척 (세종대왕급), 3척 추가 건조 중

다목적 구축함 9척

호위함·초계함 20척 이상

상륙함 6척 + 차기 상륙함 건조 중

한국 해군은 유사시 전장 통제 및 해상교통로 방어, 전략 억지 및 원해 기동 능력 확보를 목표로 하는 지역형 강군 해군력을 지향하고 있다.

9장

한국 해군의 한반도 전쟁 억지력

1.
해양과 해양력

 해양은 해상교통로이자 국가의 생존과 번영을 뒷받침하는 전략적 공간이다. 해양력은 해양을 활용하고 통제하는 국가 역량이며 국가안보와 경제발전에 직결된다. 해양의 가치는 무역·에너지 수송로 확보와 해양자원 활용을 보장할 수 있는 해양력에 달려있다. 해양력은 해양 공간을 지배·통제하여 국가이익을 실현하는 수단으로 작동하며 한국은 반도 국가로서 강력한 해양력의 확보가 국가 생존의 핵심이다.[580]

2.
해군력과 해전사

　해군력은 국가의 해양력 중 군사력으로서 제해권을 확보·유지하는 핵심 수단이며 이를 수행하는 수단은 군함이다. 군함은 노선, 범선, 전열함, 증기함, 장갑함, 전함, 잠수함, 항공모함, 이지스 구축함 등으로 변천해 왔으며 해전의 양상은 군함의 변천에 따라 백병전 중심에서 화포 중심의 해상 기동전과 항공기 및 유도탄에 의한 해전으로 변천하였다.[581] 해전의 목표는 제해권 장악, 해상교통로 보호 및 차단이며, 군함의 변천에 따라 전쟁의 양상 변화와 전술의 혁신을 주도한 측이 항상 승리하였다.[582]

3.
해양전략과 해군의 역할

　마한은 해양력의 중요성을 강조하며 제해권이 국가의 부와 안보를 좌우한다고 주장했다. 콜벳은 해상교통로 보호와 해군력 유연성의 중요성을 강조했고, 고르시코프는 해양력과 전략 핵 억지력을 결합한 현대 해양전략을 제시했다.[583, 584, 585]

　미국은 항모 중심의 글로벌 해군력을 바탕으로 전 세계 제해권 유지 전략을 전개하고 있으며, 중국은 A2/AD(접근 거부/지역 거부) 전략으로 서태평양에서 영향력을 확대 중이다. 러시아는 해군 핵 억지력과 비대칭 전력을 통한 전략적 영향력 유지를 추구하고 있다. 이들 해군력 발전은 첨단 무기, 정보전, 네트워크 중심전으로 전개되고 있다.

4.
주변국 해군력

주변국 가운데 중국 해군은 잠수함, 항공모함, 헬기모함, 상륙 강습함, 구축함, 이지스급 구축함, 호위함 등에서 압도적인 해군력을 보유하고 있다.[586]

구분	한국	중국	러시아 극동함대	일본
잠수함	SS 23척 보유 (장보고, 214, 장보고-3)	총 76척 보유 (SSBN 6척, SSN 13척 포함)	총 18척 보유 (SSBN 3척, SSN 3척, SS 12척)	22척
항공모함	0	2척 보유, 2척 건조 중	0	0
헬기모함/ 상륙 강습함	독도급 2척 보유	대형 수송함 8척 보유 / 상륙 강습함 3척 보유, 1척 건조 중	0	4척 보유
구축함	12척 보유 (이지스급 3척 포함)	52척 보유, 15척 건조 중 (이지스급 39척 포함)	4~6척 보유 (이지스급 없음)	34척 보유 (이지스급 8척 포함)

호위함	17척 보유	80척 보유 8척 건조 중	4~6척 보유	0
연안/원해 전략	연안방어 + 기동함대	원해해군화, 항모기동부대	원해함대 유지, 방어적 기동	0

 북한은 잠수함(잠수정 포함) 90여 척을 보유하여 세계 최다 보유국이며, 1,500톤급 압록급 호위함 2척과 고속정 중심 수상 함정 전력 총 450여 척을 보유하여 연안 기습·기뢰·어뢰전 및 특수부대 침투 임무 수행 능력을 보유하고 있으며, 2025년에는 5,000톤급 구축함 2척을 진수하였고 원양작전 능력 확보를 추진하고 있다.[587]

5.
한국이 직면한 위협

한국은 대륙 세력과 해양 세력의 교차점에 있어 대륙 세력인 중국 및 러시아와 북한으로부터 직접적, 잠재적 위협에 직면하고 있다.[588]

구분	직접적, 잠재적 위협
중국	서해·영공 침범 및 군사력 증강의 직접적 위협과 유사시 북한 지원 및 군사 개입 가능성의 잠재적 위협.
러시아	KADIZ 무단 진입 및 훈련으로 인한 긴장 고조의 직접적 위협과 태평양함대 활동 및 북러 협력 가능성의 잠재적 위협.
북한	핵·유도탄, 국지도발, 사이버 공격의 직접적 위협과 내부 급변사태와 핵 위협 고도화의 잠재적 위협

6.
한반도 전쟁 억지를 위한 한국 해군의 과제

역사에 의하면 전쟁은 힘을 보유한 국가가 인접한 약한 국가를 침공함으로써 발발하였다. 이렇게 전쟁은 지상에서 시작되었지만, 해전에 의해 종결된 경우가 많았다. 해전사의 교훈은 군함의 변천에 따라 전쟁 양상의 변화와 전술 혁신을 주도한 측이 승리하였다.

한국이 직면한 위협을 고려하면 한국 해군의 전쟁 억지 목표는 재래식 전쟁 억지와 핵전쟁 억지로 구분되어야 한다.

재래식 전쟁 억지

재래식 전쟁 억지와 관련하여 중국은 전 세계 해상 상업 물동량의 약 1/2과 에너지 물동량의 약 1/3이 통과하는 전략적 수송로인 남중국해에 대한 영유권을 주장하며 해상교통로를 위협하고 있으며,[589] 중국 영토가 아닌 태평양의 도서들을 기점으로 제1도련선, 제2도련선, 제3

도련선을 설정하여 태평양에서의 중국식 해양 질서를 강요하려고 하고 있으며,590 한국 서해의 잠정조치수역(PMZ)에 무단으로 직경 70m, 높이 71m 이상의 이동식 철골 구조물 2기를 설치하여 갈등을 고조시키고 있다.591 이와 함께 중국 해군의 급격한 현대화와 전력 증강은 한국 해군에게 새로운 전략적 도전을 제기하고 있다. 중국 해군은 항공모함 전단, 대형 구축함, 장거리 타격력, 위성 정찰망을 바탕으로 양적·질적으로 한국 해군을 압도하고 있고,592 유사시 한반도 주변 해역에서 A2/AD(접근 거부·지역 거부) 전략을 통해 해상교통로를 위협하고 있다.593 이 같은 상황에서 한국 해군은 미국 해군의 즉각적 지원 없이 단독으로 분쟁 해역에서의 함대 결전과 해상교통로 보호를 위해 중국 해군과 마주하게 될 가능성이 있다.

한국 해군은 마한의 함대 결전 중심의 해양전략과 콜벳의 해상교통로 보호 전략과 고르스코프의 다층 억지 전략을 통합적으로 적용하여 대응해야 한다.594

마한의 해양전략은 주력함대 간의 결전과 제해권 확보를 중시하지만, 한국 해군이 중국 해군과의 전면적 해상 결전을 치르는 것은 현실적으로 불리하다. 따라서 콜벳의 제해권 획득 방법에 따라 세력이 열세일 경우에는 현존 함대(Fleet in Being) 전략으로 소규모 대응 공격을 통해 제해권을 분쟁적 상태로 유지하면서 제한된 해역에서의 국지적 해전을 통해 제한적 제해권을 확보하는 전략을 채택해야 하며, 고르스코프의 다층 억지 전략에 따라 원자력 잠수함을 기반으로 평시부터 위기·국지전·확전 단계까지 적 해군력의 접근을 제한하고 해상교통로를 보호해야 한다. 이를 위해 잠수함 전력, 기동함대, 경항공모함, 해상작전 헬기, 유도탄 전력의 확충과 함께 C4ISR 및 전투체계의 통합이 필요하며 원자력 잠수함의 조속한 확보가 필요하다.

포클랜드 해전에서 영국 원자력 잠수함에 의해 아르헨티나 순양함이 침몰하자, 해상에 전개되었던 아르헨티나 함대는 항구로 철수하여 전쟁 종료 시까지 항구 밖으로 나오지 못했다.[595] 원자력 잠수함은 잠수함이 지니는 천혜의 특성인 은밀성과 다른 전력은 보유할 수 없는 생존성을 보유한 전력이기에 한국 해군의 재래식 전쟁 억지력 확보를 위해서는 조속한 확보가 필요하다.

유도탄 해전 대비

전쟁사의 공통된 교훈은 군함의 변천에 따라 전쟁 양상의 변화를 주도하고 새로운 전술을 혁신적으로 적용한 측이 전쟁에서 승리하였다.

유도탄 해전의 등장은 해전의 양상을 바꾸어 놓았다. 함대 기동 중심 전투에서 먼 거리에서 적을 먼저 발견하고 정확히 타격하여 제압하는 측이 승리하는 해전의 시대가 도래한 것이다.

포클랜드 전쟁에서 영국의 구축함과 수송함이 엣소셋(Exocet) 유도탄에 피격되어 격침된 사례와 제4차 중동전쟁에서 이스라엘 해군이 가브리엘(Gabriel) 유도탄으로 적 군함을 격침한 사례는 유도탄 해전의 위력을 실전에서 입증한 대표적 사례다.[596] 이제 현대 해전에서 승리하기 위해서는 유도탄에 의한 정밀타격 능력과 이에 대한 방어 역량이 필수적으로 요구된다.

한반도를 둘러싼 안보 환경을 고려할 때, 한국 해군의 재래식 전쟁 억지력 유지를 위해 유도탄 해전 대비 능력을 강화하는 것은 선택이 아닌 필수적 과제이다.

북한은 다양한 대함·대지 유도탄 전력을 지속적으로 강화하고 있으며,597 중국은 극초음속 유도탄과 원해 해군화 전략을 통해 한반도 주변 해역에서 영향력을 확대하고 있다.598 이러한 상황에서 한국 해군은 다음과 같은 과제를 중심으로 유도탄 해전에 대비해야 한다.

첫째, 조기 탐지 및 표적획득 능력을 획기적으로 강화해야 한다. 유도탄 해전에서 적을 먼저 발견하고 추적·식별하는 능력이 승패를 결정한다. 이를 위해 해상 AESA 레이다를 배치하고, 해상초계기와 해상작전 헬기, 무인기 및 무인 수상·잠수정을 연계하여 다층적인 감시·정찰 체계를 구축해야 한다. 나아가 정찰위성과 공중 ISR 자산을 통합 운용하여 실시간 표적 정보를 공유하고 표적 식별의 정확도를 높여야 한다.

둘째, 다층적 유도탄 방어체계의 구축이 필요하다. 장거리 방어를 위한 SM-2, SM-6, 중거리 방어를 위한 ESSM, 근접 방어를 위한 RAM 및 Phalanx CIWS를 조합하여 다층 방어망을 갖춰야 한다. SM-2, SM-3, SM-6, ESSM, RAM, Phalanx CIWS 등은 미 해군과 한국 해군이 채택하고 있는 다층 방어 유도탄 체계의 핵심 구성요소이다.599

북한과 주변국의 탄도 유도탄 및 극초음속 유도탄 위협에 대응하기 위해 SM-3와 SM-6의 도입과 함께 운용·훈련 체계를 정비해야 하며, 전자전과 디코이 운용을 통해 생존성을 높이는 방어체계 구축도 중요하다.

셋째, 기동성과 스텔스성을 갖춘 플랫폼의 확보와 운용을 강화해야 한다. 한국형 차기 구축함(KDDX), 경항공모함 전투단, 스텔스형 유도탄 고속정 등 다양한 플랫폼을 통합 운용하여 상황에 따른 유연한 대응 능력을 키워야 하며, 이를 통해 단일 대형 플랫폼 의존도를 낮추고 분산된 플랫폼 간 네트워크 연동을 통해 생존성을 높이고 작전 반응 속도를 향상해야 한다. 유도탄 발사 징후가 포착되면 이를 신속하게 식별하고 대응 사격이 가능하도록 지휘통제 구조를 지속적으로 개선해야 하며,[600] 한미 연합 및 다국적 해상 연합훈련을 통해 실전적인 연합작전 수행 능력을 강화해야 한다.[601]

넷째, 유도탄 전력의 질적·양적 강화가 필수이다. 현재 운용 중인 해성, 해궁, 홍상어, 현무-3, SLBM 등의 국산 유도탄 전력을 지속적으로 개량하여 정밀타격 능력을 높이고, 초음속 및 극초음속 유도탄 개발과 배치를 통해 미래 위협에 대응할 수 있는 능력을 갖춰야 한다. 특히 실전과 유사한 모의 표적 상황에서 실사격 훈련을 반복적으로 실시하여 실질적인 운용 능력을 축적하는 것이 중요하다.

다섯째, 네트워크 중심전(C4ISR) 체계를 고도화하여 센서-무기-플랫폼 간 실시간 연동을 통한 Kill Chain을 완성해야 한다. 유도탄 발사 징후가 포착되면 이를 신속하게 식별하고 대응 사격이 가능하도록 지휘통제 구조를 지속적으로 개선해야 하며, 한미 연합 및 다국적 해상 연합훈련을 통해 실전적인 연합작전 수행 능력을 강화해야 한다.

여섯째, 핵심 무기체계 및 센서의 국산화 및 기술 자립도를 높이는 것이 중요하다. 해상 AESA 레이다, 극초음속 유도탄, ECM·ECCM 체계, 고출력 전자전 장비 등의 국산화를 통해 유지보수의 용이성과 지속적인 작전 운용 가능성을 확보해야 하며, 이를 기반으로 한국 해군만의 독자적 유도탄 해전 대응 역량을 구축해야 한다.

결국 유도탄 해전에서의 승리는 '먼저 발견하고, 먼저 발사하여, 먼저 명중시키고, 방어까지 해내는 능력'에 달려있다. 한국 해군이 유도탄 해전에 대비한 위와 같은 과제들을 적극적으로 이행할 때, 한반도 해역에서의 해상 통제권과 재래식 전쟁 억지력을 유지할 수 있으며, 대한민국의 해양 안보를 실질적으로 담보할 수 있다. 유도탄 해전 대비는 단순한 무기체계의 현대화가 아니라 미래 전장의 양상을 주도하여 승리하기 위한 필수적인 전략적 과제이며, 한국 해군이 반드시 완성해야 할 시대적 사명이라 할 것이다.

핵전쟁 억지

핵 강대국들은 적으로부터 핵무기에 의한 선제타격(First Strike)을 당하여 지상의 핵무기 전력이 초토화될 경우를 대비하여 수중 및 공중에서 핵무기 보복 타격(Second Strike)을 할 수 있는 능력을 구비함으로써 소위 "공포의 균형"을 통해 핵전쟁을 억지하고 있다.[602]

한국의 경우 북한으로부터 핵무기 선제 타격을 당할 경우 핵무기에 의한 보복 타격(2nd Strike)을 할 수 있는 능력을 구비하지 못하고 있어, 북한의 핵전쟁 억지를 위한 독자적인 대책을 강구해야 한다.

현재 북한의 핵·유도탄 위협에 대응하기 위해 거부적 억지 차원의 킬 체인(Kill Chain)과 한국형 유도탄 방어(KAMD)와 응징적 억지 차원의 대량 응징 보복(KMPR) 등은 한국형 3축 체계로 구축 중이며,[603] 북한 수뇌부 제거 작전은 억지력 확보에 기여할 수 있는 강력한 수단이다.[604]

이와 함께 북한 수뇌부 제거를 위한 특수부대의 참수 작전은 북한의 핵전쟁을 억지할 수 있는 강력한 수단이 될 수 있다.

북한은 2021년 3월 실시한 "한·미연합지휘소훈련"에 아무런 반응을 보이지 않고 있다가 육군 특수임무여단의 "북한 수뇌부 제거훈련"에 대해서는 격앙된 반응을 보였다. 핵무기를 사용하는 순간 북한 수뇌부가 제거된다는 시그널은 북한의 핵전쟁을 억지할 수 있는 강력한 압박 수단이 될 수 있다.

해군의 이지스 구축함과 장보고-3 잠수함에 현무-5 유도탄을 탑재하여 북한이 핵무기를 사용하는 순간 북한 수뇌부 제거 공격을 할 수 있는 능력을 갖추는 것은 해양에서 북한의 핵전쟁을 억지할 수 있는 전략적 억지 수단이 될 수 있다.[605]

에필로그

한국은 수출입 물동량의 약 99.7%를, 해상을 통해 운송하고 있는 전형적인 해양 국가로, 강력한 해양력의 확보는 국가 생존과 직결되는 전략적 핵심 과제이다.

대표적인 해양 전략가 마한, 콜벳, 고르시코프는 모두 해군력을 통한 제해권 확보와 해상교통로 보호가 평시에는 국가의 번영, 전시에는 국가의 생존과 승리를 보장한다고 강조하였다.

한국은 대륙 세력과 해양 세력의 교차점에 있으며, 중국·러시아·북한으로부터 다음과 같은 직접적 및 잠재적 군사 위협에 직면하고 있다. 이로 인해 한국 해군은 재래식 전쟁과 핵전쟁 양면에서의 억지 역할을 동시에 수행해야 하는 상황에 놓여 있다.

구분	직접적·잠재적 위협
중국	서해·영공 침범 및 군사력 증강, 유사시 북한 지원 및 군사 개입 가능성
러시아	KADIZ 무단 진입 및 연합훈련에 따른 긴장 고조, 북러 군사협력 및 극동 해군력 연계 가능성.
북한	핵무기, 유도탄, 국지도발, 사이버 공격, 내부 급변 사태와 핵 위협 고도화

특히 중국은 남중국해와 서해에서의 위협 행동을 통해 지역 안보의 불안정성을 가중하고 있다.

- 남중국해는 전 세계 해상 상업 물동량의 약 50%, 에너지 수송의 약 33%가 통과하는 전략적 수송로이다.
- 서해 잠정조치수역(PMZ)에 직경 70m, 높이 71m 이상의 철골 구조물을 설치함으로써 해양 주권 갈등을 고조시키고 있다.

중국 해군력은 다음과 같이 한국 해군력을 양적·질적으로 압도하고 있으며, 미국의 즉각적 개입 없이 독자적으로 분쟁 해역에서 마주할 가능성도 있다.

구분	한국	중국
잠수함	SS 23척 보유 (장보고-1, 장보고-2, 장보고-3)	총 76척 보유 (SSBN 6척, SSN 13척 포함)
항공모함	0	2척 보유, 2척 건조 중
헬기모함 상륙 강습함	독도급 2척 보유	상륙 강습함 3척 보유, 1척 건조 중 대형수송함 8척 보유

구축함	12척 보유 (이지스급 3척 포함)	52척 보유, 15척 건조 중 (이지스급 39척 포함)
호위함	17척 보유	80척 보유 8척 건조 중

한국 해군은 재래식 전쟁 억지를 위한 해양전략으로, 마한과 콜벳의 해양전략 이론을 바탕으로 한 현존함대(Fleet in Being) 전략을 채택할 수 있다.

이 전략은 분쟁적 제해권 상태를 유지하며, 제한된 해역에서의 국지전을 통해 국지적 제해권 확보를 목표로 한다. 즉, 소규모 기동 전력에 의한 국지 대응 능력을 유지함으로써 상대의 해양 지배 의도를 좌절시키는 전략적 효과를 노린다.

현대 해군 전투는 대부분 유도탄 기반의 해전으로 전개되며, 군함은 공격용 유도탄과 방어용 유도탄 체계를 동시에 갖춘 복합 전투 플랫폼으로 변천하고 있다.

미국은 중국과 러시아가 채택한 거부 전략(A2/AD)에 대응하여, 분산 해상작전(DMO)을 강화하고 있다. 이는 기동부대를 다축·다영역(Multi-Domain)으로 분산 배치하여 기존 함대 결전 개념을 유연하게 전역 기동 개념으로 전환하는 전략이다.

해전사는 일관되게 증명해 왔다.

군함의 변천과 함께 전쟁 양상은 변천하고, 전술 혁신을 주도한 측이 승리한다.

따라서 한국 해군도 압도적인 상대 전력에 맞서 유도탄 해전에서 우위를 점할 수 있는 창의적 전술을 지속적으로 개발해야 한다.

한편, 북한의 핵·유도탄 위협에 대한 억지력 확보는 한반도 안보의 핵심 과제로, 한국형 3축 체계는 다음과 같이 구성되어 있다.
- 킬 체인(Kill Chain) - 북한의 도발 징후 탐지 시 선제 타격
- KAMD(Korean Air and Missile Defense) - 유도탄 방어 중심의 다층 방어체계
- KMPR(Korea Massive Punishment & Retaliation) - 대량 응징보복을 통한 응징적 억지

이와 더불어, 북한 수뇌부 제거 능력 확보는 핵 사용 임계점 이전의 억지력으로 작용하며, 핵전쟁 억지에 실질적 효과를 가질 수 있다.

이지스 구축함과 장보고-III급 잠수함에 현무-5 유도탄을 탑재하여, 북한이 핵무기를 사용하는 순간 수뇌부를 즉각 제거할 수 있는 능력을 갖춘다면, 이는 강력한 전략적 억지 수단이 될 수 있다.

결론

한국 해군은 한반도 주변의 불균형적 해군력 속에서,
- 국가의 생존을 위한 해양 교통로 방어,
- 국지전·유도탄 해전 대응 전력 유지,
- 핵 위협에 대한 억지 전략 실현이라는 3대 책무를 안고 있다.

이를 위해, 해양전략 이론의 토대 위에 창의적 전술과 기술적 자립, 자주적 억지력을 갖춘 해군력으로 지속 발전해야 한다.

미주

1 David Miller, Chris Miller, Modern Naval Combat, p. 178.
2 Ibid., p. 178
3 Casson, Lionel, Ships and Seamanship in the Ancient World, Johns Hopkins University Press, 1995, p. 33.
4 David Miller외 1명, Modern Naval Combat p. 178.
5 E. B. Potter, Sea Power, pp. 8-9.
6 Rodger, N.A.M., The Command of the Ocean, Penguin Books, 2004, p. 136.
7 정성, 콜벳이 본 대영제국 건설과 한국의 해양전략 연구, p. 38.
8 bid., p. 46.
9 Mahan, Alfred Thayer, The Influence of Sea Power upon History 1660-1783, Dover, 1987, p. 92.
10 Andrew Lambert, War at Sea in the Age of Sail, p. 112.
11 Antony Preston, Battleships, Introduction.
12 John Roberts, Safeguarding the Nation: The Story of the Modern Royal Navy, p. 54.
13 David K. Brown, Warrior to Dreadnought: Warship Development 1860-1905, p. 13.
14 Ibid., p. 29
15 Robert K. Massie, Dreadnought: Britain, Germany, and the Coming of the Great War, p. 111.

16 Alfred T. Mahan, The Influence of Sea Power upon History, 1660-1783, Chapter 2.

17 Antony Preston, Battleships, p. 9.

18 Alfred T. Mahan, Naval Strategy, p. 187.

19 Norman Friedman, U.S. Battleships: An Illustrated Design History, p. 77.

20 Jane's Fighting Ships of World War I, p. 45.

21 Norman Friedman, British Battleships 1906-1946, p. 22.

22 Hans Lengerer, Battleships of the Yamato Class, Warship Vol. 27, p. 56.

23 Jane's Fighting Ships of World War I, pp. 11-12.

24 Jane's Fighting Ships of World War II, pp. 14-16.

25 Jane's Fighting Ships (2023 Edition), p. 3.

26 Antony Preston, Battleships, 서문 및 pp. 35-78; Jane's Fighting Ships of World War I, II 참조.

27 Norman Friedman, U.S. Battleships, p. 77, 307; Antony Preston, Battleships, p. 174-178; Davis Miller, Chris Miller, Modern Naval Combat, p. 15.

28 Antony Oreston. BAttlrships 서문

29 Davis Muller, Chris Muller, Modern Naval Combat, p. 15.

30 Norman Friedman, U.S. Battleships, p. 307.

31 Norman Friedman, U.S. Battleships, p. 77, p. 307; Antony Preston, Battleships, pp. 174-178; Davis Miller, Chris Miller, Modern Naval Combat, p. 15.

32 Antony Preston, Battleships, pp. 174-178.

33 Antony Preston, Battleships, 서문 및 pp. 35-78; Jane's Fighting Ships of World War I, II 참조.

34 Antony Preston, Battleships, 서문 및 pp. 35-78; Jane's Fighting Ships of World War I, II 참조.

35 David Miller, Chris Miller, Modern Naval Combat, pp. 15-16; Norman Friedman, The Naval Institute Guide to World Naval Weapon Systems; Jane's Fighting Ships, 2024-2025.
36 David Miller, Chris Miller, Modern Naval Combat, pp. 15-16; Norman Friedman, The Naval Institute Guide to World Naval Weapon Systems; Jane's Fighting Ships, 2024-2025.
37 David Miller, Chris Miller, Modern Vaval Combat, pp. 15- 16.
38 David Muller, Chris Muller, Modern Naval Combat, p. 15.
39 Robert Gardiner, Conway's All the World's Fighting Ships 1860-1905, p. 45.
40 David K. Brown, Nelson to Vanguard: Warship Design and Development 1923-1945, p. 112.
41 Jane's Fighting Ships of World War II, Introduction.
42 Washington Naval Treaty (1922), London Naval Treaty (1930), 전문 조항.
43 David Muller, Chris Muller, Modern Naval Combat, p. 17.
44 Ibid., p. 17.
45 Ibid., p. 17.
46 Ibid., p. 17.
47 Ibid., p. 1.
48 Chinese Type 052 and Type 055 Classification, SIPRI Arms Transfers Database, accessed 2024.
49 N.A.M. Rodger, The Command of the Ocean: A Naval History of Britain 1649-1815, p. 198.
50 Jane's Fighting Ships World War I, Jane's Fighting Ships World War II.
51 Ibid., p. 17.
52 David K. Brown, Atlantic Escorts: Ships, Weapons & Tactics in World War II, p. 54.
53 Muller & Muller, Modern Naval Combat, p. 19.

54 Jane's Fighting Ships World War I, Jane's Fighting Ships World War II.

55 Davis Muller, Chris Muller, Modern Naval Combat, p. 20.

56 Vavid Muller, Chris Muller, Modern Naval Combat, p. 20, 21.

57 Conway's All the World's Fighting Ships 1947-1995.

58 John Marriott, Submarine: The Capital Ship of Today, p. 7.

59 Leonardo's 설계도에는 인체 중심의 폐쇄형 잠수복 및 수면 위와 연결된 호흡 장치가 포함되어 있음.

60 R. Grant, The Story of Submarines, Houghton Mifflin, 1980, pp. 22-24.

61 Antony Preston, Submarines, pp. 6-8.

62 미국 독립전쟁 당시 데이비드 부시넬(David Bushnell)이 개발한 거북선형 수중선박.

63 'CSS 헝리'는 1864년 유니언 해군 함선 'Housatonic'을 격침했음.

64 "Plongeur", Naval History and Heritage Command, 미국 해군 공식 아카이브 자료.

65 Peral은 세계 최초의 전기 추진 잠수함으로, 스페인 해군에 의해 시험 운용됨.

66 Antony Preston, Submarines, pp. 19-26.

67 Norman Friedman, U.S. Submarines Through 1945: An Illustrated Design History, Naval Institute Press, 1995.

68 John Marriott, Submarine: The Capital Ship of Today, p. 8.

69 Antony Preston, Submatines, pp. 19-26.

70 Jane's Fighting Ships of World War I.

71 Paul G. Halpern, A Naval History of World War I, Naval Institute Press, 1994.

72 Erik Larson, Dead Wake: The Last Crossing of the Lusitania (Crown Publishing, 2015); 다양한 역사 자료에 따르면 루시타니아 격침 이후 미국 내 여론이 참전 쪽으로 급변함.

73 German U-boat losses and results summarized in: The U-boat War 1914-1918 by Edwyn Gray, p. 198.

74 J. Brooks, Dreadnought Gunnery and the Battle of Jutland, Routledge, 2005, p. 275.

75 William L. Shirer, The Rise and Fall of the Third Reich, Simon & Schuster, 1960.

76 Clay Blair, Hitler's U-Boat War: The Hunters, 1939-1942, Random House, 1996, pp. 31-33.

77 Paul G. Halpern, A Naval History of World War I, Naval Institute Press, 1994.

78 David Syrett, The Defeat of the German U-boats, University of South Carolina Press, 1994, pp. 15-18.

79 Ibid., p. 22.

80 Stephen Roskill, The War at Sea 1939-1945, Vol. 1, HMSO, 1954.

81 Günther Prien's U-47 Raid, Royal Navy Archives; see also: Jak P. Mallmann Showell, U-Boat Warfare: The Evolution of the Wolf-Pack, Naval Institute Press, 2002.

82 Clay Blair, Hitler's U-Boat War, pp. 85-87.

83 Paul Kemp, U-Boats Destroyed: German Submarine Losses in the World Wars, Arms & Armour Press, 1997.

84 Winston S. Churchill, The Second World War, Vol. 2: Their Finest Hour, Cassell, 1949.

85 William B. Breuer, Hitler's Fortress Cherbourg, Praeger, 1984.

86 Samuel Eliot Morison, History of United States Naval Operations in World War II, Vol. 1.

87 Patrick Beesly, Very Special Intelligence, Hamish Hamilton, 1977.

88 Alan J. Levine, The War Against Rommel's Supply Lines, 1942-1943, Praeger, 1999.

89 Norman Friedman, Naval Weapons of World War Two, Naval Institute Press, 1988.

90 Norman Friedman, British Destroyers & Frigates: The Second World

War and After (Naval Institute Press, 2006), p. 174.
91 Jak P. Mallmann Showell, U-Boat Warfare, pp. 203-206.
92 Peter Padfield, Doenitz: The Last Fuehrer, p. 159.
93 Clay Blair, Hitler's U-Boat War, pp. 98-100; 괴링의 반대는 루프트바페와 해군의 권한 다툼에서 비롯됨.
94 Norman Friedman, U.S. Aircraft Carriers: An Illustrated Design History, Naval Institute Press, 1983.
95 Thomas Wildenberg, Destined for Glory: Dive Bombing, Midway, and the Evolution of Carrier Airpower, Naval Institute Press, 1998.
96 Preston, Antony, Aircraft Carriers, Bison Books, p. 6.
97 Ibid., p. 8.
98 Ibid., p. 9.
99 Ibid., pp. 10-11.
100 Ibid., p. 18.
101 John Keegan, The First World War, Vintage, 2000.
102 Gordon W. Prange, At Dawn We Slept, Penguin Books, 1982.
103 Ibid.
104 Preston, Aircraft Carriers, p. 137.
105 Ibid., pp. 112-113.
106 Craig L. Symonds, The Battle of Midway, Oxford University Press, 2011.
107 Evan Thomas, Sea of Thunder, Simon & Schuster, 2006.
108 U.S. Department of Defense, Operation Desert Fox After-Action Report, 1999.
109 Preston, Aircraft Carriers, p. 6.
110 디젤-전기 추진체계 개요는 Jane's Fighting Ships 및 《Naval Institute Guide to Combat Fleets of the World》 참조.
111 스노클(Snorkel)은 독일어 Schnorchel에서 유래. 수중 충전을 위한 흡배기 장비.

112 항공기에서 Wake를 탐지하는 기술은 ESM(Electronic Support Measures) 및 EO/IR 센서 활용.

113 Ulrich Gabler, Submarine Design, p.12. Type XXI형은 현대 잠수함 설계의 시초로 간주됨.

114 미국 해군의 AIP 검토는 1940~1950년대 'Project Nobska' 계획에서 시작됨.

115 AIP의 지속 항해 시간은 탑재 연료, 잠항 속력에 따라 차이 있으나 일반적으로 2~3주 수준.

116 Naval Nuclear Propulsion Program(미국 해군 원자력 추진 프로그램)은 리코버 제독이 주도.

117 트루먼의 발언은 Nautilus 취역 기념 연설에서 인용.

118 한국형 원전(PWR) 기술은 APR-1400, SMART 원자로 개발 등으로 입증됨.

119 Tang급은 GUPPY 개량형으로 1951년 이후 운용되다 1980년대 퇴역.

120 독일 U212/214급, 스웨덴 Gotland급, 프랑스 Scorpène급에 각 AIP 탑재.

121 디젤 잠수함의 저소음 운항 능력은 전기 모터로의 구동 방식 때문이며, 이는 일반적으로 디젤-전기 추진체계(diesel-electric propulsion system)로 알려져 있다. 디젤 엔진은 배터리를 충전할 때만 작동하므로, 수중에서는 전기로만 추진된다.

122 잠수함은 레이다가 수중에서 효과를 발휘하지 못함에 따라, 음파 기반의 탐지 체계인 소나(SONAR, Sound Navigation and Ranging)가 개발되어 사용되고 있다.

123 수중 음파 탐지의 어려움은 해수의 온도 분포, 염도, 수심 등에 따라 달라지는 음파의 굴절(refraction) 현상 및 다양한 수중 환경 잡음으로 인해 발생한다.

124 포클랜드 전쟁(Falklands War) 중 영국 해군의 어뢰 오발 사례는 잠수함 탐지의 어려움을 극명하게 보여주는 대표적인 사례다. 관련 내용은 해군 전사 기록(Naval War Diaries) 및 작전 분석 문서 참조.

125 Blue-Green Laser는 광학적 수단을 이용한 잠수함 탐지 기술로, 아직

실전적 유효성이 충분히 입증되지 못하였다. 미국과 일부 국가에서 지속적인 연구 중이다.

126 스텔스 기술은 항공기뿐 아니라 수중체계에도 적용되며, 주로 흡음 타일(anechoic tiles) 부착, 무진동 구조 설계, 외부 음파 반사 최소화 등의 방식으로 구현된다.

127 어뢰의 역사적 전투력은 제1차 세계대전 당시 독일 U-보트의 전과에서 명확히 입증되었다. 당시 단일 어뢰로 전함이 격침된 사례는 해양 전술 개념의 전환점을 제공했다.

128 미국 해군은 이라크전(2003)에서 토마호크 순항미사일을 잠수함에서 대량 발사하여 육상 목표 타격에 활용한 바 있으며, 이는 전략적 억지력의 일환이었다.

129 버블제트 효과(Bubble Jet Effect)는 어뢰가 선체 아래에서 폭발할 때 발생하는 기포 압력의 급격한 변화로 선체를 파괴하는 메커니즘이다. 관련 연구는 해양 무기학(Ocean Weapons Engineering) 자료에서 확인 가능하다.

130 작전속력 25노트는 대부분의 수상 전투함이 유지 가능한 평균 속력이며, 디젤 잠수함은 배터리 소모로 인해 장기간 고속 유지가 불가능하다.

131 원자력 잠수함은 원자로에서 발생하는 열로 터빈을 구동하여 추진되며, 연료 재공급 없이 수년간 운항이 가능하다. 이로 인해 "무제한 항속력(unlimited endurance)"을 가진다고 평가된다.

132 어뢰의 항속 시간과 속도 계산은 실제 잠수함 전술 회피 기동 시 생존 확률 산정의 기초가 된다. 군사 전술 시뮬레이션 자료에 활용되는 수치이다.

133 시울프급(Seawolf-class) 잠수함의 최고 속도는 공식적으로 공개되지 않았지만, 군사 분석 보고서에서 시속 65㎞ 이상으로 평가된다.

134 산소 공급 문제는 디젤 잠수함의 잠항 시간 제한의 주요 요인으로, 스노클링은 공기 중 산소를 잠수함 내부로 유입하기 위한 장비다.

135 원자력 잠수함은 전기분해 장치를 통해 수중에서 산소를 자체 생산할 수 있으며, 이 기술은 통상적인 잠수함에는 적용하지 않는다.

136 미 해군의 최신 원자력 잠수함 설계 철학

137 U.S. Navy Fact File - Ballistic Missile Submarines - SSBN (2024 기준 오하이오급 14척 보유)

138 전후 핵무기 시대의 개막과 미국의 NSC-68 문서 (1950년) 참조

139 Thomas C. Schelling, Arms and Influence, 1966

140 미국: 미니트맨/GBSD, 러시아: RS-24 야르스, 중국: DF-41 등

141 LGM-30G 미니트맨 III (사거리 약 13,000㎞) — 미 공군 자료

142 B-21 레이다(2022년 공개): 스텔스 전략폭격기 — 노스럽 그러먼 자료

143 UGM-133A Trident II D5, 사거리 약 12,000475kt, 보통 8~14개 탑재

144 Federation of American Scientists (FAS), "Submarine Navigation and Seafloor Mapping": 미국 해군 전략 원자력 잠수함은 태평양 및 대서양 깊은 해역에서 작전을 수행하기 위해 고해상도 해저지형도(Bathymetric Maps)를 사용한다. 이 지도는 전략잠수함의 은밀한 항해를 보장하기 위한 핵심 자료로서 군사 2급 비밀로 분류된다. 지형도가 적에게 유출될 경우 SSBN의 은닉 위치 노출 가능성으로 인해 심각한 위협이 될 수 있다.

145 U.S. Navy VLF/ELF Communication Systems Overview: 미국 해군은 전략잠수함에 핵무기 발사 명령을 전달하기 위해 초저주파(VLF, ELF) 통신체계를 운용하고 있다. 대표적 예로는 미시간주에 위치했던 ELF 송신시설(지하 안테나망), 조지아주 킹스베이 및 워싱턴주 뱅거 기지의 VLF 송신 시설 등이 있으며, 잠수함은 잠항 상태에서도 이 통신을 수신할 수 있도록 특수 안테나를 탑재하고 있다.

146 U.S. Navy Fact File: Ohio-Class SSBN Submarines: 오하이오급 전략 원자력 잠수함(Ohio-class SSBN)은 최대 24기의 UGM-133A Trident II D5 잠수함발사 탄도미사일(SLBM) 발사관을 갖추고 있다. 다만 2010년 'New START 조약' 이행 이후 일부 SSBN에서는 20기로 감축된 함정도 있다. 각 SLBM은 다탄두(MIRV) 방식으로 최대 12발까지 핵탄두 탑재 가능하나, 실배치 수는 통제되고 있으며 일반적으로 한 미사일당 4~8발로 운영된다.

147 National Resources Defense Council (NRDC) & Defense Intelligence Estimates : Trident II D5 SLBM에 탑재되는 W76 또는 W88 핵탄두의 폭발력은 각각 약 100kt(W76), **475kt(W88)**로 추정된다. 대부분의 Trident II에는 이 두 종류의 탄두가 혼합 탑재되며, 실제 작전 배치에서는 475kt 급의 고위력 탄두가 다수 존재함이 알려져 있다. 이는 제2차 세계대전 당시 히로시마 투하 폭탄 '리틀 보이(15kt)'와 비교하여 약 30배 이상의 파괴력을 지닌다.

148 192발 × 475kt = 총 91,200kt, 히로시마(15kt) 기준 약 6,080회 분량

149 2017년 北 6차 핵실험 기준 6.1 규모 인공지진 발생 — USGS 발표

150 Henry Kissinger 등, "The Case for a World Without Nuclear Weapons", WSJ (2007)

151 전술핵 재배치 논의: 2017년 美 전략사령부와 한국 간 대화 등 참고

152 NPT 제10조: "주권 국가는 최고이익의 위협을 이유로 3개월 전 통보 후 탈퇴 가능"

153 중앙일보, 2012년 6월 22일자 "日 플루토늄으로 핵무기 5,000개 제조 가능"

154 미국 CRS Report: "Nuclear Weapons: The Role of Submarines in U.S. Strategy"

155 Congressional Research Service, "Nuclear Deterrence: Background and Concepts"

156 미 국방부 2022 Nuclear Posture Review (NPR)

157 Trident II D5 사거리로 동북아 전역 타격 가능 — 미 해군 전략지침

158 2023년 7월 미국 전략원잠 USS Kentucky의 부산 기항 사례

159 발사 거리 단축은 경보-반격 시간 단축 효과로 이어짐

160 미국 국방부, 2023 Extended Deterrence Dialogue 자료

161 Hiranandani, G.M. Transition to Triumph, Indian Navy History, 1999, pp. 198-202.

162 Casson, Lionel. Ships and Seamanship in the Ancient World. Princeton University Press, 1971. 고대 이집트의 초기 해군력과 스네프루의

대외원정 관련 기록에 기반함.

163 Morrison, John S., and John F. Coates. The Athenian Trireme. Cambridge University Press, 1986. 바이레메(Bireme)는 트리레메(Trireme)보다 앞선 전차식 함형으로, 지중해 해군의 진화 초기 단계를 설명.

164 Rodger, N. A. M. The Safeguard of the Sea. Penguin Books, 1997. 중세 후반기 유럽 해군에 화약 무장이 도입되면서 해상 전술에 변혁이 일어났음을 설명함.

165 Blackmore, Howard L. Guns and Rifles of the World. Viking Press, 1965. 초기 함포는 돌을 발사하는 대형 포였으며, 함선의 목재 외판에 심대한 피해를 주었음.

166 Kennard, Howard. The Gunpowder Age: A History of Explosive Warfare. Harper & Row, 1970. 15세기 이후 철환은 방어병력에게 효과적인 살상력을 발휘하였으며 산탄은 넓은 범위 타격이 가능.

167 Paixhans, Henri-Joseph. Nouvelle Force Maritime. Paris, 1822. 원저에서 작열탄 개념을 처음 체계적으로 제시하였고, 실험적 발사 결과도 기록됨.

168 Lyon, David. The First Destroyers. Conway Maritime Press, 1996. 작열탄의 해상 시험 및 초기 반응, 기술적 평가 등이 언급됨.

169 Sondhaus, Lawrence. Naval Warfare, 1815-1914. Routledge, 2001. 활강포 형식으로 작열탄 발사가 가능했던 최초의 해군용 대구경포, 기존 철환에 비해 혁신적임.

170 Potter, E. B. Sea Power: A Naval History. Naval Institute Press, 1981, p.116. 시노프 해전은 작열탄의 실전 첫 사용이자 파익상 포의 전술적 우위를 보여준 사례로 기록됨.

171 Greene, Jack, and Alessandro Massignani. Ironclads at War: The Origin and Development of the Armored Warship, 1854-1891. Da Capo Press, 1998. 작열탄 명중 시 목조 선체가 빠르게 연소되거나 파열되며, 이는 장갑함 도입의 필요성을 제기하게 됨.

172 Paixhans, H. J. (1822). Nouvelle force maritime et artillerie. Paris:

Imprimerie Royale. 작열탄 개념을 처음 체계화하고 해상 함포에 접목한 장비와 원리 설명 포함.

173 Potter, E. B. (1981). Sea Power: A Naval History. Naval Institute Press, p.116. 시노프 해전의 전략적 충격과 유럽 해군의 장갑함 개발 동기에 대한 분석 포함.

174 Brown, D. K. (2003). Warrior to Dreadnought: Warship Development 1860-1905. Chatham Publishing. HMS 워리어의 기술적 사양과 역사적 의의 기술.

175 Hogg, Ian V. (1970). Artillery: Its Origin, Heyday, and Decline. Archon Books. 암스트롱 포의 내부 구조와 강선포로서의 혁신성 분석.

176 Still, William N. (1985). Iron Afloat: The Story of the Confederate Armorclads. University of South Carolina Press. USS 모니터(Monitor)의 전투 운용과 회전 포탑의 군사적 의의 언급.

177 Kennard, Howard (1970). The Gunpowder Age: A History of Explosive Warfare. Harper & Row. 둥근탄과 장탄의 탄도적 차이 및 강선포와의 결합 기술 설명.

178 Blackmore, Howard L. (1965). Guns and Rifles of the World. Viking Press. 고폭탄의 신관 방식 및 시노프 해전에서의 실전 적용 사례 포함.

179 Chant, Christopher (1987). Artillery of the World. Chartwell Books. 무연화약의 개발 연혁과 전술적 효과, 포구속도 향상 수치 제시.

180 Neufeld, Jacob (1989). The Development of Ballistic Missiles in the United States Air Force, 1945-1960. Office of Air Force History. VT 신관 개발의 기술사적 맥락과 해군 대공전에서의 적용 사례 설명.

181 Massie, Robert K. (1991). Dreadnought: Britain, Germany, and the Coming of the Great War. Random House. 해군 군비경쟁의 배경과 드레드노트 이전-이후 해군사 구분.

182 Evans, David, and Mark Peattie (1997). Kaigun: Strategy, Tactics, and Technology in the Imperial Japanese Navy, 1887-1941. Naval Institute Press. 러일전쟁 당시 함포 크기 및 교전 양상에 대한 분석.

183 Friedman, Norman (1985). U.S. Battleships: An Illustrated Design History. Naval Institute Press. 아이오와급의 화력 특성과 사거리 기술 상세 기술.

184 Skulski, Janusz (2004). The Battleship Yamato. Naval Institute Press. 야마토급의 포 기술 사양과 역사적 의미 설명.

185 Robert O. Dulin & William H. Garzke Jr., Battleships: United States Battleships in World War II, Naval Institute Press, 1976.

186 Norman Friedman, Naval Firepower: Battleship Guns and Gunnery in the Dreadnought Era, Seaforth Publishing, 2008.

187 Donald Macintyre, The Battle of the Atlantic, Macmillan, 1961.

188 Jane's Naval Weapon Systems, 2019-2020 Edition, IHS Markit.

189 GlobalSecurity.org, "Naval Gun Systems", https://www.globalsecurity.org/military/systems/ship/guns.htm

190 U.S. Navy Bureau of Ordnance, Naval Ordnance and Gunnery, 1952.

191 Pierre Tertrais, Weapons of Mass Destruction: A Brief Introduction, French Strategic Institute (IFRI), 2015.

192 Stockholm International Peace Research Institute (SIPRI), Arms Industry Database.

193 Ibid.

194 IISS, The Military Balance, annual editions; 각국 해군 공식 자료.

195 Norman Friedman, Naval Weapons of World War Two, Naval Institute Press, 1985.

196 U.S. Navy Bureau of Ordnance, Proximity Fuzes for Projectiles, War Department Technical Manual, 1945.

197 Ian V. Hogg, Allied Artillery of World War Two, Crowood Press, 1998.

198 Robert D. Ballard, The Battleship Bismarck, Madison Press, 1990.

199 Jane's Ammunition Handbook, IHS Markit, 2020.

200 GlobalSecurity.org, "Modern Naval Ammunition Systems," accessed

July 2025.

201 U.S. Department of Defense, Advanced Naval Fuzing Technology, DOD Publications, 2016.

202 Rheinmetall Defence, "Modular Artillery Ammunition," Technical Brochure, 2019.

203 Raytheon Technologies, "Proximity Fuze Systems," Product Overview, 2021.

204 Hanwha Aerospace, "탄약용 전자신관 개발 기술백서," 2022.

205 Lockheed Martin, "Multi-mode Fuze Integration for Precision Engagement," Technical Report, 2020.

206 Congressional Research Service, Navy Lasers, Railgun, and Hypervelocity Projectile, CRS Report R44175, 2021.

207 Michael Peck, "Guided Artillery Shells vs. Armored Vehicles," National Interest, April 2020.

208 U.S. Navy Statement on Railgun Termination, Defense News, July 2021.

209 South Korean Defense Acquisition Program Administration (DAPA), "국방과학연구소 초고속 포탄 연구 진행 현황," 2023.

210 Gardiner, R. (1985). Conway's All the World's Fighting Ships 1860-1905. London: Conway Maritime Press.

211 Brown, D. K. (2003). The Grand Fleet: Warship Design and Development 1906-1922. London: Seaforth Publishing.

212 Friedman, N. (2006). The Naval Institute Guide to World Naval Weapon Systems. Naval Institute Press, p.239.

213 Halpern, P. G. (1994). A Naval History of World War I. Naval Institute Press, pp.95-97.

214 어뢰는 수면 아래에서 폭발함으로써 선체 중앙부 하부에 심각한 파공을 일으키며, 내부 격실이 순식간에 해수로 차오르게 된다. 이는 부력 손실을 유발하며 즉각적인 침몰로 이어진다. 출처: Norman Friedman,

"Torpedo: The Evolution of the Deadliest Naval Weapon" (Naval Institute Press, 2015)

215 'Torpedo Boat Destroyer'는 19세기 말 영국 해군에서 최초로 도입된 개념으로, 이후 이름이 축약되어 현대의 'Destroyer(구축함)'로 이어졌다. 출처: Robert Gardiner, "Conway's All the World's Fighting Ships 1860-1905"

216 대표적 뇌격기로는 일본 해군의 '나카지마 B5N'과 영국의 '페어리 소드피시'가 있으며, 미드웨이해전과 타란토 공습 등에서 큰 역할을 했으나, 제트기 시대와 미사일 무기의 발달로 퇴역하였다. 출처: John Winton, "Air Power at Sea 1939-1945"

217 NATO 및 미국 해군 기준, 경어뢰는 주로 324㎜급(예: Mk.46, Mk.54)이 일반적이며, 중어뢰는 533㎜급(예: Mk.48, DM2A4)으로 잠수함에 탑재된다. 출처: Jane's Naval Weapons Systems, 2023 Edition

218 패턴형 어뢰는 초기 냉전기 소련과 미국 해군에서 각각 개발되었으며, 수직 '지그재그' 또는 나선형 패턴을 통해 목표물 탐색 범위를 넓히는 기능을 수행했다. 출처: Polmar, Norman. "The Naval Institute Guide to the Ships and Aircraft of the U.S. Fleet"

219 선유도 어뢰는 미국의 Mk.37, Mk.48과 독일의 DM2 계열이 대표적이며, 유선 통제와 센서 융합 기술을 결합하여 고정밀 추적이 가능하다. 출처: U.S. Navy Weapons Systems Guide, 2022

220 음향추적은 2차 세계대전 당시부터 사용되었으며, 현대 어뢰는 능동/수동 복합모드를 지원한다. Wake 추적은 항적의 물리적 변화를 센서로 탐지하며, 러시아의 VA-111 쉬크발(Shkval) 등 초고속 어뢰에도 적용되었다. 출처: Richard Scott, "Modern Torpedoes: Smart Underwater Killers", Jane's International Defence Review, 2021

221 초기 어뢰의 신관 오작동 문제는 제1·2차 세계대전 당시 주요 해군국에서 공통적으로 보고되었으며, 특히 독일과 미국은 어뢰 신뢰성 문제로 상당한 전력을 상실하였다.

222 독일 잠수함 어뢰 오발 사례는 우발적인 오인식 및 유도 장비 미비로 인

223 미국 해군의 어뢰 결함은 제2차 세계대전 초기에 심각했으며, 1942년 미 해군 조사에 따르면 약 30~35%의 어뢰가 폭발하지 않거나 표적을 놓쳤다.

224 포클랜드 전쟁 당시 영국 잠수함 HMS Conqueror는 2차대전형 Mark 8 Mod 4 직주어뢰를 사용하여 아르헨티나 순양함 General Belgrano를 침몰시켰다. 이는 현대 무기보다 구형 무기가 더 신뢰성 있게 작동한 사례로 평가된다.

225 아르헨티나 해군은 순양함 격침 이후 주요 수상 전력을 항구로 철수하였고, 이후 전쟁에서 수상함을 적극 운용하지 않았다.

226 음향 유도 어뢰는 잠수함 고유의 저주파 소음을 탐지하는 정밀 센서가 탑재되어 있으며, 목표물의 동적 변화(침로·속력·심도)를 실시간 추적해야 하기 때문에 매우 정교한 기술이 요구된다.

227 독일은 DM2A1 선유도 어뢰 개발 시 2,000회 이상의 해상 시험을 실시하였으며, 이는 세계 최고 수준의 시험 이력으로 알려져 있다.

228 Kaiten(回天)은 일본 제국 해군이 개발한 유인 자살 어뢰로, Type 93 어뢰를 개조하여 제작되었으며 1944~45년 사이 100여 기가 실전 운용되었다.

229 미국 공식 기록에 따르면 카이텐에 의해 침몰된 선박은 유조선, 상선 등 파괴된 선박이 있으나, 일본 측 주장과는 괴리가 있다.

230 근접 신관(Magnetic Proximity Fuse)은 군함 하부에서 발생하는 자기장을 인식하여 폭발 시점을 조절하며, 이는 어뢰가 선저를 직접 타격하지 않고도 결정적 피해를 입힐 수 있게 한다.

231 버블제트 효과(Bubble Jet Effect)는 수중 폭발 시 생성되는 고압 공기 방울이 수직으로 빠르게 붕괴하면서 강력한 절단력을 발휘하는 현상이며, 이는 선체를 두 동강 내는 결정적 원인이 된다.

232 1999년 괌 근해 실사격 시험에서 한국 해군 이천함이 발사한 중어뢰에 의해 12,000톤급 퇴역 순양함 Oklahoma City가 두 동강으로 침몰한 사례는 버블제트 효과를 실증적으로 입증한 대표적 사례로 기록된다.

233 천안함 침몰 사건은 제3자 공격에 의한 것으로 민·관·군 합동조사단은 북한의 CHT-02D 중어뢰에 의한 수중 폭발로 결론지었으며, 폭발 시 나타난 수직 절단 형태와 버블제트 효과가 일치하였다.

234 Norman Friedman, Naval Weapons of World War One, Seaforth Publishing, 2011

235 Ministry of National Defense Republic of Korea, 해양작전 교범, 2020.

236 Richard A. Gabriel, Weapons and Warfare in the Ancient World, Greenwood Publishing, 2003.

237 David Evans, Kaigun: Strategy, Tactics, and Technology in the Imperial Japanese Navy, 1887-1941, Naval Institute Press, 1997.

238 Edwin Gray, Nineteenth-Century Torpedoes and Their Inventors, Naval Institute Press, 2004.

239 U.S. Navy Mine Warfare Manual, NWP 3-15 (Revision A), 2007.

240 Robert Hutchinson, Jane's Submarines: War Beneath the Waves from 1776 to the Present Day, HarperCollins, 2003.

241 Kenneth R. Harkins, Naval Mines: Their History and Influence in Modern Warfare, Defense Technical Information Center (DTIC), 1999.

242 Jane's Mines and Mine Clearance 2005-2006, Jane's Information Group, 2005.

243 Malcolm H. Murfett, Naval Warfare 1919-45: An Operational History of the Volatile War at Sea, Routledge, 2008.

244 NATO Naval Mine Warfare Centre of Excellence (NMW COE), Mine Threat and Countermeasures Handbook, 2020.

245 Norman Friedman, The Naval Institute Guide to World Naval Weapon Systems, 5th Edition, Naval Institute Press, 2006.

246 Carlo Kopp, "Missile Basics", Air Power Australia, 2009.

247 Kenneth W. Allen, China's Ballistic Missile Programs, RAND Cor-

poration, 1995.

248 U.S. Navy Fact File, "Anti-Ship Cruise Missiles (ASCMs)," https://www.navy.mil/.

249 Steven J. Zaloga, Soviet Air Defence Missiles, Osprey Publishing, 1989.

250 Michael T. Klare, "The Geopolitics of Anti-Access/Area Denial," The Nation, 2015.

251 Jeremy Stöhs, The Decline of European Naval Forces: Challenges to Sea Power in an Age of Fiscal Austerity and Political Uncertainty, Naval Institute Press, 2018.

252 Jane's Information Group, "P-15 Termit (SS-N-2 Styx)," Jane's Naval Weapons Systems, 2021.

253 GlobalSecurity.org, "North Korean Navy - P-15 Styx Deployment," https://www.globalsecurity.org/.

254 Skolnik, Merrill I. Introduction to Radar Systems, 3rd ed., McGraw-Hill, 2001. 레이다의 원리 및 군사용 응용에 관한 고전적 정리서.

255 Ritchie, Sebastian. "A History of Early Radar," The Journal of the Royal United Services Institute, Vol. 145, 2000. 휼스마이어의 발명과 헤르츠 실험 등 초기 레이다 개발사를 정리.

256 Brown, Louis. A Radar History of World War II: Technical and Military Imperatives, IOP Publishing, 1999. 체인 홈 레이다 개발과 영국 전시 전략의 연계성을 상세히 다룸.

257 Winkler, Jonathan Reed. "Warning at Pearl Harbor: The Story of SCR-270", IEEE Spectrum, 2001. SCR-270 레이다와 진주만 당시 운용 실태를 분석한 논문.

258 Howse, Derek. Radar at Sea: The Royal Navy in World War 2, Macmillan, 1993.

259 Friedman, Norman. Naval Radar, Naval Institute Press, 1981. 미 해군과 독일 해군의 함상 레이다 기술 및 발전사 기술.

260 Buderi, R. (1996). The Invention That Changed the World: How a Small Group of Radar Pioneers Won the Second World War and Launched a Technological Revolution. Simon & Schuster.

261 Winkler, J. D. et al. (2005). Protecting America: The DEW Line Story. RAND Corporation.

262 Friedman, N. (2006). The Naval Institute Guide to World Naval Weapon Systems. Naval Institute Press.

263 Sweetman, B. (2000). F-22 Raptor. Zenith Press. 5. Skolnik, M. I. (2008). Radar Handbook, 3rd Ed. McGraw-Hill.

264 Skolnik, M. I. (2008). Radar Handbook, 3rd Ed. McGraw-Hill.

265 방위사업청. (2021). 『KF-21 개발 현황과 성과』. 한국항공우주산업자료.

266 Joint Air Power Competence Centre (2020). Radar Developments in 5th Generation Warfare. NATO Air Command.

267 Li, M. et al. (2022). "Quantum Radar: Progress, Challenges and Future", Nature Reviews Physics, vol. 4.

268 Naval History and Heritage Command. (2020). Radar in World War II. US Navy.

269 전자파 기술연구회. (2023). 『차세대 레이다 기술과 군사적 응용』. 한국전자통신연구원(ETRI).

270 GlobalSecurity.org & Defense Update, "Radar Technologies: PESA vs AESA", 각국 국방부 자료 종합 정리.

271 박영준, 『고대 해전의 역사』, 책과함께, 2009, p.41.

272 Geoffrey Parker, The Military Revolution, Cambridge Univ. Press, 1996, p.95.

273 Norman Friedman, Naval Firepower: Battleship Guns and Gunnery in the Dreadnought Era, Naval Institute Press, 2008, pp.22-27.

274 Jan Glete, Navies and Nations, Almqvist & Wiksell, 1993, p.130.

275 Richard Hough, The Big Battleship, Michael Joseph, 1966, p.118.

276 Norman Friedman, Naval Firepower, op.cit., pp.65-67.

277　John Brooks, Dreadnought Gunnery and the Battle of Jutland, Routledge, 2005, pp. 46-49.

278　Norman Friedman, U.S. Naval Weapons, Naval Institute Press, 1983, p. 125.

279　Ibid., p. 126.

280　Donald Macintyre, Fighting Ships and Seamen, Putnam, 1961, p. 108.

281　Friedman, U.S. Naval Weapons, p. 127.

282　David K. Brown, Nelson to Vanguard: Warship Design and Development 1923-1945, Chatham Publishing, 2000, pp. 216-217.

283　John B. Lundstrom, The First Team: Pacific Naval Air Combat from Pearl Harbor to Midway, Naval Institute Press, 1984, p. 212.

284　Edward L. Warner, Aegis Combat System: Its Capabilities and Limitations, U.S. Navy Analysis Office, 1987.

285　Friedman, The Naval Institute Guide to World Naval Weapon Systems, Naval Institute Press, 2006, pp. 30-33.

286　해군본부, 『한국 해군 50년사』, 1995, p. 412.

287　국방과학연구소, 『국방기술연구자료집』 제23권, 1982, pp. 57-59.

288　국방부, 『국방백서 1983』, 대한민국 국방부, 1983, p. 119.

289　해군본부, 『한국 해군 50년사』, 1995, p. 414.

290　해군작전사령부 공식 기록, 창설일자: 1986년 1월 1일.

291　U.S. Navy, Fleet Ballistic Missile Target Systems Manual, NAVSEA, 1980.

292　대통령기록관, 전두환 대통령 주요 군 관련 행적(1980~1987) 기록.

293　Norman Friedman, Naval Radar and Fire Control Systems, Naval Institute Press, 2006, p. 103.

294　국방과학연구소, 『전파전자전 교란 사례 분석집』 제4권, 1992, pp. 64-66.

295　Holland, Tom. Persian Fire: The First World Empire and the Battle for the West. London: Abacus, 2005, pp. 103-105.

296　Herodotus. Histories, Book 6.

297 Green, Peter. The Greco-Persian Wars. University of California Press, 1996, p.145.
298 Casson, Lionel. The Ancient Mariners. Princeton University Press, 1991, pp.98-99.
299 Herodotus. Histories, Book 8, pp.57-60.
300 Morrison, J. S., and Coates, J. F. The Athenian Trireme. Cambridge University Press, 1986, pp.12-15.
301 Burn, A. R. Persia and the Greeks. Stanford University Press, 1962, p.446.
302 Herodotus. Histories, Book 9. E. B. Potter, Sea Power, Annapolis: Naval Institute Press, 1981, pp.2-5.
303 Kitto, H. D. F. The Greeks, Penguin Books, 1991, p.145.
304 Alfred Thayer Mahan, The Influence of Sea Power upon History, 1660-1783, Dover Publications, 1987 (originally 1890), p.138.
305 Lazenby, J. F. The Defence of Greece 490-479 BC. Aris & Phillips, 1993, pp.107-108.
306 Strauss, Barry. The Battle of Salamis: The Naval Encounter That Saved Greece—and Western Civilization. Simon & Schuster, 2004, pp.159-165.
307 Morrison, J. S. et al., The Athenian Trireme, op. cit., p.29.
308 Ibid.
309 Ibid.
310 E. B. Potter, Sea Power, p.9.
311 Ibid., p. 10.
312 Ibid.
313 John F. Guilmartin, Gunpowder and Galleys: Changing Technology and Mediterranean Warfare at Sea in the 16th Century, Cambridge University Press, 1974.
314 Ibid.

315 Potter, Sea Power, p. 10.

316 Guilmartin, Gunpowder and Galleys, p. 220.

317 Hanson, Neil. The Confident Hope of a Miracle: The True History of the Spanish Armada. Vintage, 2004.

318 Black, Jeremy. A History of the British Isles. Palgrave Macmillan, 2003.

319 Parker, Geoffrey. The Grand Strategy of Philip II. Yale University Press, 2000.

320 Raleigh, Walter. The Discovery of Guiana. 1596.

321 Fernández-Armesto, Felipe. Pathfinders: A Global History of Exploration. W. W. Norton, 2006.

322 Andrews, Kenneth R. Elizabethan Privateering: English Privateering During the Spanish War, 1585-1603. Cambridge University Press, 1964.

323 Kelsey, Harry. Sir Francis Drake: The Queen's Pirate. Yale University Press, 2000.

324 정성, 콜벳이 본 대영제국 건설과 한국의 해양전략 연구, p. 43.

325 Mattingly, Garrett. The Armada. Houghton Mifflin, 1959.

326 MacCulloch, Diarmaid. The Reformation: A History. Penguin, 2004.

327 Israel, Jonathan. The Dutch Republic: Its Rise, Greatness, and Fall, 1477-1806. Clarendon Press, 1995.

328 Parker, Geoffrey. The Spanish Armada. Manchester University Press, 1998.

329 Captain S. W. 이윤희, 최득림 공역, The Strategy of Sea Power, pp. 23-24.

330 Rodger, N. A. M. The Safeguard of the Sea: A Naval History of Britain 660-1649. HarperCollins, 1997.

331 Captain S. W. 이윤희, 최득림 공동번역, The Strategy of Sea Power. pp. 23-24.

332 Martin, Colin & Parker, Geoffrey. The Spanish Armada. Manchester University Press, 1988.
333 Ibid.
334 Hanson, Neil. The Confident Hope of a Miracle, 2004.
335 odger, N.A.M., 1997.
336 Parker, Geoffrey, 1998.
337 Mattingly, Garrett, 1959.
338 Mattingly, Garrett, 1959. E. B. Potter, Sea Power, pp. 13-16.
339 Encyclopaedia Britannica, "Battle of Trafalgar", Jun 29 2025
340 Ibid.; Wikipedia "Battle of Trafalgar"
341 Encyclopaedia Britannica; Wikipedia "Battle of the Nile"
342 Britannica; Wikipedia "Battle of Trafalgar"
343 Wikipedia "The Nelson Touch"
344 WarfareHistoryNetwork "Triumph of 'The Nelson Touch'"
345 Britannica; HistoryNet; Wikipedia HMS Victory
346 WarfareHistoryNetwork; Britannica; HistoryHit
347 National Maritime Museum timeline; Britannica; HistoryHit
348 Britannica; HistoryHit; Wikipedia HMS Victory
349 BritishBattles.com; HistoryHit
350 Wikipedia "The Nelson Touch"; BritishHeritage.com
351 Wikipedia and HistoryHit regarding command inefficiency
352 National Maritime Museum timeline
353 Encyclopedia Britannica; Napoleonic Wars articles
354 Britannica; HistoryNet
355 Wikipedia "State funeral of Horatio Nelson"
356 Battle of Lissa (1866), Wikipedia - 전투 주요 경과 및 철갑함 충각 설명
357 Ironclad Clash at Lissa, WarfareHistoryNetwork - 전투 개요, 충각 전술 및 결과
358 Battle of Lissa (1866), Wikipedia - 전투 주요 경과 및 철갑함 충각 설명

359　Naval-Encyclopedia.com, The Battle of Lissa 1866 - 배경과 의미 요약

360　E. B. POtter, Sea Power, pp. 156, 157.

361　NavalGaz ing.net, Naval Campaign of Lissa - 페르사노의 기함 변경과 혼란

362　The Battle of Lissa, torp.esrc.unimelb.edu.au - 첫 철갑함전, 테게트호프의 ramming 명령

363　Ironclad Clash at Lissa, WarfareHistoryNetwork - 전투 개요, 충각 전술 및 결과

364　Battle of Lissa (1866), Wikipedia - 전투 주요 경과 및 철갑함 충각 설명

365　Battle of Lissa (1866), Wikipedia - Ferdinad Max 의 충각과 Re d'Italia 침몰

366　Ironclad Clash at Lissa, WarfareHistoryNetwork - 전투 개요, 충각 전술 및 결과

367　Reddit r/Warships - "first major sea battle to involve ironclads and the last to utilize deliberate ramming"

368　The Battle of Lissa Wikipedia - 전략적 맥락 및 전쟁 결과 설명

369　Battle of Lissa Wikipedia & Impact on naval design - 충각 영향 수십 년 지속

370　Encyclopædia Britannica, "Battle of the Yalu River (1894)", Sep 17 1894 전투 개요, 결과, 군함 손실 등 확인

371　Wikipedia "Battle of the Yalu River (1894)", largest naval engagement of First Sino-Japanese War, 중국 해군 붕괴 상세

372　Naval-Encyclopedia.com, "Battle of Yalu (1894)", 함선 구성, 기동력 비교, QF 화포 효율 등 분석

373　Ibid.

374　WarfareHistoryNetwork, "What went wrong in Qing self-strengthening?", 일본의 조직력·전술 우위 분석

375　Wikipedia "Battle of the Yalu River (1894)", largest naval engagement of First Sino-Japanese War, 중국 해군 붕괴 상세

376 Ibid.; Naval-Encyclopedia.com, 부패·훈련 부족·지휘 문제 등 지적
377 Britannica; Naval-Encyclopedia.com, 전투 이후 전황 변화 및 전쟁 결과 정리
378 WarHistory.org; 시모노세키 조약 전후 영향 분석
379 S. McLaughlin, The Battle of Tsushima, Naval Institute Press, 2002.
380 Rotem Kowner, Historical Dictionary of the Russo-Japanese War, Scarecrow Press, 2006.
381 Ian Nish, The Origins of the Russo-Japanese War, Routledge, 1992.
382 Peter Duus, The Abacus and the Sword: The Japanese Penetration of Korea, 1895-1910, University of California Press, 1995.
383 W. Bruce Lincoln, The Conquest of a Continent: Siberia and the Russians, Random House, 1994.
384 Jonathan D. Spence, The Search for Modern China, W.W. Norton & Company, 1990.
385 Ian Gow, The Russo-Japanese War 1904-1905: A Reappraisal, Routledge, 2003.
386 A. B. Feuer, The Battle of Tsushima and the Sinking of the Russian Fleet, Praeger, 2004.
387 H.P. Willmott, The Last Century of Sea Power, Vol. I, Indiana University Press, 2009.
388 David Schimmelpenninck van der Oye, Toward the Rising Sun: Russian Ideologies of Empire and the Path to War with Japan, Northern Illinois University Press, 2001.
389 Geoffrey Jukes, The Russo-Japanese War 1904-1905, Osprey Publishing, 2002.
390 Bernard Ireland, Naval Warfare in the Age of Sail, HarperCollins, 2000.
391 Norman Friedman, The Naval Institute Guide to World Naval Weapon Systems, Naval Institute Press, 2006.

392　Rotem Kowner, From White to Yellow: The Japanese in European Racial Thought, McGill-Queen's Press, 2014.

393　Richard Connaughton, Rising Sun and Tumbling Bear, Cassell, 2003.

394　Evans & Peattie, Kaigun: Strategy, Tactics, and Technology in the Imperial Japanese Navy, 1887-1941, Naval Institute Press, 1997.

395　David C. Evans (ed.), The Japanese Navy in World War II: In the Words of Former Japanese Naval Officers, Naval Institute Press, 1986.

396　Stephen Howarth, To Shining Sea: A History of the United States Navy, 1775-1991, Random House, 1991.

397　Julian S. Corbett, Maritime Operations in the Russo-Japanese War, Naval War College Press, 1994 (original 1914).

398　Richard Hough, The Fleet That Had to Die, Ballantine Books, 1971.

399　Mark Peattie, Sunburst: The Rise of Japanese Naval Air Power, 1909-1941, Naval Institute Press, 2001.

400　Nicholas Papastratigakis, Russian Imperialism and Naval Power: Military Strategy and the Build-Up to the Russo-Japanese War, I.B. Tauris, 2011.

401　Alfred T. Mahan, The Influence of Sea Power upon History, 1660-1783, Little, Brown and Co., 1890.

402　George Alexander Lensen, The Russian Push Toward Japan: Russo-Japanese Relations, 1697-1875, Princeton University Press, 1959.

403　Arthur J. Marder, From the Dreadnought to Scapa Flow, Oxford University Press, 1961.

404　John Keegan, The Second World War, Penguin Books, 2005.

405　Craig L. Symonds, The Battle of Midway, Oxford University Press, 2011.

406　Richard B. Frank, Guadalcanal, Random House, 1990.

407　Jonathan Parshall & Anthony Tully, Shattered Sword: The Untold

Story of the Battle of Midway, Potomac Books, 2005.

408 Sadao Asada, "From Mahan to Pearl Harbor", Naval Institute Press, 2006.

409 Evans & Peattie, Kaigun: Strategy, Tactics, and Technology in the Imperial Japanese Navy, Naval Institute Press, 1997.

410 David Kahn, The Codebreakers, Scribner, 1996.

411 Samuel Eliot Morison, History of United States Naval Operations in World War II, Vol. IV: Coral Sea, Midway and Submarine Actions, Little, Brown and Co., 1950.

412 Craig L. Symonds, The Battle of Midway, ibid.

413 Symonds, ibid.

414 Symonds, ibid.

415 Morison, ibid.

416 Ibid.

417 Symonds, ibid.

418 Asada, ibid.

419 Evans & Peattie, ibid.

420 Frank, Guadalcanal, ibid.

421 Asada, ibid.

422 Symonds, ibid.

423 Samuel Eliot Morison, History of United States Naval Operations in World War II: Volume XII, Leyte, June 1944-January 1945 (Boston: Little, Brown and Company, 1958), p. 197.

424 Morison, Leyte, pp. 198-199.

425 James D. Hornfischer, The Last Stand of the Tin Can Sailors (New York: Bantam Books, 2004), p. 35.

426 Morison, Leyte, pp. 204-205.

427 Richard B. Frank, Downfall: The End of the Imperial Japanese Empire (New York: Penguin Books, 2001), pp. 52-53.

428 Hornfischer, The Last Stand of the Tin Can Sailors, pp. 176-180.

429 Morison, Leyte, pp. 213-215

430 H. P. Willmott, The Battle of Leyte Gulf: The Last Fleet Action (Bloomington: Indiana University Press, 2005), pp. 241-243.

431 Hastings, Max. The Battle for the Falklands. New York: W. W. Norton, 1983, pp. 10-15.

432 Freedman, Lawrence. The Official History of the Falklands Campaign: War and Diplomacy. Routledge, 2005, pp. 57-63.

433 Brown, David. The Royal Navy and the Falklands War. Leo Cooper, 1987, pp. 52-60.

434 Middlebrook, Martin. The Fight for the 'Malvinas': The Argentine Forces in the Falklands War. Viking, 1989, pp. 21-35.

435 David Miller, Chris Miller, Modern Naval Combat, pp. 181-184.

436 Woodward, Sandy, op. cit., pp. 15-30.

437 Hobson, Chris. Falklands Air War. Midland Publishing, 2002, pp. 40-55.

438 White, Rowland. Vulcan 607. Bantam Press, 2006, pp. 112-120.

439 Brown, David, op. cit., pp. 160-170.

440 Freedman, Lawrence, op. cit., pp. 175-180.

441 Hill, J.R. Maritime Strategy for Medium Powers. Naval Institute Press, 1986, pp. 90-98.

442 Middlebrook, Martin, op. cit., pp. 280-285.

443 박영규,『조선왕조실록』, 웅진지식하우스, 2004, p. 357.

444 정병설,『조선의 통신사 외교』, 역사비평사, 2006, pp. 85-88.

445 김경진,『임진왜란과 정유재란』, 책과함께, 2010, p. 214.

446 이민웅,『이순신의 바다』, 휴머니스트, 2017, p. 131.

447 신동준,『전쟁의 기술과 이순신』, 미지북스, 2020, pp. 159-161.

448 해군사관학교,『한국해전사』, 국방부 군사편찬연구소, 2009, p. 77.

449 정경윤,『임진왜란 해전사』, 교유서가, 2022, p. 231.

450 해군본부,『대한민국 해군 100년사』, 해군사관학교, 1995, pp. 115-116.

451 김문식, 『이순신, 조선을 구하다』, 김영사, 2018, p.188.
452 정경윤, 앞의 책, p.264.
453 신동준, 앞의 책, p.174.
454 해군사관학교, 앞의 책, p.121.
455 김문식, 앞의 책, p.209.
456 정병설, 앞의 책, p.171.
457 박영규, 앞의 책, p.364.
458 정경윤, 앞의 책, p.285.
459 Friedman, Norman. The Naval Institute Guide to World Naval Weapon Systems, 5th Edition, Naval Institute Press, 2006.
460 Polmar, Norman. The Ships and Aircraft of the U.S. Fleet, Naval Institute Press, 2005.
461 Jane's Information Group. Jane's Fighting Ships, various editions.
462 Hiranandani, G. M. Transition to Eminence: The Indian Navy 1976-1990, Lancer Publishers, 2005.
463 Herzog, Chaim. The Arab-Israeli Wars, Random House, 1982.
464 Middlebrook, Martin. The Falklands War, Viking, 1985.
465 O'Rourke, Ronald. Naval Modernization in the Persian Gulf Region: Potential New Arms Transfers and U.S. Security Concerns, CRS Report, 2007.
466 Cordesman, Anthony H. Iran's Military Forces and Warfighting Capabilities, CSIS Press, 2007.
467 GlobalSecurity.org. "INS Hanit Incident", https://www.globalsecurity.org.
468 BBC News. "Russia's Moskva Warship Sinks in Black Sea," April 2022.
469 고르시코프, 세르게이. 『국가의 해양력』. 모스크바: 군사출판소, 1976. (Gorshkov, Sergei. The Sea Power of the State.)
470 Mahan, Alfred Thayer. The Influence of Sea Power upon History,

	1660-1783. Boston: Little, Brown and Co., 1890.
471	Hattendorf, John B. The Legacy of Alfred Thayer Mahan. Naval War College Press, 2000.
472	Sumida, Jon Tetsuro. Inventing Grand Strategy and Teaching Command: The Classic Works of Alfred Thayer Mahan Reconsidered. Woodrow Wilson Center Press, 1997.
473	박영준. 『해양력과 국제정치』. 서울: 오름, 2005.
474	한용섭. "마한의 해양력 이론과 그 현대적 함의." 『국방정책연구』 제20권 3호, 2004.
475	김동기. 『해양전략론』. 서울: 국방대학교, 2010.
476	Mahan, Alfred Thayer. The Influence of Sea Power upon History, 1660-1783. Boston: Little, Brown and Co., 1890.
477	Hattendorf, John B. The Influence of History on Mahan: The Proceedings of a Conference Marking the Centenary of Alfred Thayer Mahan's The Influence of Sea Power upon History, 1660-1783. Naval War College Press, 1991.
478	Sumida, Jon Tetsuro. Inventing Grand Strategy and Teaching Command: The Classic Works of Alfred Thayer Mahan Reconsidered. Woodrow Wilson Center Press, 1997.
479	Till, Geoffrey. Seapower: A Guide for the Twenty-First Century. Routledge, 2018.
480	박영준. 『해양력과 국제정치』. 서울: 오름, 2005.
481	한용섭. "마한의 해양력 이론과 그 현대적 함의." 『국방정책연구』 제20권 3호, 2004.
482	Julian S. Corbett, Some Principles of Maritime Strategy, Longmans, Green and Co., 1911, p. 5.
483	Ibid., p. 12.
484	Ibid., pp. 46-48.
485	Ibid., p. 49.

486　Ibid., pp. 51-53.
487　Ibid., p. 54.
488　Ibid., pp. 55-56.
489　Ibid., pp. 60-62.
490　Ibid., p. 63.
491　Ibid., pp. 64-65.
492　Ibid., pp. 66-68.
493　Ibid., pp. 69-70.
494　Ibid., pp. 71-72.
495　Ibid., pp. 73-75.
496　Ibid., p. 78.
497　Ibid., p. 80.
498　Gorshkov, The Sea Power of the State, 1979, p. 1.
499　Ibid., p. 12.
500　Ibid., pp. 15-18.
501　Ibid., p. 20.
502　Ibid., pp. 25-27.
503　Ibid., p. 36.
504　Ibid., p. 41.
505　Ibid., pp. 48-52.
506　Ibid., p. 60.
507　Ibid., pp. 62-64.
508　Ibid., pp. 70-73.
509　Ibid., pp. 80-84.
510　Ibid., p. 90.
511　Ibid., pp. 1-3.
512　Yoshihara, Toshi & Holmes, James R., Red Star over the Pacific, 2018, pp. 43-45.
513　Kim, H. J., "Gorshkov's Theory and the ROK Navy's Strategic

514 Vision," Korean Journal of Maritime Strategy, 2020, pp. 88-90.

514 Erickson, Andrew S., "China's Naval Modernization," Naval War College Review, 2012, p. 24.

515 Ibid., pp. 26-27.

516 Office of Naval Intelligence (ONI), The PLA Navy: New Capabilities and Missions for the 21st Century, 2015, p. 31.

517 Ibid., pp. 33-35.

518 Holmes & Yoshihara, Red Star over the Pacific, pp. 66-69.

519 Ibid., pp. 72-74.

520 Erickson, "China's Naval Modernization," pp. 29-31.

521 ONI, The PLA Navy, pp. 36-37.

522 Lee, S. H., "China's Maritime Silk Road and Naval Strategy," Asia-Pacific Maritime Affairs, 2021, pp. 48-51.

523 Ibid., pp. 52-54.

524 Holmes & Yoshihara, pp. 81-83.

525 Kim, "Gorshkov's Theory and the ROK Navy," pp. 91-93.

526 Jane's Fighting Ships 1945-46, Jane's Information Group, 1946.

527 Erickson, Andrew. "The Taiwan Strait Crisis Revisited." Naval War College Review, Vol. 61, No. 1, 2008.

528 State Council Information Office of the PRC, China's National Defense in 2004, Beijing, 2004.

529 Holmes, James R., and Yoshihara, Toshi. Red Star over the Pacific, 2nd ed., Naval Institute Press, 2018.

530 Office of Naval Intelligence (ONI), The PLA Navy: New Capabilities and Missions for the 21st Century, 2015.

531 Lee, Seong-ho. "Maritime Silk Road and China's Naval Strategy." Asia-Pacific Defense Journal, 2021.

532 Westwood, J. N., Russia Against Japan, 1904-05, State University of New York Press, 1986.

533 Gardiner, R., ed. Conway's All the World's Fighting Ships 1860-1905, Conway Maritime Press, 1979.

534 Lambert, A., Battleships in Transition: The Creation of the Steam Battlefleet, 1815-1860, Conway, 1984.

535 Polmar, N., The Naval Institute Guide to the Soviet Navy, 5th ed., Naval Institute Press, 1991.

536 Hattendorf, J. B., Naval Strategy and Policy in the Mediterranean, Routledge, 2000.

537 Center for Strategic and International Studies (CSIS), "Russia's A2/AD Strategy in the Arctic," 2022.

538 Office of Naval Intelligence (ONI), The Russian Navy: A Historic Transition, 2015.

539 Sutton, H. I., "Poliment-Redut Naval SAM System," Naval News, 2022.

540 Congressional Research Service (CRS), Russian Armed Forces: Capabilities and Doctrine, 2023.

541 Galeotti, M., Russia's Military Strategy and Doctrine, Routledge, 2019.

542 Evans, David C. and Peattie, Mark R. Kaigun: Strategy, Tactics, and Technology in the Imperial Japanese Navy, 1887-1941. Naval Institute Press, 1997.

543 Schencking, J. Charles. Making Waves: Politics, Propaganda, and the Emergence of the Imperial Japanese Navy, 1868-1922. Stanford University Press, 2005.

544 Gardiner, R., ed. Conway's All the World's Fighting Ships 1906-1921. Conway Maritime Press, 1985.

545 Parshall, Jonathan, and Tully, Anthony. Shattered Sword: The Untold Story of the Battle of Midway. Potomac Books, 2005.

546 Hughes, Christopher. Japan's Remilitarisation. Routledge, 2009.

547 Japan Ministry of Defense, Defense of Japan 2023 White Paper, Tokyo, 2023.

548 GlobalSecurity.org, "Japan Maritime Self-Defense Force (JMSDF) Aegis Systems."

549 Sayers, Eric. "Japan's Emerging Maritime Strategy." Center for Strategic and International Studies (CSIS), 2022.

550 Ministry of National Defense, Republic of Korea. Defense White Paper 2016, pp. 122-123.

551 Park, Jae-Keun. "The Battle of the Baekdusan and the Early Korean Navy." Korean Journal of Naval History, 2019.

552 Bermudez, Joseph S. North Korean Special Operations Forces, Naval Institute Press, 1998.

553 Jane's Fighting Ships 1982-1983. Jane's Information Group.

554 Kim, Dong-Yub. "North Korea's Maritime Asymmetric Strategy." Korea Institute for Military Affairs, 2021.

555 Ministry of National Defense, Defense White Paper 2022, p. 147.

556 H. I. Sutton, "North Korea's New Destroyer," Naval News, May 2025.

557 GlobalSecurity.org, "North Korea VLF Submarine Communications."

558 Yoon, Sukjoon. "North Korea's A2/AD and Naval Capabilities." Korea Institute for Maritime Strategy, 2023.

559 Keegan, John. The First World War. Vintage, 2000, pp. 285-289.

560 Gardiner, R. (Ed.). Conway's All the World's Fighting Ships 1906-1921. Conway Maritime Press, 1985.

561 Morison, Samuel Eliot. History of United States Naval Operations in World War II, Volume 3. University of Illinois Press, 2001.

562 Hattendorf, John B. Naval History and Maritime Strategy. Naval War College Press, 1989.

563 O'Rourke, Ronald. Navy Force Structure and Shipbuilding Plans:

Background and Issues for Congress, Congressional Research Service, 2024.

564　Friedman, Norman. The Naval Institute Guide to World Naval Weapon Systems. Naval Institute Press, 2020.

565　Galdorisi, George. "Distributed Maritime Operations and Future Warfighting." U.S. Naval Institute Proceedings, Vol. 146, 2020.

566　해군본부, 『한국해군사(上)』, 국방군사연구소, 1988, pp. 45-62.

567　김영수, 「해군 창설과 조선해안경비대의 활동」, 『군사연구』 제18권, 2001.

568　해군본부, 『해군 70년사』, 2015, p. 97.

569　이정익, 『6·25전쟁과 한국해군』, 명성출판사, 2000, pp. 123-136.

570　Edward J. Marolda, By Sea, Air, and Land: An Illustrated History of the U.S. Navy and the War in Southeast Asia, Naval History Center, 1994.

571　국방부 군사편찬연구소, 『한국전쟁사 제6권 해전』, 2010.

572　윤정호, 『한국 해군의 전력증강과 전략적 도전』, 박영사, 2017.

573　김태영, 「KDX 사업의 역사와 의의」, 『국방정책연구』 제22권, 2012.

574　Jane's Fighting Ships 2005-2025.

575　해군본부, 『청해부대 10년사』, 2020.

576　국방부 보도자료, 「장보고-III Batch-II 잠수함 진수식」, 2024.

577　방위사업청, 『2025 국방백서』, 2025.

578　국방과학연구소, 『극초음속 유도무기 개발 현황』, 2024.

579　이창희, 「한국 해군의 해양전략과 미래전력 방향」, 『해양전략연구』 제11권, 2024.

580　김영철, 『해양력과 국가안보』, 해양전략연구소, 2008.

581　이태호, 『함대결전사』, 명경사, 2012.

582　박재영, 「해군력과 전쟁양상의 진화」, 『국방정책연구』 제19권 제3호, 2003.

583　마한, 『해양력이 역사에 미친 영향』, 박성현 역, 갈무리, 2013, pp. 15-18.

584 콜벳,『해양전략의 원칙』, 박영준 역, 나남출판, 2010, pp. 72-76.

585 고르시코프,『국가의 해양력』, 백승주 외 역, 해군발전연구회, 2007, pp. 52-55.

586 Jane's Fighting Ships 2024-2025, IHS Markit, 2024년판 참조.

587 김형철,「북한 해군의 전력 발전 동향과 전망」,『국방전략연구』제31권 제1호, 2025, pp. 28-29.

588 국방부,『2024 국방백서』, 대한민국 국방부, 2024, pp. 55-62.

589 김현욱 외,『중국의 해양전략과 한국의 대응』, 세종연구소, 2021, p. 24.

590 Andrew S. Erickson & Ryan D. Martinson, China's Maritime Gray Zone Operations, Naval Institute Press, 2019, pp. 15-18.

591 국방부,「2023 국방백서」, 2023, p. 102.

592 Janes Fighting Ships 2024, "People's Liberation Army Navy Overview", 2024.

593 Toshi Yoshihara & James R. Holmes, Red Star Over the Pacific, Naval Institute Press, 2018, pp. 130-136.

594 마한,『해양력이 역사에 미친 영향』, 콜벳,『해양전략의 원칙』, 고르시코프,『국가의 해양력』참조.

595 김병륜,「포클랜드 전쟁과 잠수함 억지력」,『해양전략연구』, 제5권 1호, 2010, p. 55.

596 Norman Friedman, The Naval Institute Guide to World Naval Weapon Systems, Naval Institute Press, 2006, pp. 217-220.

597 김정호 외,『북한의 미사일 위협과 한국의 대응』, 국방연구원, 2022, pp. 34-36.

598 Congressional Research Service, "China Naval Modernization: Implications for U.S. Navy Capabilities", 2024, pp. 12-15.

599 Jane's Naval Weapon Systems 2024.

600 국방과학연구소,『C4ISR 체계 통합 운용 방안』, 2022.

601 해군본부,『2023 한국 해군 연합훈련 백서』

602 Lawrence Freedman, The Evolution of Nuclear Strategy, Palgrave

Macmillan, 2019, pp.78-82.
603 김태우, 『한국형 3축체계의 전략적 의미』, 한국국방연구원, 2020.
604 국회 국방위원회 회의록, 2021년 3월 18일자.
605 방위사업청, 「현무-5 유도탄 개발현황」, 2023.

참고 문헌

1. 고르시코프(Sergey Gorshkov), 『국가의 해양력』, 백승주 외 역, 해군발전연구회, 2007.
2. 김경진. 『임진왜란과 정유재란』. 책과함께, 2010.
3. 김문식. 『이순신, 조선을 구하다』. 김영사, 2018.
4. 김영수, 「해군 창설과 조선해안경비대의 활동」, 『군사연구』 제18권, 2001.
5. 김영철, 『해양력과 국가안보』, 해양전략연구소, 2008.
6. 김태영, 「KDX 사업의 역사와 의의」, 『국방정책연구』 제22권, 2012.
7. 김형철, 「북한 해군의 전력 발전 동향과 전망」, 『국방전략연구』 제31권 제1호, 2025.
8. 박영규. 『조선왕조실록』. 웅진지식하우스, 2004.
9. 박영준. 『해양력과 국제정치』. 서울: 오름, 2005.
10. 박재영, 「해군력과 전쟁 양상의 진화」, 『국방정책연구』 제19권 제3호, 2003.
11. 방위사업청, 『2025 국방백서』, 2025.
12. 신동준. 『전쟁의 기술과 이순신』. 미지북스, 2020.
13. 윤정호, 『한국 해군의 전력증강과 전략적 도전』, 박영사, 2017.
14. 이민웅. 『이순신의 바다』. 휴머니스트, 2017.
15. 이삼성, 「콜벳 해양전략과 제해권 이론의 현대적 적용」, 『해양전략연구』 제42권, 2020.
16. 이정익, 『6·25전쟁과 한국해군』, 명성출판사, 2000.
17. 이창희, 「한국 해군의 해양전략과 미래전력 방향」, 『해양전략연구』 제11권, 2024.

18. 이태호, 『함대결전사』, 명경사, 2012.
19. 이춘근, 『해양과 국가전략』, 백산서당, 2016.
20. 정경윤. 『임진왜란 해전사』. 교유서가, 2022.
21. 정병설. 『조선의 통신사 외교』. 역사비평사, 2006.
22. 해군본부, 『대한민국 해군 100년사』. 해군사관학교, 1995.
23. 해군본부, 『해군 70년사』, 2015.
24. 해군본부, 『청해부대 10년사』, 2020.
25. 해군사관학교. 『한국해전사』. 국방부 군사편찬연구소, 2009.
26. 한동인, 『해양력과 국가전략』, 명인문화사, 2007.
27. 한용섭. "마한의 해양력 이론과 그 현대적 함의." 『국방정책연구』 제20권 3호, 2004.
28. 대한민국 국방부, 『2024 국방백서』, 2024.
29. 국방과학연구소, 『극초음속 유도무기 개발 현황』, 2024.
30. 국방부 군사편찬연구소, 『한국전쟁사 제6권 해전』, 2010.
31. 국방부 보도자료, 「장보고-III Batch-II 잠수함 진수식」, 2024.

알파벳 순 (영문 및 번역서 포함)

1. Allen, Kenneth W. China's Ballistic Missile Programs, RAND Corporation, 1995.
2. Brown, David. The Royal Navy and the Falklands War. Leo Cooper, 1987.
3. Clapp, Michael, and Ewen Southby-Tailyour. Amphibious Assault Falklands: The Battle of San Carlos Water. Naval Institute Press, 1996.
4. Congressional Research Service. Russian Armed Forces: Capabilities and Doctrine, 2023.

5. Corbett, Julian S. Some Principles of Maritime Strategy. Longmans, Green and Co., 1911.
6. Erickson, Andrew. "The Taiwan Strait Crisis Revisited." Naval War College Review, 2008.
7. Evans, David C., and Peattie, Mark R. Kaigun: Strategy, Tactics, and Technology in the Imperial Japanese Navy. Naval Institute Press, 1997.
8. Freedman, Lawrence. The Official History of the Falklands Campaign. Routledge, 2005.
9. Friedman, Norman. The Naval Institute Guide to World Naval Weapon Systems, 5th Ed. Naval Institute Press, 2006 / 2020.
10. Galeotti, Mark. Russia's Military Strategy and Doctrine. Routledge, 2019.
11. Galdorisi, George. "Distributed Maritime Operations and Future Warfighting." U.S. Naval Institute Proceedings, 2020.
12. Gardiner, R., ed. Conway's All the World's Fighting Ships 1860-1921. Conway Maritime Press, 1979/1985.
13. GlobalSecurity.org. "North Korean Navy - P-15 Styx Deployment."
14. GlobalSecurity.org. "JMSDF Aegis Ballistic Missile Defense."
15. Hattendorf, John B. Naval History and Maritime Strategy. Naval War College Press, 1989.
16. Hastings, Max. The Battle for the Falklands. W.W. Norton, 1983.
17. Hill, J. R. Maritime Strategy for Medium Powers. Naval Institute Press, 1986.
18. Hobson, Chris. Falklands Air War. Midland Publishing, 2002.
19. Holmes, James R., and Toshi Yoshihara. Red Star over the Pacific. Naval Institute Press, 2019.
20. Hughes, Christopher. Japan's Remilitarisation. Routledge, 2009.
21. Jane's Fighting Ships 1945-46 / 2005-2025 / 2024-2025.
22. Japan Ministry of Defense. Defense of Japan 2023 White Paper.

23. Kopp, Carlo. "Missile Basics," Air Power Australia, 2009.
24. Luttwak, Edward. The Political Uses of Sea Power. Johns Hopkins Univ. Press, 1974.
25. Mahan, Alfred Thayer. The Influence of Sea Power upon History, 1660-1783. Little, Brown and Co., 1890.
26. Marolda, Edward J. By Sea, Air, and Land. Naval History Center, 1994.
27. Middlebrook, Martin. The Fight for the 'Malvinas'. Viking, 1989.
28. Milan Vego. Maritime Strategy and Sea Control: Theory and Practice. Routledge, 2016.
29. Morison, Samuel Eliot. History of United States Naval Operations in WWII, Vol. 3. University of Illinois Press, 2001.
30. Office of Naval Intelligence (ONI). The PLA Navy: New Capabilities and Missions for the 21st Century, 2015.
31. O'Rourke, Ronald. Navy Force Structure and Shipbuilding Plans. CRS, 2024.
32. Parshall, Jonathan, and Anthony Tully. Shattered Sword. Potomac Books, 2005.
33. Polmar, Norman. The Naval Institute Guide to the Soviet Navy, 5th ed. Naval Institute Press, 1991.
34. Sayers, Eric. "Japan's Emerging Maritime Strategy." CSIS, 2022.
35. Schencking, J. Charles. Making Waves. Stanford Univ. Press, 2005.
36. Steven J. Zaloga. Soviet Air Defence Missiles. Osprey Publishing, 1989.
37. Sumida, Jon Tetsuro. Inventing Grand Strategy. Woodrow Wilson Center Press, 1997.
38. Sutton, H. I. "Poliment-Redut Naval SAM System." Naval News, 2022.
39. Till, Geoffrey. Seapower: A Guide for the Twenty-First Century. Routledge, 2013 / 2018.

40. U.S. Navy. Fact File: Anti-Ship Cruise Missiles. https://www.navy.mil/
41. Westwood, J. N. Russia Against Japan, 1904-05. SUNY Press, 1986.
42. White, Rowland. Vulcan 607. Bantam Press, 2006.
43. Woodward, Sandy. One Hundred Days. HarperCollins, 1992.